de Gruyter Lehrbuch
Noltemeier · Graphentheorie

Graphentheorie

mit Algorithmen und Anwendungen

von
Hartmut Noltemeier

W DE G

Walter de Gruyter · Berlin · New York 1976

Dr. rer. nat. *Hartmut Noltemeier*, o. Professor für Operations Research (Unternehmensforschung) und Informatik an der Universität Göttingen

CIP-Kurztitelaufnahme der Deutschen Bibliothek

Noltemeier, Hartmut
Graphentheorie: mit Algorithmen u. Anwendungen.
(de-Gruyter-Lehrbuch)
ISBN 3-11-004261-4

 Printed in Germany. Satz: Satz-Zentrum West, Dortmund; Druck: Color-Druck, Berlin; Bindearbeiten: Lüderitz & Bauer, Berlin.

Vorwort

Dieses Buch entstand aus Vorlesungen, die ich 1969/70 an der Universität Karlsruhe und 1971 sowie 1973 an der Universität Göttingen gehalten habe. Für ein Gebiet wie die Graphentheorie, dessen historische Wurzeln weit zurückreichen und das in den letzten zwei Jahrzehnten eine explosive Entwicklung nahm, stellt sich bei der Konzeption eines Lehrbuchs vornehmlich das Problem der Stoffeingrenzung. Angesichts des Stoffreichtums und der breit gestreuten Anwendungen der Graphentheorie erfolgte die Auswahl und Gliederung in der Weise, daß die ersten Kapitel zunächst in wichtige Grundlagen einführen; die Vielzahl der erforderlichen Begriffe wird dabei schrittweise anhand konkreter Problemstellungen abgeleitet und illustriert. Die anschließenden Kapitel über Strömungen, Zuordnungen und Überdeckungen, Reihenfolgen sowie Netzpläne sind dagegen vornehmlich mit Bezug auf ökonomische Probleme aufgeführt, obgleich sie für Anwendungen im nichtökonomischen Bereich von nicht geringerem Interesse sind.

Wichtige Aussagen sind in Form von Sätzen dargestellt; Beweise werden exemplarisch aufgeführt, um die erforderliche Beweistechnik zu verdeutlichen. Alle Beweise sind im Text deutlich abgesetzt, so daß der an Beweisen nicht sonderlich interessierte Leser leicht darüber hinweggehen kann.

Die Literatur ist kapitelweise zusammengestellt; dabei sind fast ausnahmslos nur die im Text zitierten Arbeiten aufgeführt. Der Versuch, eine vollständigere Übersicht über die vorhandene Literatur zu geben, erübrigte sich angesichts der nahezu unübersehbaren Fülle von Arbeiten und einer nicht vertretbaren Vergrößerung des Umfanges dieses Buches; dem Literaturverzeichnis ist zudem eine Aufstellung der wichtigsten bislang erschienenen umfassenden Darstellungen, Übersichten, Einführungen oder Lehrbücher der Graphentheorie vorangestellt.

Die Graphentheorie ist nun nicht nur ein nützliches Instrument zur Beschreibung und Analyse vielfältiger Probleme mit dem Vorteil leichter Veranschaulichbarkeit, sondern bietet zugleich die Basis für effiziente Lösungsverfahren. Besonderer Wert wird daher auf die Darstellung von Algorithmen und die Beurteilung ihrer Güte gelegt. Die Darstellung von Algorithmen erfolgt dabei in einer Algol 60 ählichen Form, die einerseits dem Anwender unmittelbar als Programmierbasis dienen kann, andererseits für den mit Programmiersprachen wenig vertrauten Leser dennoch verständlich bleiben dürfte; besonders betont wird die Verwendung problemadäquater Datenstrukturen als wichtige Voraussetzung effizienter Lösungsverfahren.

Die Graphentheorie unterscheidet gewöhnlich zwischen gerichteten und ungerichteten Graphen; nicht allein wegen der Tatsache, daß sich Probleme bei ungerichteten Graphen ohne merklichen Mehraufwand durch Symmetrisierung, Äquivalenzklassenbildung oder direkte adäquate Begriffsbildung (z. B. Begriff der Kette) auf gerichtete Graphen überwälzen lassen, sondern auch wegen programmiertechnischer Vorteile bleibt die Betrachtung im Rahmen dieses Buches auf gerichtete Graphen beschränkt.

Das Buch ist in sich abgeschlossen und setzt – abgesehen von wenigen oberflächlichen mathematischen und programmiertechnischen Kenntnissen – keine besonderen Kenntnisse voraus. Es eignet sich daher nicht nur für Mathematiker und Informatiker, sondern wendet sich insbesondere auch an Wirtschaftswissenschaftler, Natur- und Ingenieurwissenschaftler sowie Sozialwissenschaftler, die mit dem Entwurf und der Analyse von Strukturen und Systemen konfrontiert sind.

Mein Dank gilt Herrn H. Ubben für die Durchsicht und Verbesserung einzelner Algorithmen sowie Frl. R. Kohlwes für die sorgfältige Schreibarbeit. Dem Verlag de Gruyter danke ich für die gute Zusammenarbeit und rasche Drucklegung.

Göttingen, Herbst 1975 Hartmut Noltemeier

Inhalt

1. Einführende Beispiele und Begriffe

1.1. Beispiele

Für den Leser, der bislang nicht oder nur wenig mit graphentheoretischen Methoden in Berührung gekommen ist, stellen wir hier zunächst eine Reihe von Beispielen voran, aus denen er nach Belieben einen Teil zur Lektüre auswählen sollte. Die Beispiele sollen die Anwendungsbreite dieser Methoden erahnen lassen und zugleich die Motivation erleichtern, sich mit der unvermeidlichen Vielzahl graphentheoretischer Begriffe zu befassen. Die Veranschaulichbarkeit der benötigten Begriffe wird dabei eine wesentliche Lern- und Gedächtnisstütze sein.

Für den schon mit graphentheoretischen Methoden vertrauteren Leser bietet sich mit Kap. 1.2. ein geeigneter Einstieg in dieses Buch an.

Beispiel 1: Die klassische Sage hat uns das „Problem des **Labyrinths**" beschert. Ein Labyrinth ist dabei ein System von Gängen, Kreuzungen, Eingängen und Ausgängen, in dem zwei Systemelemente („Eingang", „Ziel") besonders gekennzeichnet sind. Veranschaulichen wir Eingänge, Ausgänge und Kreuzungen durch Punkte in der Zeichenebene und Gänge durch Verbindungslinien zwischen den zugehörigen Punkten, so erhalten wir ein Modell des Labyrinths z. B. in Form der nachfolgenden Figur:

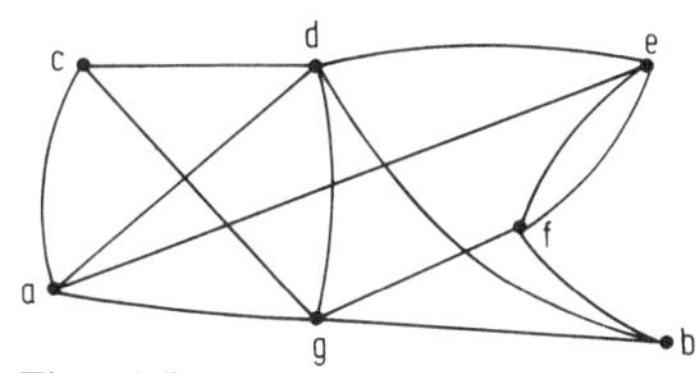

Figur 1-1

Hierbei seien *a* und *b* die ausgezeichneten Systemelemente (*a*: Eingang; *b*: Ziel) und *c*, *d*, *e*, *f*, *g* die weiteren Kreuzungen, Eingänge oder Ausgänge. Nichtgekennzeichnete Schnittpunkte von Linien sollen dabei nicht als Systemelemente, sondern als evtl. unvermeidliche Folgeerscheinung der Abbildung des realen (im allgemeinen dreidimensionalen) Labyrinths in die (zweidimensionale) Zeichenebene interpretiert werden. Das Problem ist es nun, in Unkenntnis dieses Modells im Labyrinth von Eingang *a* zum Ziel *b* zu gelangen und – insbesondere falls dies nicht möglich ist – wieder nach *a* zurückzugelangen.

Die obige Darstellung des Labyrinths abstrahiert offenbar völlig von der besonderen Beschaffenheit der Gänge und Kreuzungen und beschränkt sich ausschließlich auf die Angabe der „Inzidenzbeziehungen" zwischen den Systemelementen. Eine derartige Darstellung kann natürlich auf mannigfache Weise erfolgen; eine weitere Möglichkeit zeigt Figur 1-2:

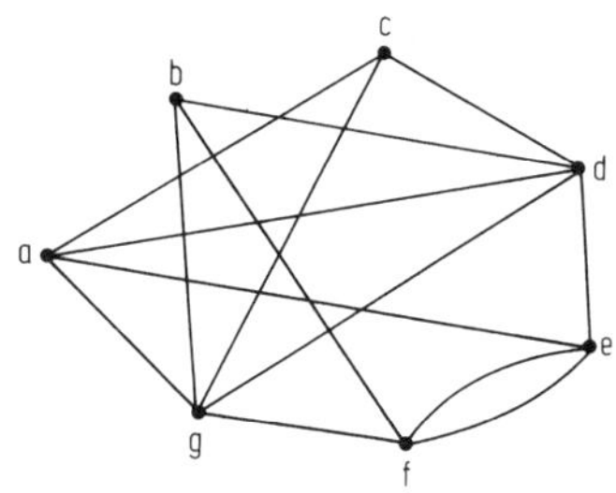

Figur 1-2

Figur 1-1 und Figur 1-2 stellen augenscheinlich die für das Problem wesentlichen Eigenschaften des Labyrinths dar; wir werden sie später als Veranschaulichungen eines abstrakten (ungerichteten) Graphen auffassen.
Zur Lösung des Problems sei der Leser auf Kap. 5 verwiesen.
Beispiel 2: Euler betrachtete 1736 in **Königsberg** das **Brücken-**system über die Pregel, wie es die Figur 1-3 wiedergibt, und stellte die Frage, ob es einen Spazierweg gibt, bei dem jede Brücke genau einmal passiert wird.

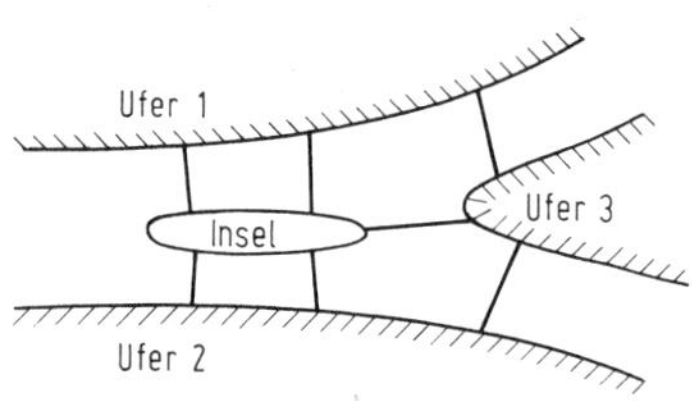

Figur 1-3

Repräsentiert man wieder Ufer und Insel durch Punkte der Zeichenebene und die Brücken durch Linien zwischen zugehörigen Punkten, so erhält man:

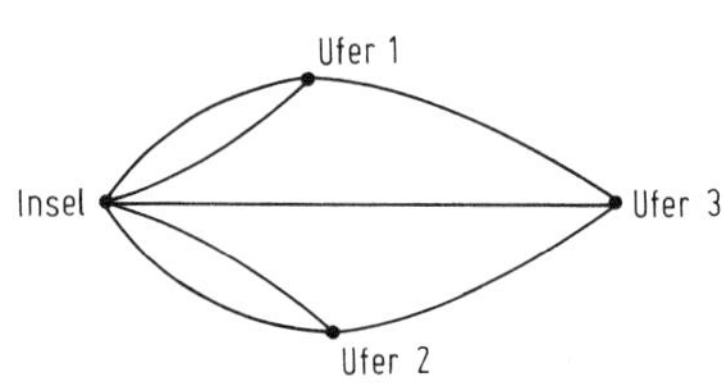

Figur 1-4

Der Leser erkennt leicht, daß es keinen Spazierweg der gesuchten Art („Eulerscher Weg“) gibt. Euler zeigte darüber hinaus, wann ein derart veranschaulichter ungerichteter Graph einen solchen Spazierweg zuläßt. Wir behandeln dieses Problem ausführlich und allgemeiner in Kap. 10.1. („Briefträgerproblem“).

Beispiel 3: **Umfüllungsaufgaben,** etwa das Abfüllen einer Volumenmenge aus einer vorgegebenen Menge mittels eines Satzes von Meßbehältern, sind ein beliebter Denksport nicht nur für Kinder. Als einfaches Beispiel betrachten wir einen Satz von drei Meßbehältern mit 8 l, 5 l und 3 l Fassungsvermögen; der 8-l-Behälter sei anfangs gefüllt. Läßt sich durch Umfüllen genau ein Liter in einem Behälter extrahieren, ggf. in welcher Weise?

Wir fassen die Umfüllaktionen als zeitlich ablaufenden Prozeß auf, der in jedem Zeitpunkt durch einen Zustand eindeutig charakterisiert ist. In diesem Falle kann der Zustand durch ein Tripel ganzer Zahlen (z_1, z_2, z_3) beschrieben werden, wobei z_1, z_2, z_3 bzw. die Füllmenge im 8-, 5- bzw. 3-l-Gefäß darstellt. Der Startzustand ist (8,0,0); bei jedem weiteren Zustand ist ebenfalls mindestens eine Komponente gleich 0 oder gleich der Kapazitätsgrenze eines Behälters, da ja beim Umfüllen ein Behälter geleert oder gefüllt wird. Die Menge der zu betrachtenden Zustände Z ist daher gegeben durch $Z = \{(8,0,0), (7,1,0), (7,0,1), (6,2,0), \ldots, (0,5,3)\}$ mit genau 16 verschiedenen Zuständen. Vgl. auch [1.15, S. 110]. Repräsentieren wir nun die Zustände aus Z durch Punkte in der Zeichenebene und verbinden wir einen Zustand z mit einem Zustand z' durch eine gerichtete Linie („Pfeil“) von z nach z' genau dann, wenn der Zustand z' durch einmaliges Umfüllen aus dem Zustand z hervorgehen kann, so erhalten wir das Bild des „Umfüllgraphen“, aus dem ein „Teilgraph“ in der Figur 1-5 veranschaulicht ist:

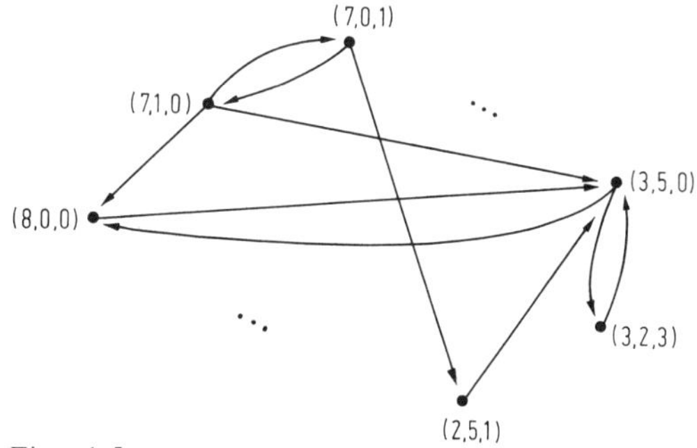

Figur 1-5

Lösbar ist unser Problem, wenn es längs der Pfeile des „Umfüllgraphen“ einen „Weg“ gibt, der vom Zustand (8,0,0) ausgeht und in einem Zustand endet,

der eine Zustandskomponente mit Wert 1 aufweist. Einen Weg dieser Art definiert die Zustandsfolge:
(8,0,0), (3,5,0), (3,2,3), (6,2,0), (6,0,2), (1,5,2). Die Bestimmung aller weiteren Lösungen überlassen wir dem Leser.

Ein verwandtes Problem liegt in Form der **„erschwerten Überfahrten“** vor. Ein Fährmann (F) soll etwa einen Wolf (W), eine Ziege (Z) und einen Sack von Kohlköpfen (K) von einem Ufer eines Flusses auf das andere Ufer übersetzen. Das verfügbare Boot kann jeweils nur 2 der 4 beteiligten Objekte fassen; zudem ist zu beachten, daß bei Abwesenheit des Fährmanns die Ziege die Kohlköpfe, der Wolf die Ziege fressen wird.

Zur Zustandsbeschreibung des Prozesses des Übersetzens reicht – wie wir leicht sehen können – die Angabe der auf dem Ausgangsufer befindlichen Objekte aus, z. B. FWZK als Startzustand oder FZ bei Anwesenheit genau des Fährmannes und der Ziege. Unzulässig sind augenscheinlich die Zustände WZ, ZK und WZK sowie diejenigen Zustände, die sich ergeben, wenn am Zielufer die unverträglichen Objekte ohne den Fährmann zusammentreffen: FK, FW, F. Damit verbleibt als zulässige Zustandsmenge: Z = {FWZK, FWZ, FWK, FZK, WK, FZ, W, K, Z, $\emptyset$}.

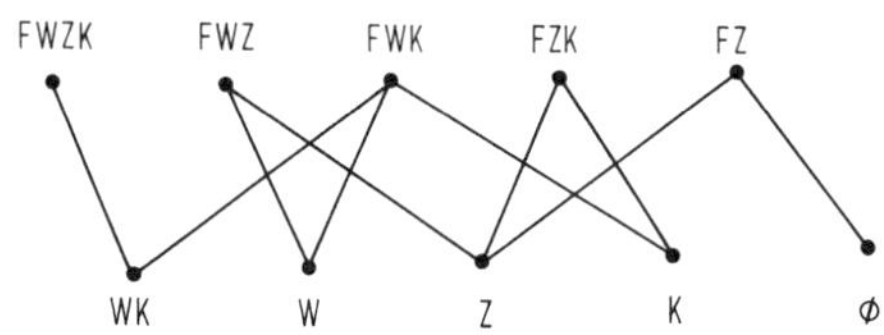

Figur 1-6

Verbindet man wieder zwei Zustände durch eine Linie („Kante“), falls sie durch genau eine Überfahrt ineinander überführt werden können und beachtet dabei die Reversibilität aller Überfahrten, so ergibt sich obige Veranschaulichung des „Übersetzgraphen“ (Figur 1-6) und die Frage: Ist $\emptyset$ von FWZK aus längs eines Weges in obigem Graphen „erreichbar“? Die Frage ist zu bejahen, z. B. durch die
Zustandsfolgen FWZK, WK, FWK, K, FZK, Z, FZ, $\emptyset$ oder
FWZK, WK, FWK, W, FWZ, Z, FZ, $\emptyset$.

Fragen der Erreichbarkeit werden wir in den Kapiteln 3, 4 und 5 aufgreifen und lösen.

Beispiel 4: Wir betrachten wieder den zeitlichen Verlauf eines Systems mit endlicher Zustandsmenge $Z = \{z_1, \ldots, z_n\}$; der Zustand $z(t)$ zum Zeitpunkt t ($t \in \{0, 1, 2, \ldots\}$) sei zunächst eine zufällige Variable, der Prozeß also ein stochastischer Prozeß. Ist die weitere Entwicklung des Prozesses vom Zeitpunkt t ab nicht von der „Vorgeschichte" $(z(0), z(1), \ldots, z(t-1))$ und dem Zeitpunkt t, sondern ausschließlich von dem erreichten Zustand $z(t)$ abhängig, so sprechen wir von einer endlichen, stationären **Markov-Kette.** Vgl. [1.2], [1.12]. Systemzustände können etwa sein: Lagerbestandsgrößen bei einem Lager mit stochastischer Nachfrage; Temperatur oder Gaskonzentrationen bei chemischen Prozessen; Berufsschichten in einem berufsbezogenen, langfristigen Bevölkerungsmodell; Zahl der Kunden vor den Kassen in einem Laden; ein Vektor $z=(z_1, \ldots, z_n)$, dessen Komponente z_i angibt, ob eine Maschine M_i aus einem Maschinenpark $M=\{M_1, \ldots, M_n\}$ arbeitet $(z_i=1)$ oder ausgefallen ist $(z_i=0)$. Stellt man nun die Systemzustände durch Punkte in der Zeichenebene, einen Zustandsübergang von z_i nach z_j, der positive Übergangswahrscheinlichkeit p_{ij} aufweist, durch einen Pfeil von z_i nach z_j dar und notiert die zugehörige Übergangswahrscheinlichkeit p_{ij} an diesem Pfeil, so erhält man das Bild eines „Markov-Graphen": bezeichnet $p_0=(p_1, \ldots,$

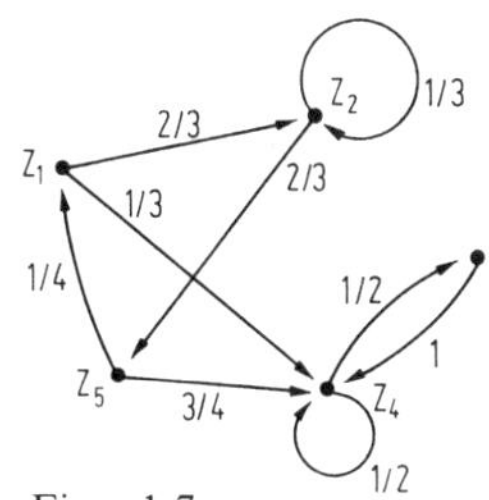

Figur 1-7

$p_n)$ noch die Anfangsverteilung auf der Zustandsmenge – z. B. $p_0=(1, 0, \ldots, 0)$ bei einem Start mit Wahrscheinlichkeit 1 in z_1 –, so sind alle Elemente des Markov-Graphen, nämlich seine „Ecken" $z_1, \ldots, z_n$ und seine Pfeile mit nichtnegativen reellen Zahlen (und üblichen zusätzlichen Nebenbedingungen zur Gewährleistung von Wahrscheinlichkeitsverteilungen) „bewertet". Wir sprechen dann auch von einem „bewerteten Graphen".

In Kap. 3 werden wir eine Klassifizierung der Zustandsmenge vornehmen, die das asymptotische Verhalten des stochastischen Prozesses qualitativ bereits hinreichend wiedergibt, ohne von der Bewertung des Markov-Graphen Gebrauch zu machen.

In Ergänzung zu diesem Beispiel eines stochastischen Systems betrachten wir nun ein deterministisches Analogon besonders einfacher Prägung, nämlich einen endlichen **Automaten** [1.5], [1.17], [1.9]. Ein endlicher Automat ist zunächst durch eine endliche Zustandsmenge Z, durch einen ausgezeichneten Startzustand $z_0 \in Z$ sowie eine Teilmenge $F \subset Z$ von „Finalzuständen" gekennzeichnet; darüber hinaus ist aber charakteristisch das Übergangsverhalten des

Automaten: ist a ein Element einer vorgegebenen endlichen Menge Σ („Eingabealphabet"), so geht der Automat beim „Lesen" des Zeichens a in einen Zustand über, der ausschließlich vom aktuellen Zustand und dem gelesenen Zeichen abhängt. Repräsentiert man die Zustände wieder durch Ecken (veranschaulicht durch Punkte in der Zeichenebene), den durch Lesen von a verursachten Übergang von z_i nach z_j durch einen entsprechenden Pfeil mit der Bewertung a, so läßt sich ein endlicher Automat als „bewerteter Graph" in folgender Weise beispielhaft veranschaulichen („Zustandsgraph", „Zustandsdiagramm"):

Eingabealphabet	$\Sigma = \{a, b\}$
Zustandsmenge	$Z = \{z_1, z_2, z_3, z_4\}$
Startzustand	z_1
Finalzustände	$F = \{z_2, z_3\}$

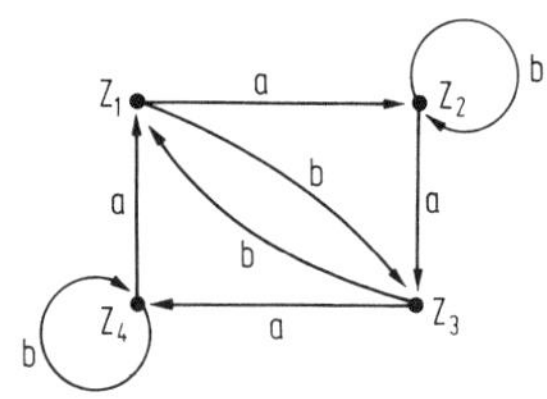

Figur 1-8

Durch geeignete Eckenbewertung können wir ferner den Startzustand und die Finalzustände eindeutig festhalten.

Ein Wort w, d. h. eine endliche Zeichenkette $w = w_1 \ldots w_n$ mit $w_i \in \Sigma$ $(i = 1, \ldots, n)$ wird „akzeptiert", wenn der Automat nach „Lesen" des Wortes (von links nach rechts) in einem Finalzustand verharrt, sofern er im Startzustand den Lesevorgang begann. Unser in Figur 1-8 gegebener Automat akzeptiert z. B. das Wort *abba* bei einem zugehörigen Weg über die Zustände z_1, z_2, z_2, z_3, akzeptiert dagegen nicht das Wort *abab*.

Wir überlassen es dem Leser, die Menge aller von diesem Automaten akzeptierten Worte – seine „Sprache" – zu bestimmen.

Gibt es einen endlichen Automaten, der mit weniger als 4 Zuständen genau die gleiche Wortmenge akzeptiert?

Fragen dieser Art lassen sich mit graphentheoretischen Methoden bequem beschreiben und analysieren („state merging", vgl. [1.17, Kap. 2.2.]).

Beispiel 5: In der organischen Chemie, insbesondere der Makromolekularbiologie, tauchen häufig Moleküle unterschiedlicher Eigenschaften, aber gleicher atomarer Zusammensetzung auf (**Isomere**), etwa C_4H_{10} als n-Butan und Isobutan mit folgenden „Valenzgraphen":

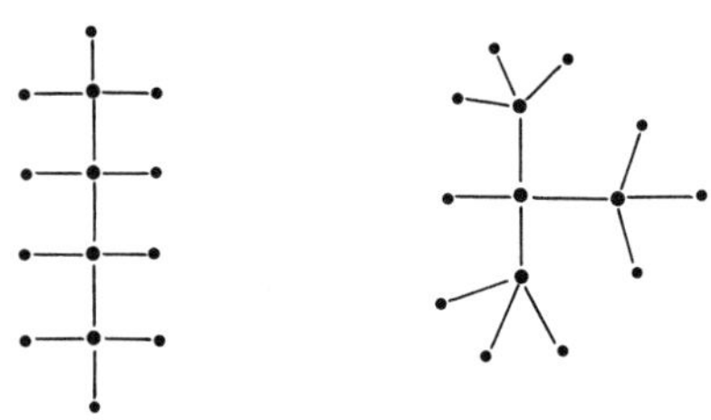
Figur 1-9

Den stark hervorgehobenen Punkten entsprechen C-Atome, den übrigen Ecken H-Atome. Es erheben sich sofort folgende Fragen:

(1) Wieviele Isomere existieren (vgl. dazu Abzählungstechniken von Polya, [1.19])?

(2) Lassen sich Korrelationen zwischen „graphentheoretischer Struktur“ und physikalischen Eigenschaften feststellen?

Beispiel 6: Eine **Ziegelei** habe m Brennöfen $B_1, \ldots, B_m$ und n Verladerampen $V_1, \ldots, V_n$ (m, n natürliche Zahlen). Jeder Brennofen soll mit jeder Verladerampe durch einen Schienenstrang verbunden werden. Um die Unfallgefahr (auf den Kreuzungen zweier Schienenstränge) zu verringern, soll die Anzahl der Kreuzungen möglichst klein gehalten werden; dabei sollen sich in einer Kreuzung nur genau zwei Schienenstränge kreuzen dürfen.
Für den Fall $m=2$, $n=3$ ergibt sich etwa folgender Schienenplan mit drei Kreuzungen, die jedoch alle vermeidbar sind, wie die nebenstehende Figur zeigt:

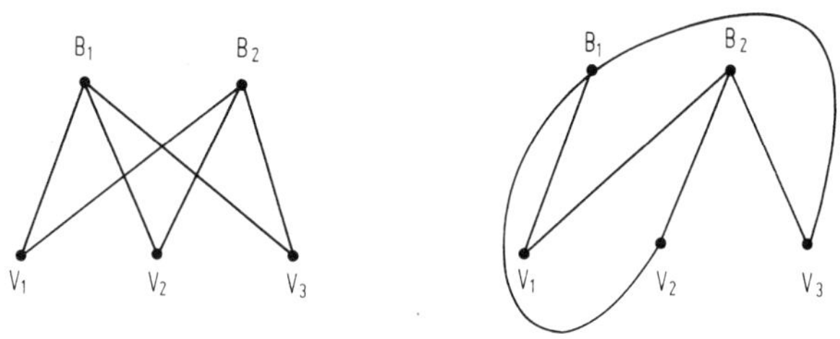

Figur 1-10

Ein Graph, der sich kreuzungsfrei in der Zeichenebene darstellen läßt, heißt *planar*. Man zeigt leicht, daß für den Fall $m \geq 3$, $n \geq 3$ kein kreuzungsfreier Schienenplan existiert; den Graphen, den ein Schienenplan für $m=n=3$ darstellt, nennen wir $K_{3,3}$; daneben illustrieren wir noch den „vollständigen“ Graphen mit fünf „Ecken“ K_5:

Figur 1-11

Kuratowski [1.16] konnte zeigen, daß ein Graph genau dann planar ist, wenn er nicht einen der beiden Graphen $K_{3,3}$ oder K_5 enthält oder einen auf einen dieser Typen „kontrahierbaren" Teilgraphen besitzt. Die Frage nach der Planarität eines Graphen spielt eine wichtige Rolle bei der Anfertigung von gedruckten elektrischen Schaltungen und läßt sich mit geringem Aufwand, nämlich mit $O(n)$ elementaren Rechenoperationen[1] lösen (vgl. Tarjan [1.23], Hopcroft [1.8]; ferner Kap. 5). Hierbei stellt n die Zahl der Ecken des Graphen dar und $O(n)$ bedeutet, daß es eine von der Eckenzahl n unabhängige Konstante c gibt, so daß die Zahl der erforderlichen elementaren Rechenoperationen (Additionen, Vergleiche) durch $c \cdot n$ nach oben beschränkt ist.

Abschließend überlassen wir dem Leser noch das folgende Problem: man bestimme einen Lageplan (für Brennöfen und Laderampen) und Schienenplan für den Fall $m=4$, $n=5$ mit höchstens 10 Kreuzungen; gibt es in diesem Fall Pläne mit weniger als 8 Kreuzungen?

Beispiel 7: Zur Erleichterung der Übersicht bei der Betrachtung einer Landkarte werden Länder, die eine gemeinsame Grenze (nicht nur einen gemeinsamen Grenzpunkt) aufweisen, unterschiedlich gefärbt. Wieviele Farben reichen aus zur gewünschten Kolorierung einer Landkarte, sofern jedes Land ein „zusammenhängendes" Gebiet darstellt?

Stellt man jedes Land durch einen Punkt in der Zeichenebene dar und verbindet zwei Punkte, deren zugehörige Länder eine gemeinsame Grenze haben, mit einer Kante, so erhält man bei folgender Landkarte mit den Ländern $L_1, \ldots, L_6$ den nebenstehenden planaren Graphen:

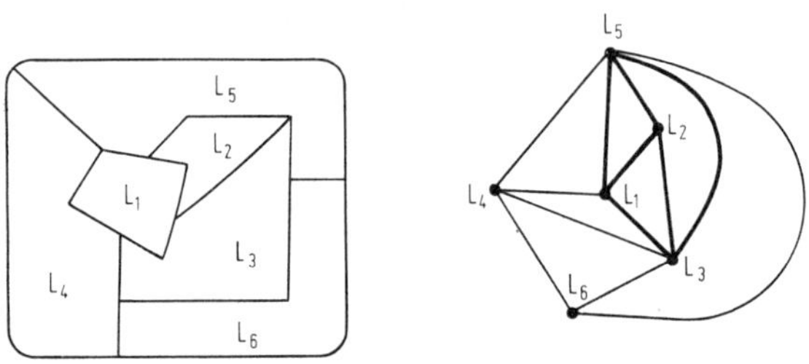

Figur 1-12

Mit unserem Ausgangsproblem äquivalent ist daher die Frage: wieviele Farben sind notwendig, um die „Ecken" eines planaren Graphen zu färben, so daß „benachbarte", d. h. durch eine Kante verbundene Ecken, unterschiedliche Farben aufweisen?

Unser Beispiel zeigt, daß mindestens vier Farben erforderlich sind, da die Länder L_1, L_2, L_3, L_5 jeweils paarweise benachbart sind und einen „vollstän-

[1] Vgl. Liste der Symbole, S. 221.

digen Subgraphen" mit vier Ecken K_4 (in der Figur stark hervorgehoben) induzieren; vier Farben reichen aber auch aus, da L_4 und L_2 sowie L_6 und L_1 gleiche Farben erhalten können.

Alle Erfahrung lehrt nun, daß für planare Graphen vier Farben stets ausreichen; bislang konnte diese erfahrungsgestützte Vermutung **(„Vierfarbenproblem")** aber nicht allgemein bewiesen werden; bewiesen wurde diese Vermutung nur für Graphen mit geringer Eckenzahl (z. B. Eckenzahl $n \leq 40$), generell gezeigt, daß in jedem Falle fünf Farben ausreichen. Vgl. [1.20], [1.7], [1.22]. Interessant ist dabei die Tatsache, daß die analoge Frage für die Färbung auf Flächen „höheren Geschlechts" (z. B. auf dem Globus mit p „Henkeln" ($p \geq 1$)) gelöst ist. Vgl. Ringel und Youngs, Beweis der Heawood'schen Vermutung [1.21].

Färbungsprobleme werden wir in Kap. 9 kurz aufgreifen.

Beispiel 8: Wir betrachten eine Gruppe von Personen $P_1, \ldots, P_n$ und ermitteln in einer Befragung die Sympathiebeziehungen in dieser Gruppe. Stellen wir die Personen durch Ecken dar und verbinden P_i und P_j durch einen Pfeil (von P_i nach P_j), falls P_i die Person P_j sympathisch findet, so erhält man den folgenden **„Sympathiegraphen"**:

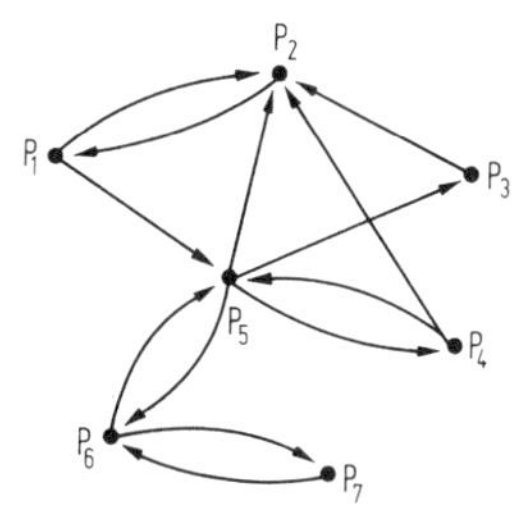

Figur 1-13

Welche Person sollte man zum Repräsentanten der Gruppe erwählen? Nach der Zahl der Sympathiebezeugungen ist P_2 eindeutig favorisiert, weil die Zahl der in der zugehörigen Ecke einmündenden Pfeile („Innengrad" der Ecke P_2) mit 4 eindeutig das Maximum annimmt. Dagegen inzidieren mit P_5 insgesamt 7 Pfeile („Grad" der Ecke P_5) und prädestinieren auch P_5 zur Repräsentantenrolle. Für P_5 spricht ferner, daß jedes Gruppenmitglied über höchstens einen Mittelsmann von P_5 aus ansprechbar ist, während die Auswahl jeder anderen Person dazu führt, daß mehr als ein Mittelsmann notwendig wird. P_5 heißt daher auch „Zentrum" des Sympathiegraphen; dessen „Durchmesser" ist 2.

Beispiel 9: Wir betrachten eine Veranstaltung, an der n Damen $D_1, \ldots, D_n$ und n Herren $H_1, \ldots, H_n$ (n natürliche Zahl) teilnehmen, die wir als Ecken in dem nachfolgend veranschaulichten „bipartiten" Graphen darstellen. Verbinden wir jeweils die zu einer Dame D_i gehörige Ecke mit der zu H_j gehörigen Ecke, falls der Herr H_j der Dame D_i gefällt, so erhält man etwa folgende Figur:

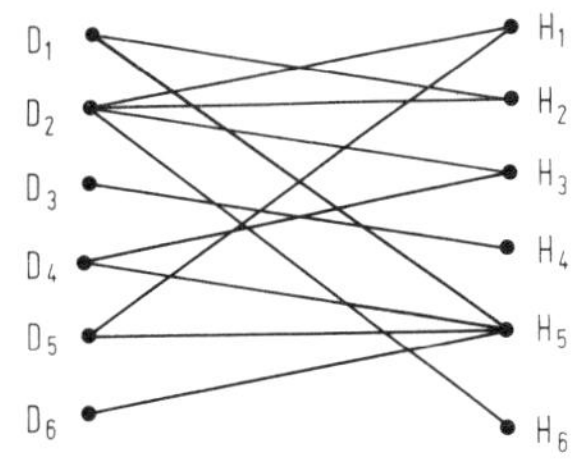

Figur 1-14

Gibt es eine Paarung, d. h. eine eineindeutige Zuordnung von Damen zu Herren, so daß jede Dame einen Herrn erhält, der ihr gefällt?
Eine allgemeine Antwort liefert der Satz von Hall, den wir im Kap. 8 herleiten.
Bemerkung: Eine derartige Paarung wird nicht notwendig auch die Interessen der beteiligten Herren berücksichtigen; es muß auch nicht gleich die Heirat angestrebt werden, wie es die klassische Problemformulierung **(„Heiratsproblem")** unterstellt.
Eine Modifikation der Problemstellung liegt in Form des **Zuordnungsproblems** vor. Gegeben seien n Personen $P_1, \ldots, P_n$ und n Arbeitsplätze $A_1, \ldots, A_n$ sowie eine Bewertung c_{ij} der Person P_i am Arbeitsplatz A_j (etwa das Wohlbefinden des Arbeiters; Effizienz; Ausschuß o. ä.; c_{ij}: reellwertig oder $\pm\infty$). Welche Zuordnung von Personen zu Arbeitsplätzen soll getroffen werden, damit die resultierende Bewertungssumme optimal ist?
Ein klassisches Lösungsverfahren ist die „Ungarische Methode", die auf den Satz von König und Arbeiten von Kuhn zurückgeht. Wir erhalten diese Methode durch Spezialisierung eines Algorithmus aus Kap. 8 (vgl. Kap. 8 und 9).
Eine Erweiterung des Problems liegt vor, wenn auf eine eineindeutige Zuordnung verzichtet werden kann und eine Teilmenge der Personen gesucht ist, die alle relevanten Arbeitsvorgänge mit einer vorgegebenen Mindestbewertung ausführen kann. Derlei *Überdeckungsprobleme* werden in Kap. 9 kurz aufgegriffen.
Ebenso werden wir das **allgemeine Transportproblem,** das im folgenden kurz skizziert ist, im Kap. 8 lösen.
In der nachstehenden Figur ist ein Transportsystem veranschaulicht, das zur Verteilung eines an Produktionsstätten $P_1, \ldots, P_p$ produzierten und an den Stellen $S_1, \ldots, S_s$ nachgefragten Gutes dient; $T_1, \ldots, T_t$ seien weitere Stationen des Transportsystems.

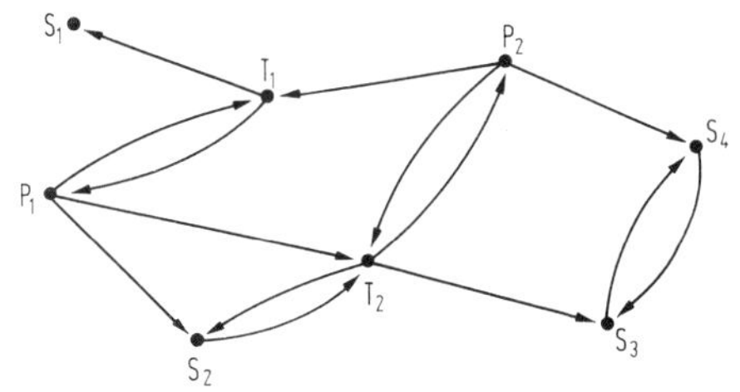

Figur 1-15

Ist die in P_i maximal produzierbare Menge und die in S_j nachgefragte Mindestmenge ($i=1, \ldots, p$; $j=1, \ldots, s$) sowie für jeden Pfeil eine Transportkapazität gegeben, so wird man fragen:

(1) Existiert ein „Transportplan", der die Transport- und Produktionskapazitäten respektiert und die Nachfrage befriedigt?

(2) Welche Nachfragesumme kann maximal befriedigt werden?

(3) Wo und um wieviel muß die Produktions- und Transportkapazität erhöht werden, wenn eine Veränderung der Mindestnachfrage erfolgt?

(4) Wie erhält man einen kostenoptimalen Produktions- und Transportplan, der die in S_j ($j=1, \ldots, s$) geforderte Nachfrage befriedigt, wenn Produktions- und Transportkosten einzubeziehen sind?

Die Lösung dieser Aufgaben (bei linearen oder konvexen Kostenfunktionen) erfolgt in Kap. 8.

Fragen der dynamischen Transportplanung werden dagegen nur kurz, Mehrgüterprobleme (multicommodity flows; vgl. [1.10, Kap. 11]) nicht behandelt.
Beispiel 10: Zur Realisierung eines **Projektes** P sind n Tätigkeiten $T_1, \ldots, T_n$ notwendig; stellen wir jede Tätigkeit durch einen Pfeil zwischen ihrem jeweiligen Anfangsereignis und Endereignis – die wir durch Punkte repräsentieren – dar, so ergibt sich etwa folgender „Netzplan":

Ereignisse: $E_1, \ldots, E_7$;
Tätigkeiten: $T_1, \ldots, T_{10}$;
Startereignis des Projektes: E_1;
Endereignis des Projektes: E_6.

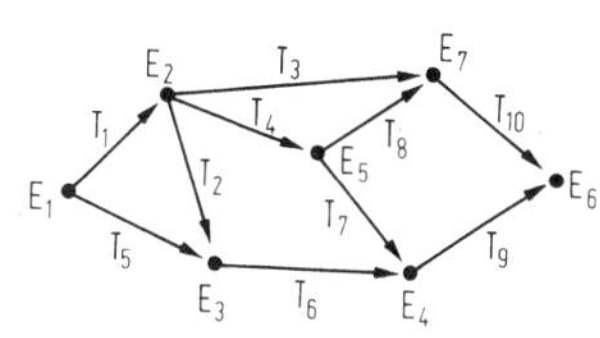

Figur 1-16

Der Projektablauf ist dabei durch folgende Vereinbarung („Logik“ des Netzplans) eingeschränkt:

(1) Ein Ereignis E kann erst dann eintreten, wenn alle Tätigkeiten beendet sind, deren Endereignisse mit E identisch sind.

(2) Eine Tätigkeit T kann erst dann beginnen, wenn ihr Anfangsereignis eingetreten ist.

Beide Bedingungen implizieren, daß ein realisierbarer Netzplan dieser Art („CPM-Plan“) keine geschlossenen Wege aufweist. Das Auffinden eventuell vorhandener geschlossener Wege wird uns in den Kap. 3, 6 und 7.3. beschäftigen.

Gewöhnlich wird für den Netzplan eine Angabe über die Tätigkeitsdauer t_i der Tätigkeit T_i $(i=1, \ldots, n)$ gemacht; sind die t_i nichtnegative reelle Zahlen, so liegt eine „Pfeilbewertung“ des Netzplans vor. Sie impliziert u. a. folgende Frage:

Wann kann ein Ereignis E frühestens eintreten, wenn das Startereignis E_1 zum Zeitpunkt $t=0$ eintritt?

Eine ausführlichere Darstellung dieser Probleme und alternativer Erscheinungsformen von Netzplänen (vgl. auch Beispiel 11) findet der Leser in Kap. 11.

Beispiel 11: Zur Fertigung von 4 Aufträgen $A_1, \ldots, A_4$ seien 3 Maschinen M_1, M_2, M_3 erforderlich; die zur Fertigung des Auftrags A_i notwendige Maschinenfolge erkennt man in dem „Maschinenfolgegraphen“, in dem die Bearbeitung des Auftrags A_i auf der Maschine M_j (Tätigkeit T_{ij}) durch einen Punkt und die eindeutig vorgeschriebene Maschinenfolge jedes Auftrags durch einen Weg gekennzeichnet sind:

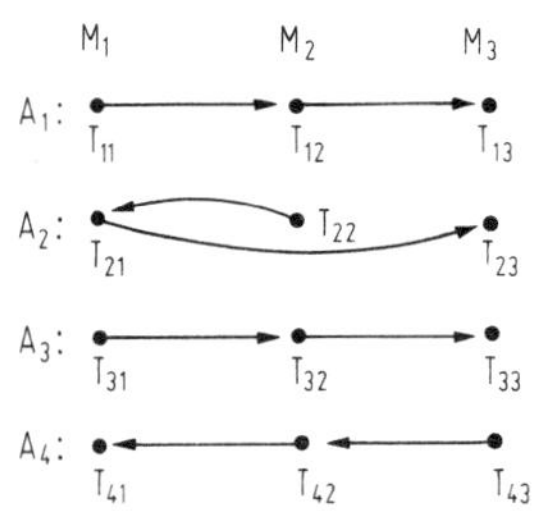

Figur 1-17

Sind wieder t_{ij} die vorgegebenen Tätigkeitsdauern, so gilt es, einen „zulässigen“ Maschinenbelegungsplan zu finden, der eine vorgegebene Zielgröße optimiert; als solche können in Betracht kommen: gesamte Durchlaufzeit aller Aufträge, mittlere Bearbeitungszeit, Leerzeit, Kapitalbindungskosten o. ä.

Einen „zulässigen“ Ablaufplan zeigt der folgende „Ablaufgraph“, in dem „vertikale“ Wege die Auftragsfolge auf den einzelnen Maschinen widerspiegeln; er darf offensichtlich keine geschlossenen Wege aufweisen.

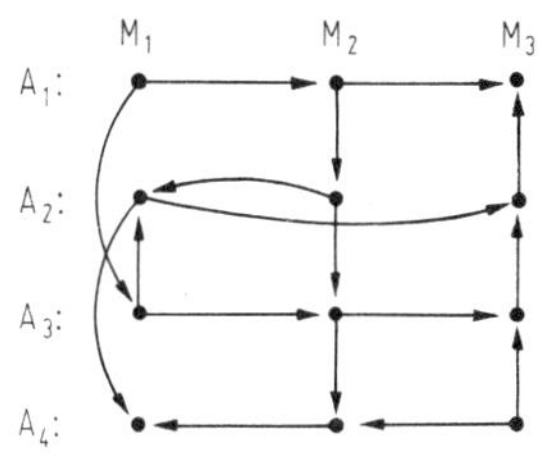

Figur 1-18

Im Kap. 10.3. wird dieses **„job-shop“-Problem** erneut aufgegriffen und eingehender diskutiert.
Beispiel 12: Die **Teilebeschreibung** eines Autos kann – grob vereinfacht – folgendermaßen geschehen [1.18, S. 71]:

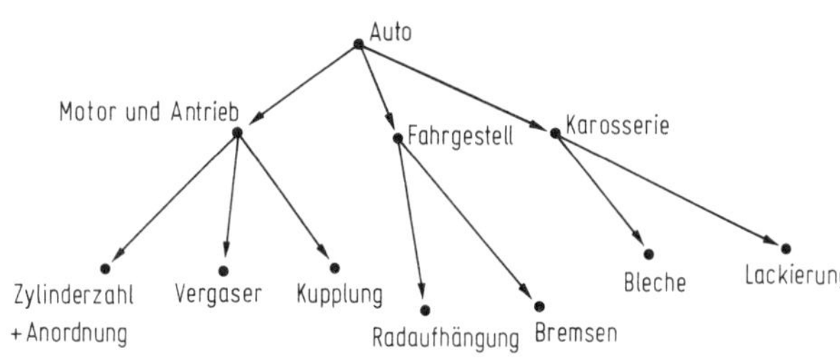

Figur 1-19

Ersetzt man die Wörter durch Punkte, so erhält man das Bild eines „gerichteten Wurzelbaums“ (der auf dem „Kopfe“ steht).
Man erkennt, daß bei dem häufigen Vorkommen hierarchisch aufgebauter Begriffssysteme Wurzelbäume nicht nur zur Beschreibung, sondern auch bei Problemen der Speicherung und des Zugriffs zu den Daten, die auf der untersten Ebene („Blätter“) vorliegen, außerordentlich wichtig sind.
Wurzelbäumen werden wir u. a. in den Kap. 4, 5, 7.2. und 10 wieder begegnen.
Beispiel 13: Reale Systeme werden häufig durch **mathematische Modelle** beschrieben; in einfachen Fällen besteht ein solches Modell aus n reellwertigen Variablen $v_1, \ldots, v_n$, m reellwertigen Funktionen $f_1, \ldots, f_m$ und der Auszeichnung unabhängiger Variabler („exogener Größen“). Ein Beispiel liegt etwa in Form eines verbreiteten Modells für die Einkommensverteilung vor (vgl. [1.14, S. 329]):

Variable: L Lohneinkommen; Z Grundrente; G Gewinn (im engeren Sinne); A Beschäftigung; l Lohnniveau; R Realeinkommen; Y nominelles Volkseinkommen; P Preisniveau; I Netto-Investitionen.

Funktionen: f_1: $Y = c_1 L + c_2 Z + c_3 G + I$, f_2: $G = Y - L - Z$, f_3: $L = A \cdot l$, f_4: $A = A(R)$, f_5: $R = Y/P$, f_6: $P = P(R)$.

Exogene Größen: l, I, Z.

Stellt man jede Variable durch einen Punkt dar und zeichnet einen Pfeil von v_i nach v_j, falls es eine Funktion f_k gibt, in der v_i als unabhängige und v_j als abhängige Variable explizit auftritt, so erhält man das Bild eines Graphen, der die Variablenbeziehungen des Modells veranschaulicht:

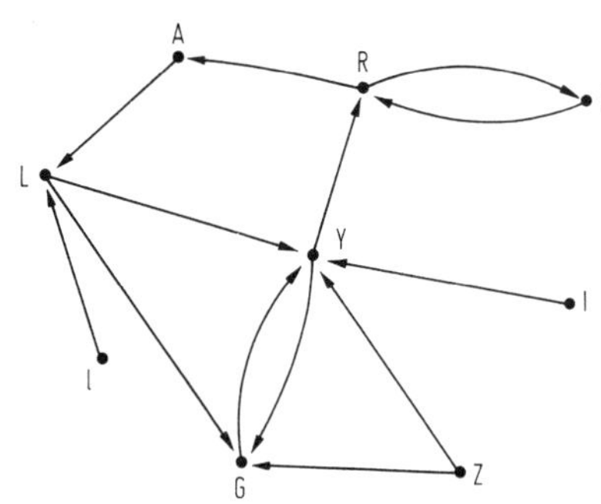

Figur 1-20

Mit diesem Graphen gewinnt man nicht nur eine bessere Einsicht in die Struktur des Modells, sondern er ist ein nützliches Hilfsmittel bei der Prüfung der Konsistenz eines Modells, insbesondere der Determiniertheit und Widerspruchsfreiheit.

Besonders vorteilhaft erweist sich diese Darstellung bei „dünn besetzten" linearen Gleichungssystemen. Vgl. [1.11, S. 292 u. f.].

1.2. Einführende Begriffe

Ein *Graph*[2] ist ein Quadrupel $G = (V, R, \alpha, \omega)$; dabei seien V und R disjunkte Mengen und α und ω Abbildungen von R in V.

V bezeichnen wir als *Eckenmenge* des Graphen, ein Element $v \in V$ als *Ecke* von G.

[2] In der Literatur auch häufig als gerichteter Graph oder Digraph bezeichnet.

R ist die *Pfeilmenge* von G, ein Element $r \in R$ ein *Pfeil* von G; $\alpha(r)$ bezeichnen wir als *Anfangsecke von r*, $\omega(r)$ als *Endecke von r* und sagen auch kurz, daß r ein *Pfeil von* $\alpha(r)$ nach $\omega(r)$ ist.

Beispiel 1: Seien $V=\{v_1, \ldots, v_6\}$, $R=\{r_1, \ldots, r_8\}$,

i	1	2	3	4	5	6	7	8
$\alpha(r_i)$	v_1	v_2	v_5	v_1	v_6	v_6	v_4	v_6
$\omega(r_i)$	v_2	v_2	v_1	v_3	v_5	v_5	v_6	v_4

Veranschaulicht man die Ecken eines Graphen durch Punkte in der Zeichenebene, die Pfeile durch gerichtete Verbindungslinien zwischen ihren Anfangs- und Endecken, so erhält man ein Bild des Graphen $G=(V, R, \alpha, \omega)$, etwa

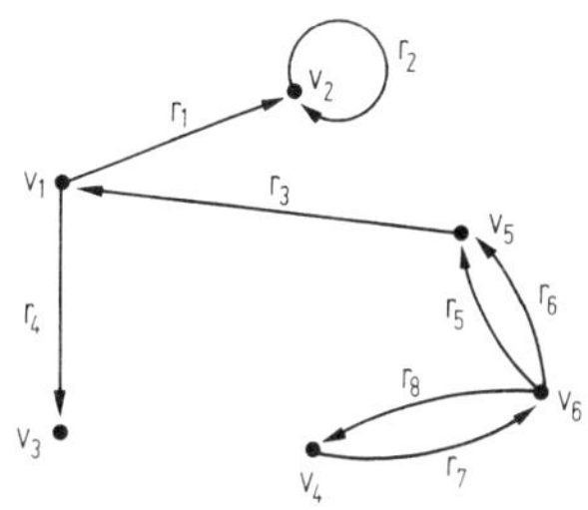

Figur 1-21

Aus dem Bild kann umgekehrt der Graph G gemäß unserer Interpretation von Punkten und gerichteten Verbindungslinien eindeutig bestimmt werden, so daß wir häufig einen Graphen durch ein Bild dieser Art angeben werden und auch dieses der Kürze wegen als Graph bezeichnen. Es muß allerdings festgehalten werden, daß optisch unterschiedlich erscheinende Bilder den gleichen Graphen festlegen können, wie es eine weitere Veranschaulichung unseres Graphen G zeigt:

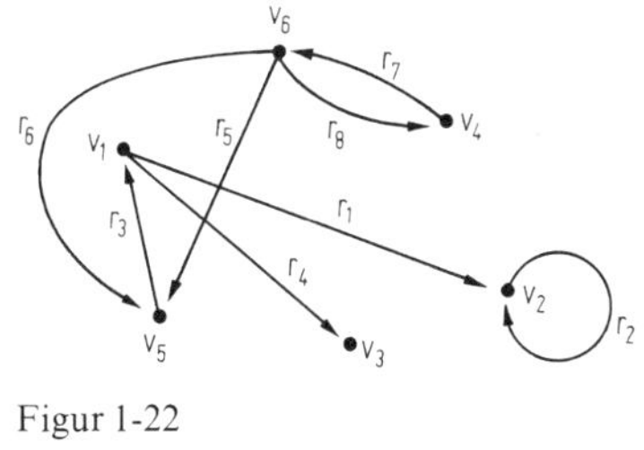

Figur 1-22

Einen Pfeil r mit $\alpha(r)=\omega(r)$ – etwa r_2 im obigen Beispiel – nennen wir eine *Schlinge*; ein Graph heißt *schlingenfrei*, wenn seine Pfeilmenge keine Schlinge enthält.

Zwei unterschiedliche Pfeile r und r' heißen *parallel*, wenn $\alpha(r)=\alpha(r')$ und $\omega(r)=\omega(r')$ gilt; beispielhaft sind r_5 und r_6 parallel.

Zwei Pfeile r und r' heißen (zueinander) *invers*, wenn gilt: $\alpha(r)=\omega(r')$ und $\omega(r)=\alpha(r')$. So sind r_6 und r_7 zueinander invers. Jede Schlinge ist zu sich selbst invers.

Für einige Zwecke ist es vorteilhaft, die Ecken und Pfeile eines Graphen zu einer *Grundmenge* $\underline{G}=V\cup R$ zusammenzufassen und die Abbildungen α und ω in naheliegender Weise auf $\underline{G}$ auszudehnen gemäß $\alpha(v):=\omega(v):=v$ für alle $v\in V$.

Über den Hintergrund sei der Leser auf [1.3], [1.4], [1.6] verwiesen; wir bemerken nur, daß ein Graph auch durch das *Tripel* $G=(\underline{G},\alpha,\omega)$ definiert werden kann, wobei die Eckenmenge durch $V=\{e\in\underline{G}\,|\,\alpha(e)=\omega(e)=e\}$ und die Pfeilmenge durch $\underline{G}-V$ gegeben ist. Wir benutzen ferner – soweit das nicht mißverstanden werden kann – die gleiche Notation für die Abbildung $\alpha:\underline{G}\to\underline{G}$ und deren Einschränkung $\alpha|_R$ auf R.

Ein Graph heißt *endlich*, wenn seine Grundmenge endlich ist; wir werden uns im weiteren Verlauf fast ausschließlich mit endlichen Graphen befassen.

Zwei unterschiedliche Elemente e_1 und e_2 der Grundmenge $\underline{G}$ heißen *inzident*, wenn die Mengen $\{\alpha(e_1),\omega(e_1)\}$ und $\{\alpha(e_2),\omega(e_2)\}$ ein gemeinsames Element aufweisen.

Um **„lokale" Eigenschaften** eines Graphen $G=(V,R,\alpha,\omega)$ genauer beschreiben zu können, reicht dieser Inzidenzbegriff nicht aus. Wir definieren deshalb:

$B^+(v):=\{r\in R\,|\,\alpha(r)=v\}$ heißt das *von v ausgehende Pfeilbüschel*,
seine Mächtigkeit $g^+(v)$ *der Außengrad von v;*

$B^-(v):=\{r\in R\,|\,\omega(r)=v\}$ ist das *in v mündende Pfeilbüschel*,
seine Mächtigkeit $g^-(v)$ *der Innengrad von v.*

$g(v):=g^+(v)+g^-(v)$ heißt der *Grad* der Ecke v; bei endlichen Graphen entspricht er der Anzahl der mit der Ecke v inzidenten Pfeile des Graphen, sofern dabei keine Schlinge mit Anfangs- und Endecke v vorkommt.

Ist $g(v)=0$, so ist v eine *isolierte Ecke.*

Die Menge $N(v):=\{w\in V\,|\,\exists\, r\in B^+(v)$ mit $\omega(r)=w\}$ heißt die *Nachfolgermenge von v*, ein Element $w\in N(v)$ ein (direkter) *Nachfolger von v;*

die Menge $V(v):=\{w\in V\,|\,\exists\, r\in B^-(v)$ mit $\alpha(r)=w\}$ heißt die *Vorgängermenge von v*, ein Element $w\in N(v)$ ein (direkter) *Vorgänger von v.*

Zwei Ecken v und w heißen *benachbart*, wenn v ein Vorgänger oder Nachfolger von w ist.

Wir verdeutlichen diese Begriffe wieder am Beispiel 1; so ist etwa

$B^+(v_1)=\{r_1,r_4\}$ und $g^+(v_1)=2$; $B^-(v_1)=\{r_3\}$ und $g^-(v_1)=1$, also $g(v_1)=3$;

$B^+(v_2)=\{r_2\}$ und $g^+(v_2)=1$; $B^-(v_2)=\{r_1,r_2\}$ und $g^-(v_2)=2$, also $g(v_2)=3$;

$B^+(v_5) = \{r_3\}$ und $g^+(v_5) = 1$; $B^-(v_5) = \{r_5, r_6\}$ und $g^-(v_5) = 2$, also $g(v_5) = 3$;

$N(v_1) = \{v_2, v_3\}$, $V(v_1) = \{v_5\}$;

$N(v_5) = \{v_1\}$, $V(v_5) = \{v_6\}$, aber $g(v_5) \neq |N(v_5)| + |V(v_5)|$!

Man erkennt unmittelbar:

(1) Besitzt G keine parallelen Pfeile, so ist $g(v) = |N(v)| + |V(v)|$ für jedes $v \in V$;

(2) $\sum_{v \in V} g^+(v) = \sum_{v \in V} g^-(v) = |R|$; denn ein Pfeil $r \in R$ trägt genau einmal, nämlich bei $\alpha(r)$ (bzw. $\omega(r)$) zur Summe der Außengrade (bzw. Innengrade) mit dem Summand 1 bei.

Wollen wir über den Bereich „lokaler" Eigenschaften hinaus Aussagen über einen Graphen machen, so muß vor allen Dingen der intuitiv naheliegende Begriff des „Weges" präzisiert werden. Dazu betrachten wir das

Beispiel 2: Es seien $V = \{v_1, \ldots, v_{11}\}$ die Stellen (Personen, Abteilungen o. ä.) einer *Organisation;* die direkte Weisungsbefugnis einzelner Stellen gegenüber anderen Stellen wollen wir uns in Form einer „*binären Relation*" R auf der Menge V dargestellt denken; das soll bedeuten:

R ist eine Teilmenge des kartesischen Produktes $V \times V$ und es ist $(v_i, v_j) \in R$ genau dann, wenn v_i direkte Weisungsbefugnis bezüglich v_j hat. Diese Relation R definiert in natürlicher Weise einen Graphen, nämlich

$$G = (V, R, \alpha, \omega) \text{ mit } \begin{array}{l} \alpha(r) := \alpha((v_i, v_j)) := v_i \\ \omega(r) := \omega((v_i, v_j)) := v_j \end{array} \quad \text{für jedes } r \in R \subset V \times V.$$

Eine Veranschaulichung zeigt die folgende Figur:

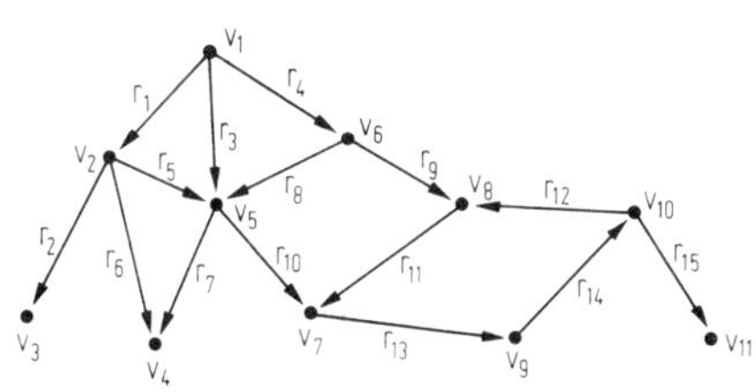

Figur 1-23

Ist die durch diese Figur veranschaulichte Organisationsform „funktionsfähig"? Darunter verstehen wir intuitiv, daß keine widersprüchlichen Weisungen an eine Stelle gelangen, daß bei Meinungsverschiedenheiten eine „Weisungszentrale" existiert und daß alle übrigen Stellen von dieser „Weisungszentrale" direkt oder über andere Stellen Weisungen empfangen können.

So kann etwa die Stelle v_6 Weisungen über r_9, v_8, r_{11}, v_7, r_{13} an v_9 geben; gleiches erkennt man auch für Stelle v_4, die über r_8, v_5, r_7 von v_6 aus „erreichbar" ist.

Obwohl v_4 an v_9 und v_9 an v_4 auch nicht „indirekt" Weisungen geben kann, besteht über v_6 und natürlich erst recht über v_1 eine „Kopplung" der Weisungen an beide Stellen.

Das legt folgende Begriffe nahe:

eine Pfeilkette oder kurz ein **Weg** in $G=(\underline{G}, \alpha, \omega)$ ist eine endliche Folge $w=(r_{j1}, \ldots, r_{jm})$ von Pfeilen aus $\underline{G}$ mit $m \geq 1$ und der Eigenschaft:

$$\omega (r_{ji}) = \alpha (r_{ji+1}) \text{ für } i=1, \ldots, m-1.$$

So sind (vgl. Figur 1-23) $w_1=(r_9, r_{11}, r_{13})$, $w_2=(r_8, r_7)$ und $w_3=(r_9, r_{11}, r_{13}, r_{14}, r_{12}, r_{11}, r_{13})$ Wege in G.

Ist $w=(r_{j1}, \ldots, r_{jk}, \ldots, r_{jm})$ ein Weg, so ist r_{jk} *ein Pfeil von* w und w *durchläuft* r_{jk}.

Mit $s(w) := (\alpha(r_{j1}), \alpha(r_{j2}), \ldots, \alpha(r_{jm}), \omega(r_{jm}))$ bezeichnen wir die *Spur von* w und sagen kurz, daß ein Weg w eine Ecke v *berührt*, wenn diese Ecke ein Element der Spur von w ist.

So sind $s(w_1)=(v_6, v_8, v_7, v_9)$, $s(w_2)=(v_6, v_5, v_4)$ und $s(w_3)=(v_6, v_8, v_7, v_9, v_{10}, v_8, v_7, v_9)$ die Spuren der Wege w_1, w_2, w_3.

Bemerkung: Besitzt ein Graph $G=(\underline{G}, \alpha, \omega)$ keine parallelen Pfeile, so ist jeder Weg $w=(r_{j1}, \ldots, r_{jm})$ in G durch seine Spur $s(w)=(v_{j1}, \ldots, v_{jm+1})$ eindeutig bestimmt. In diesem Falle schreiben wir auch kurz:

$$w=[v_{j1}, \ldots, v_{jm+1}] .$$

Ist $w=(r_{j1}, \ldots, r_{jm})$ ein Weg, so heißt $\alpha(r_{j1})$ die *Anfangsecke von* w und $\omega(r_{jm})$ die *Endecke von* w; wir bezeichnen diese Ecken mit $\alpha(w)$ bzw. $\omega(w)$ und sagen auch kurz, daß w ein *Weg von* $\alpha(w)$ *nach* $\omega(w)$ ist; m ist dabei die *Länge* $l(w)$ von w.

Ist $\alpha(w)=\omega(w)$, so heißt w ein geschlossener Pfeilweg oder kurz ein *Kreis*. So ist etwa $w_4=(r_{14}, r_{12}, r_{11}, r_{13})$ ein Kreis mit Anfangs- und Endecke v_9. Ein Graph ohne Kreise heißt *kreisfrei*.

Ein Weg $w=(r_{j1}, \ldots, r_{jm})$ heißt *einfach*, wenn er keinen Pfeil mehr als einmal durchläuft: $r_{ji} \neq r_{jk}$ für $i \neq k$;

er heißt *elementar*, wenn er – bis auf den Fall, daß Anfangs- und Endecke übereinstimmen – keine Ecke mehr als einmal berührt:

$$\alpha(r_{ji}) \neq \alpha(r_{jk}) \text{ für } i \neq k .$$

Im voranstehenden Beispiel sind w_1, w_2 und w_4 elementare Wege, dagegen w_3 weder elementar noch einfach.

Bemerkung: Jeder elementare Weg ist einfach, denn anderenfalls würde die Anfangsecke eines Pfeiles von diesem Weg mindestens zweimal berührt. Die Länge eines elementaren Weges übersteigt nicht die Mächtigkeit der Eckenmenge.

Sind $w_1=(r_{j_1}, \ldots, r_{j_k})$ und $w_2=(r_{j'_1}, \ldots, r_{j'_m})$ zwei Wege in G und ist $\omega(w_1)=\alpha(w_2)$, so ist
$w=w_1 * w_2=(r_{j_1}, \ldots, r_{j_k}, r_{j'_1}, \ldots, r_{j'_m})$ ein Weg in G mit
$\alpha(w)=\alpha(w_1)$ und $\omega(w)=\omega(w_2)$; $w_1 * w_2$ heißt die *Zusammensetzung von* w_1 *und* w_2. So ist in unserem Beispiel $w_3=w_1 * w_4$.

Es gilt offenbar: $w*(w'*w'')=(w*w')*w''$; wir schreiben daher auch kurz für die Zusammensetzung von n Wegen $w_1, \ldots, w_n$ mit $\omega(w_i)=\alpha(w_{i+1})$ für $i=1, \ldots, n-1$:

$$w=w_1 * w_2 * \ldots * w_n .$$

Jeder Weg w_i $(i=1, \ldots, n)$ heißt ein *Teilweg von* w.

Häufig ist es nützlich, einen Pfeilweg $w=(r_{j_1}, \ldots, r_{j_m})$ und seine Spur $s(w)=(v_{j_1}, \ldots, v_{j_{m+1}})$ explizit zusammenzufassen zu einer *Folge*

$$f(w):=(v_{j_1}, r_{j_1}, v_{j_2}, r_{j_2}, \ldots, v_{j_m}, r_{j_m}, v_{j_{m+1}}) .$$

Schließlich sei hier noch der Begriff der Kette erwähnt; eine Kantenkette oder kurz **Kette** in G ist eine endliche Folge $\varkappa=(\delta_1 r_{j_1}, \ldots, \delta_m r_{j_m})$ mit den Eigenschaften:

(1) $\delta_i \in \{1, -1\}$ und $r_{j_i} \in R$ für jedes $i=1, \ldots, m$,

(2) $\omega(\delta_i r_{j_i})=\alpha(\delta_{i+1} r_{j_{i+1}})$ für $i=1, \ldots, m-1$, wobei gelte:

$$\alpha(\delta_k r_{j_k}):=\begin{cases} \alpha(r_{j_k}), & \text{falls } \delta_k=1 \\ \omega(r_{j_k}), & \text{falls } \delta_k=-1, \end{cases} \qquad \omega(\delta_k r_{j_k}):=\begin{cases} \omega(r_{j_k}), & \text{falls } \delta_k=1 \\ \alpha(r_{j_k}), & \text{falls } \delta_k=-1. \end{cases}$$

Die *Anfangsecke* $\alpha(\varkappa)$ von $\varkappa$ ist $\alpha(\delta_1 r_{j_1})$, die *Endecke* $\omega(\varkappa)$ von $\varkappa$ ist $\omega(\delta_m r_{j_m})$; ferner ist $s(\varkappa):=(\alpha(\delta_1 r_{j_1}), \alpha(\delta_2 r_{j_2}), \ldots, \alpha(\delta_m r_{j_m}), \omega(\delta_m r_{j_m}))$ die *Spur von* $\varkappa$. $\varkappa$ heißt wiederum *elementar*, falls $\alpha(\delta_i r_{j_i}) \neq \alpha(\delta_k r_{j_k})$ für $i \neq k$ gilt.

Ist $\alpha(\varkappa)=\omega(\varkappa)$, so heißt $\varkappa$ eine geschlossene Kette oder kurz ein *Zykel*. Ersetzen wir noch zur Verkürzung der Schreibweise $\delta_i r_{j_i}$ durch r_{j_i}, falls $\delta_i=1$ ist, und $\delta_i r_{j_i}$ durch $-r_{j_i}$, falls $\delta_i=-1$ ist, so erkennt man in unserem Beispiel:

$\varkappa_1=(-r_7, -r_8, r_9, r_{11}, r_{13})$ ist eine Kette mit Anfangsecke v_4 und Endecke v_9,
$\varkappa_2=(r_4, r_8, -r_3)$ ist ein Zykel mit Anfangs- und Endecke v_1.

Eine Kette $\varkappa=(\delta_1 r_{j_1}, \ldots, \delta_m r_{j_m})$ heißt *alternierend*, wenn gilt:

$$\delta_{i+1}=-\delta_i \text{ für } i=1, \ldots, m-1 .$$

Beispielhaft ist $\varkappa_3=(r_{11}, -r_{10}, r_7, -r_6, r_2)$ eine alternierende Kette in G.

Greifen wir wieder die Organisationsstruktur in Figur 1-23 auf, so lassen sich nun präzisere Fragen stellen:

a) Gibt es genau eine Stelle v („Weisungszentrale") mit folgenden Eigenschaften:
   (1) ist v' eine von v verschiedene Stelle, so gibt es einen Weg von v nach v',
   (2) $g^-(v)=0$?
b) Ist G kreisfrei?
c) Gilt für jede Stelle v': $g^-(v')\leq 1$?

Eine Organisationsstruktur. bei der alle drei Fragen bejaht werden können, heißt ein *Ein-Liniensystem*, häufig auch Stab-Linie-System; ist v_1 die eindeutig bestimmte „Weisungszentrale" und v eine davon unterschiedliche Stelle, so existiert *genau ein Weg* von v_1 nach v. Denn nach a) gibt es mindestens einen Weg $w_1=(r_{j_1},\dots,r_{j_m})$ von v_1 nach v; wäre nun $w_2=(r_{j'_1},\dots,r_{j'_k})$ ein weiterer Weg von v_1 nach v und $w_1 \neq w_2$, ferner die letzten p Pfeile identisch (d. h. $j_m=j'_k,\dots,j_{m-p+1}=j'_{k-p+1}$) und $j_{m-p}\neq j'_{k-p}$ mit $0\leq p<m$, so wäre wegen $\omega(r_{j_{m-p}})=\alpha(r_{j_{m-p+1}})=\alpha(r_{j'_{k-p+1}})=\omega(r_{j'_{k-p}})=:v'$
die Stelle v' eine Ecke, deren Innengrad größer 1 ist im Widerspruch zu c). Ein Graph, bei dem die Fragen a) und c) zu bejahen sind, heißt ein (gerichteter) *Wurzelbaum* mit Wurzel v und ist im folgenden veranschaulicht.

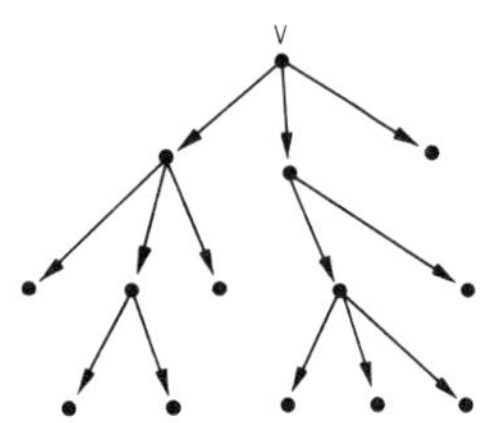

Figur 1-24

Wir werden Wurzelbäume in Kap. 4 eingehender untersuchen; dem Leser sei hier bereits zur Übung empfohlen, die Kreisfreiheit eines Wurzelbaumes nachzuweisen.

Eine Organisationsstruktur, bei der nur die Fragen a) und b) zu bejahen sind, heißt ein *Mehrliniensystem*.

Unser Beispiel weist den Kreis w_4 auf und führt daher möglicherweise zur Entscheidungsunfähigkeit. Eliminiert man aber die Weisungsbefugnis von v_8 an v_{10} (r_{12}), so erhält man ein Mehrliniensystem, bei dem natürlich die Gefahr widersprüchlicher Weisungen nicht von vornherein auszuschließen ist, aber durch koordinierende Tätigkeit z. B. der Weisungszentrale vermieden werden kann.

Bei vielen Problemen wird man nicht nur „lokale“ oder „globale“ Aussagen über einen Graphen treffen, sondern gewisse „Teile“ näher betrachten und analysieren wollen.

Es sei daher wieder $G=(\underline{G}, \alpha, \omega)$ ein Graph; ein Graph $G'=(\underline{G}', \alpha', \omega')$ heißt ein **Teilgraph** von G (in Zeichen: $G'\subset G$), wenn gilt:

$$\underline{G}'\subset \underline{G}\,, \tag{1}$$

$$\alpha \mid \underline{G}'=\alpha', \qquad \omega \mid \underline{G}'=\omega'\,. \tag{2}$$

G heißt dann ein *Obergraph* von G'. Eine Veranschaulichung findet man in der Figur 1-25 durch (a) und (b).

Sind nun G_1 und G_2 Teilgraphen von G, so ist $G'=(\underline{G}', \alpha', \omega')$ mit $\underline{G}'=\underline{G}_1\cap \underline{G}_2$, $\alpha'=\alpha_1 \mid \underline{G}'$, $\omega'=\omega_1 \mid \underline{G}'$ ein Teilgraph von G und heißt der *Durchschnitt* von G_1 und G_2 (vgl. Figur 1-25 (c)).

Ist H eine beliebige Teilmenge von $\underline{G}$, so nennen wir den (eindeutig bestimmten) Durchschnitt aller Teilgraphen G' von G, deren Grundmenge $\underline{G}'$ die vorgegebene Menge H enthält, die *Hülle G_H von H* (vgl. Figur 1-25 (d)):

$$G_H := \bigcap_{G' : H\subset \underline{G}',\quad G'\subset G} G'$$

Sind nun Teilmengen W von V und S von R gegeben, so heißt $G_{V\cup S}$ der durch S induzierte *Partialgraph* von G (vgl. Figur 1-25(e)). Ist $E := \{e\in \underline{G} \mid \alpha(e)\in W$ und $\omega(e)\in W\}$, so heißt $G_{R,W} := (E, \alpha|_E, \omega|_E)$ der durch W induzierte *Subgraph* von G (vgl. Figur 1-25(f)), und $G_{S,W} := G_{V\cup S}\cap G_{R,W}$ der durch S und W induzierte *partielle Subgraph* von G (Figur 1-25(g)).

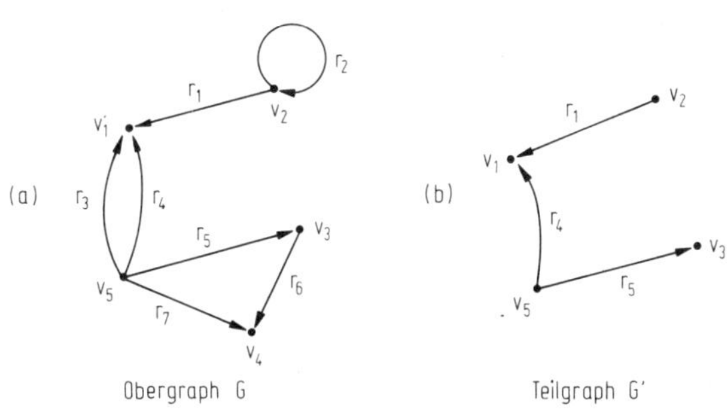

Figur 1-25

(c)

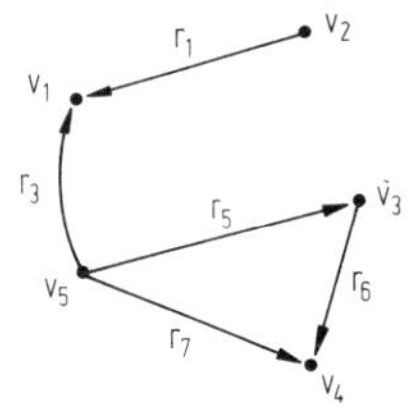

Teilgraph G_1

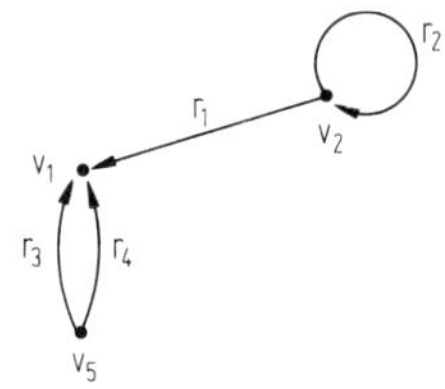

Teilgraph G_2

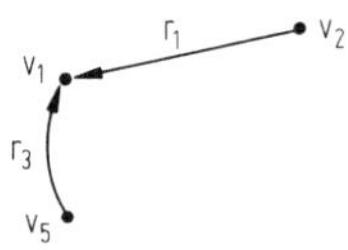

Durchschnitt $G_1 \cap G_2$

(d) $H = \{v_2, v_5, r_1, r_2, r_4, r_7\}$:

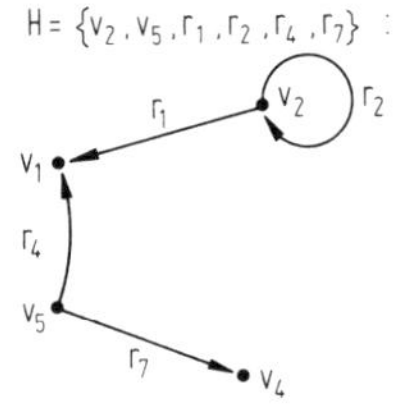

Hülle G_H

(e) $S = \{r_1, r_2, r_3, r_6\}$:

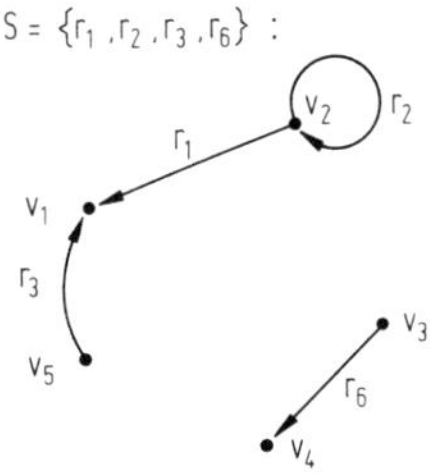

Partialgraph $G_{V \cup S}$

(f) $W = \{v_1, v_2, v_4, v_5\}$:

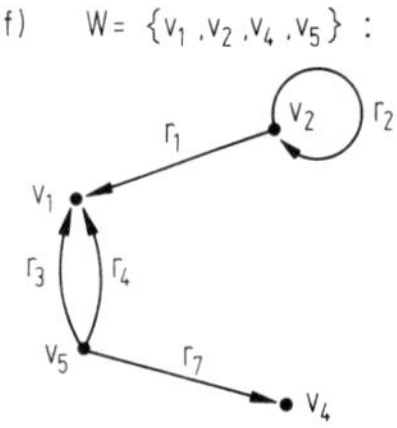

Subgraph $G_{R,W}$

(g)

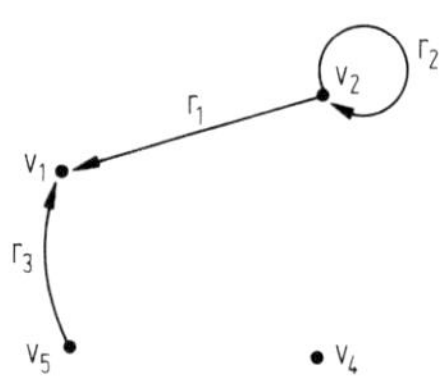

partieller Subgraph $G_{S,W}$

Als nächstes wollen wir die **„Ähnlichkeit"** von Graphen untersuchen. Seien $G_1 = (\underline{G}_1, \alpha_1, \omega_1)$ und $G_2 = (\underline{G}_2, \alpha_2, \omega_2)$ zwei Graphen; eine Abbildung $\tau: \underline{G}_1 \rightarrow \underline{G}_2$ der Grundmenge $\underline{G}_1$ *auf* die Grundmenge $\underline{G}_2$ ist ein *Homomorphismus*, wenn gilt:

$$(*) \qquad \begin{array}{l} \tau(\alpha_1(e)) = \alpha_2(\tau(e)) \\ \tau(\omega_1(e)) = \omega_2(\tau(e)) \end{array} \qquad \text{für jedes } e \in \underline{G}_1 .$$

Wir schreiben auch kurz: $\tau: G_1 \rightarrow G_2$, wenn τ obige Bedingungen erfüllt und nennen G_2 ein homomorphes Bild von G_1.

Die Bedingung $(*)$ besagt etwa, daß die Abbildung τ die Inzidenzbeziehungen invariant läßt, die wohl den Kern des intuitiven Ähnlichkeitsbegriffes darstellen.

In der folgenden Figur ist ein Homomorphismus τ eines Graphen G_1 und sein homomorphes Bild G_2 aufgeführt; der Leser verifiziert leicht die Bedingung $(*)$:

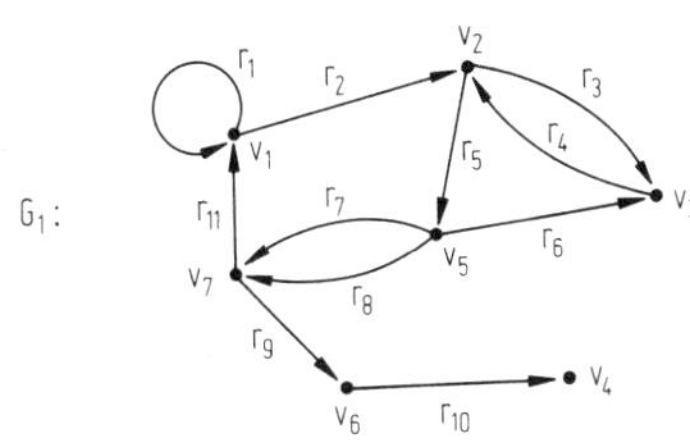

τ:																		
$\underline{G}_1$	v_1	v_2	v_3	v_4	v_5	v_6	v_7	r_1	r_2	r_3	r_4	r_5	r_6	r_7	r_8	r_9	r_{10}	r_{11}
$\underline{G}_2$	e_1	e_3	e_3	e_5	e_2	e_5	e_4	e_1	f_1	e_3	f_2	f_3	f_4	f_5	f_5	f_7	e_5	f_6

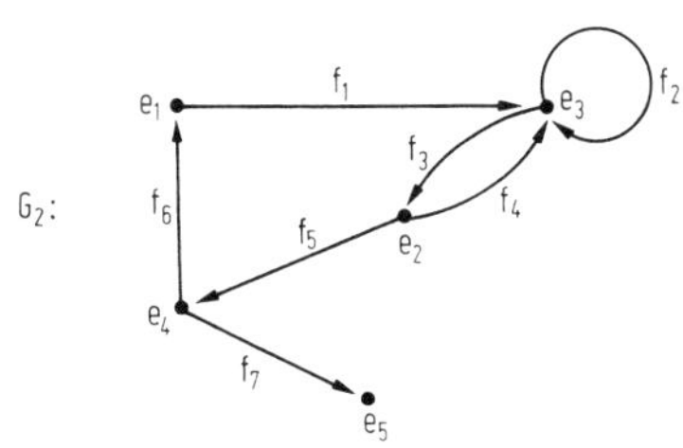

Figur 1-26

Ist die Abbildung $\tau : \underline{G_1} \rightarrow \underline{G_2}$ bijektiv, so heißt τ ein *Isomorphismus*, und G_1 und G_2 heißen *isomorph;* ist insbesondere $\underline{G_2} = \underline{G_1}$, so heißt τ ein *Automorphismus*.

Ist schließlich $\underline{G_2} \subset \underline{G_1}$, so heißt τ ein *Epimorphismus*.

Zwei Graphen $G_1 = (\underline{G_1}, \alpha_1, \omega_1)$ und $G_2 = (\underline{G_2}, \alpha_2, \omega_2)$ heißen zueinander *invers*, wenn es einen Isomorphismus $\tau : G_1 \rightarrow G_2$ gibt mit folgender Eigenschaft:

$$\alpha_2 \circ \tau = \omega_1$$

$$\omega_2 \circ \tau = \alpha_1$$

Es folgt insbesondere: $V_1 = V_2$; τ ordnet jedem Pfeil einen inversen Pfeil zu.

Der Frage, ob zwei gegebene Graphen homomorph, insbesondere isomorph sind, kommt bei einigen Anwendungen erhebliche Bedeutung zu. Wir werden hier allerdings auf die Darstellung von Algorithmen zur Lösung dieser Frage verzichten; der interessierte Leser sei auf [1.1], [1.13], [1.23] verwiesen. Es sei angemerkt, daß mit $O(|V| \log |V|)$ elementaren Rechenoperationen die Isomorphie „planarer" Graphen (vgl. Beispiel 6 in Kap. 1.1.) festgestellt werden kann ([1.23]).

Ein Automorphismus τ von $G = (\underline{G}, \alpha, \omega)$ heißt eine *Symmetrie*, wenn gilt: $\alpha(\tau(e)) = \omega(e)$ und $\omega(\tau(e)) = \alpha(e)$ für jedes $e \in \underline{G}$.

Eine Symmetrie bildet also jeden Pfeil in einen dazu inversen ab.

Ein Graph G heißt *symmetrisch*, wenn er eine Symmetrie τ zuläßt. Besitzt G insbesondere keine parallelen Pfeile, so ist G symmetrisch, wenn zu jedem Pfeil r auch ein inverser Pfeil in $\underline{G}$ existiert. Wir nennen einen Graphen $G = (\underline{G}, \alpha, \omega)$ *antisymmetrisch*, wenn es keine zueinander inversen Pfeile r und r' in $\underline{G}$ gibt.

G heißt schließlich *vollständig*, wenn zu jedem Paar (e', e'') von Elementen aus $\underline{G}$ ein Element $e \in \underline{G}$ existiert, das mit e' und mit e'' inzidiert. Die Figur 1-27 zeigt zwei Beispiele:

Figur 1-27

G_1 ist symmetrisch, aber nicht vollständig; G_2 ist vollständig und antisymmetrisch.

Bei einigen der in Kap. 1.1. aufgeführten Beispiele wird deutlich, daß für eine angemessene Beschreibung und Analyse der betrachteten Probleme ein Graph G allein nicht ausreicht, sondern zusätzlich eine „Bewertung" des Graphen betrachtet werden muß. Das zeigt auch folgendes

Beispiel 3: Ein *Nahverkehrssystem*, das 6 Stadtteile $v_1, \ldots, v_6$ verbindet, weist für jeden Streckenabschnitt (v_i, v_j) des nachfolgend veranschaulichten „Streckengraphen" eine Transportdauer $\beta((v_i, v_j)) = : \beta_{ij}$ in Zeiteinheiten (ZE) auf, die an dem zugehörigen Pfeil notiert ist:

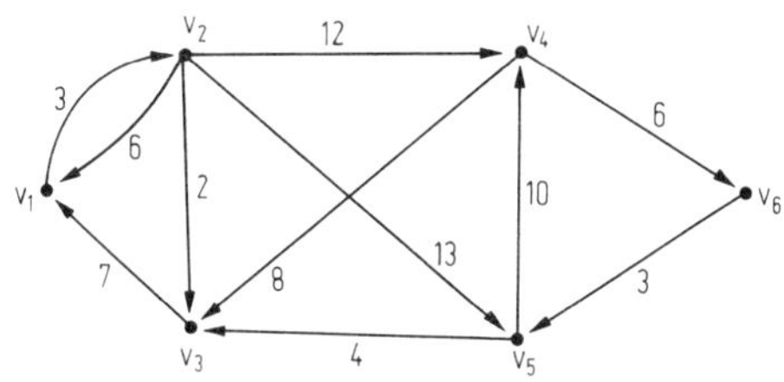

Figur 1-28

Dabei ergibt sich für die potentiellen Benutzer folgendes Problem: Man bestimme für jedes Paar (v_i, v_j) eine (oder alle) zeitgünstigsten Verbindungen von v_i nach v_j – falls überhaupt vorhanden. Treten zusätzliche Aufenthaltsdauern $\beta(v_i)$ (Umsteigzeiten, Wartezeiten o. ä.) an den Knotenpunkten auf, so ist das entsprechend modifizierte Problem (unter Einschluß der Aufenthaltsdauern) zu lösen.

In diesem Falle liegt also eine „Bewertung" der Elemente des Nahverkehrssystems (Knotenpunkte und Strecken) durch nichtnegative reelle Zahlen vor. Die Lösung des Problems wird in Kap. 7.1. erfolgen.

Sei nun M eine (nichtleere) Menge („Wertebereich"), $G = (\underline{G}, \alpha, \omega)$ ein Graph und β eine Abbildung von $\underline{G}$ in M: $\beta : \underline{G} \to M$. Dann nennen wir das Tripel $B = (G, \beta, M)$ einen **M-bewerteten Graphen;** besteht über den Wertebereich kein Zweifel, so schreiben wir auch kurz $B = (G, \beta)$ und sprechen von einem *bewerteten Graphen B*.

Ist $\beta | V$ eine konstante Abbildung, so heißt β eine *Pfeilbewertung* von G, ist $\beta | R$ konstant, so ist β eine *Eckenbewertung* von G.

In Beispiel 3 lag anfangs eine Pfeilbewertung (mit $\beta(v_j) = 0$ für $j = 1, \ldots, 6$) mit $M = \mathbb{R}_+$ vor; später erfolgte eine Erweiterung zu einem allgemeinen $\mathbb{R}_+$-bewerteten Graphen.

Ist $B=(G, \beta, M)$ ein M-bewerteter Graph und G' ein Teilgraph von G, so induziert β offensichtlich auch eine Bewertung von G'.
Wir nennen daher $B'=(G', \beta', M)$ mit $\beta'=\beta \mid \underline{G}'$ auch kurz einen *Teilgraphen von B*.
Es sollen zwei weitere Beispiele für bewertete Graphen geschildert werden.
Beispiel 4: Ein Pipelinesystem transportiert Erdöl von den Feldern v_1, v_2, v_3, v_4 zu den Häfen v_{12}, v_{13} über die Pumpstationen $v_5, \ldots, v_{11}$ bei folgender Streckenführung:

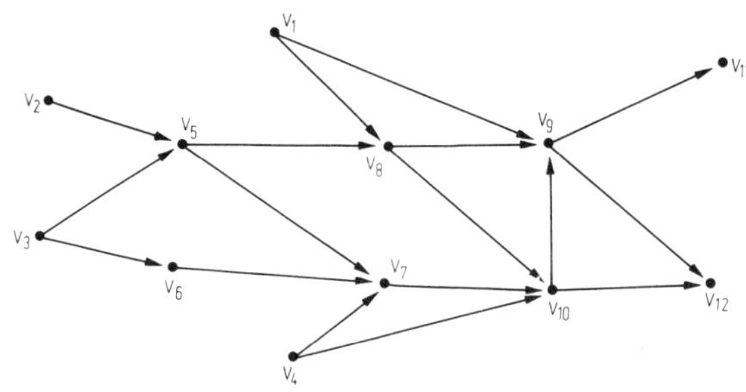

Figur 1-29

Jede Rohrleitung (v_i, v_j) besitzt eine obere Kapazitätsgrenze $a((v_i, v_j))$; jede pro Zeiteinheit durch (v_i, v_j) fließende Mengeneinheit verursache Kosten $c((v_i, v_j))$. Die Förderkapazität der Felder seien $a(v_j)$, die Förderkosten pro Mengeneinheit $c(v_j)$ $(j=1, \ldots, 4)$; die Verladekapazität der Häfen sei $a(v_j)$, die Verladekosten pro Mengeneinheit $c(v_j)$ $(j=11, 12)$. Dann ergibt sich folgendes Problem:

a) Man bestimme einen „Fluß", der die gegebenen Restriktionen erfüllt und möglichst viel Erdöl pro Zeiteinheit von der „Quellenmenge" $\{v_1, v_2, v_3, v_4\}$ zur „Senkenmenge" $\{v_{11}, v_{12}\}$ transportiert.
b) Man bestimme unter den Flüssen mit „maximalem Flußwert" einen Fluß, der minimale Kosten verursacht.

Die Abbildung $\beta=(a, c): \underline{G} \to \mathbb{R}_+ \times \mathbb{R}_+$ (bei geeignet gewählter Fortsetzung der Abbildungen a und c auf die Menge $\{v_5, v_6, \ldots, v_{10}\}$ der Pumpstationen) definiert einen M-bewerteten Graphen $B=(G, \beta, M)$ mit $M=\mathbb{R}_+ \times \mathbb{R}_+$. Die Lösung dieser Probleme erfolgt in Kap. 8.
Beispiel 5: Wir greifen Beispiel 10 aus Kap. 1.1. auf („Netzplan" für ein Projekt) und bezeichnen mit V die Menge der Ereignisse, mit R die Menge der Tätigkeiten des Projektes. Die Tätigkeitsdauern seien unabhängige zufällige Größen und $P(r)$ die als realistisch unterstellte Wahrscheinlichkeitsverteilung der Tätigkeitsdauer von r. Sei dann für $r \in R$ $\beta(r) := P(r)$ und für $v \in V$

$\beta(v):=P_0$ (diskrete Wahrscheinlichkeitsverteilung mit Masse 1 auf 0); dann liegt ein M-bewerteter Graph $B=(G, \beta, M)$ vor, wobei G den Netzplan und M die Menge der Wahrscheinlichkeitsverteilungen auf $\mathbb{R}_+$ darstellt.
Eine detailliertere Betrachtung des Problems folgt in Kap. 11.

Abschließend wollen wir noch eine verkürzende Schreibweise einführen. In Beispiel 2 haben wir bereits erkannt, daß jede binäre Relation R auf V (d. b. $R \subset V \times V$) in natürlicher Weise einen Graphen $G=(V, R, \alpha, \omega)$ definiert, der keine parallelen Pfeile enthält.
Ist nun umgekehrt ein *Graph ohne parallele Pfeile* $G=(V, R, \alpha, \omega)$ gegeben, so ist jeder Pfeil eindeutig durch Angabe seiner Anfangs- und Endecke bestimmt und daher eine eineindeutige Beziehung zwischen der Pfeilmenge R und der Menge $R' := \{(\alpha(r), \omega(r)) \mid r \in R\}$ gegeben.
In diesem Falle können wir also den Graphen G mit der binären Relation R' auf V identifizieren und schreiben kurz: $G=(V, R')$. Einen Graphen G ohne parallele Pfeile und ohne Schlingen nennen wir noch einen **einfachen Graphen.**
In der Menge der Graphen ohne parallele Pfeile ist ein zu $G=(V, R)$ inverser Graph eindeutig bestimmt; wir bezeichnen ihn mit $G^{-1}=(V, R^{-1})$, wobei $R^{-1} := \{(v_i, v_j) \mid (v_j, v_i) \in R\}$ ist.

2. Speicherung von Graphen

Bei vielen Anwendungen graphentheoretischer Methoden ist die Mächtigkeit der Grundmenge $\underline{G}$ des Graphen G, der zur Beschreibung der Problemstruktur zu Hilfe genommen wird, so groß, daß eine manuelle Bewältigung des betreffenden Problems ausgeschlossen ist. Man ist dann auf die Hilfe elektronischer Rechenanlagen angewiesen und muß dabei eine geeignete Speicherungsform für diesen Graphen – ggf. einschließlich seiner Bewertung – vorgeben.

Jede Speicherungsform für einen Graphen wird dabei u. a. nach den folgenden Kriterien beurteilt werden müssen:

a) die über G (bzw. B) gespeicherten Informationen bestimmen G (bzw. B) eindeutig oder bis auf Isomorphie,
b) Speicherplatzbedarf,
c) Art der Datenstruktur[1].

In Abhängigkeit von der speziellen Aufgabe wird man die Datenstruktur zudem so wählen, daß die Zahl der zur Lösung der Aufgabe erforderlichen elementaren Operationen des Rechners (Additionen, Vergleiche etc.) möglichst gering wird.

Eine von den vielfältigen Aufgaben unabhängige, gleichmäßig beste Speicherungsform für einen Graphen bzw. bewerteten Graphen gibt es nicht, wie wir an vielen später angeführten Beispielen erkennen werden.

Wir beschränken uns natürlich auf *endliche* Graphen, d. h. auf Graphen $G=(\underline{G}, \alpha, \omega)$ mit endlicher Grundmenge $\underline{G}$.

Durch Angabe der Paare $(\alpha(e), \omega(e))$ für alle $e \in \underline{G}$ ist der Graph G nicht (bis auf Isomorphie) eindeutig bestimmt, da eine Schlinge nicht von der zugehörigen Ecke unterscheidbar ist. Wir setzen daher eine feste Reihenfolge der Elemente von $\underline{G}$ bei der Speicherung voraus:

$$e_1, \ldots, e_n, \qquad e_{n+1}, \ldots, e_{n+m};$$

hierbei sei

$$V=\{e_1, \ldots, e_n\}, \qquad R=\{e_{n+1}, \ldots, e_{n+m}\}.$$

Wegen $\alpha(e_i)=\omega(e_i)=e_i$ für alle $i=1, \ldots, n$ ist die Speicherung des zur Ecke e_i gehörigen Paares $(\alpha(e_i), \omega(e_i))$ überflüssig.

[1] Vgl. [2.5], [2.2].

2.1. Standardliste

Die Informationseingabe erfolgt in folgender Reihenfolge:

$$n, m, \alpha(e_{n+1}), \omega(e_{n+1}), \alpha(e_{n+2}), \omega(e_{n+2}), \ldots, \alpha(e_{n+m}), \omega(e_{n+m}).$$

Die Speicherung erfolgt intern kürzer in folgender Form:

$$n, m, i_1, k_1, i_2, k_2, \ldots, i_m, k_m;$$

(i_j: Index der Anfangsecke des j-ten Pfeils,
k_j: Index der Endecke des j-ten Pfeils).
Der Speicherplatzbedarf beträgt offensichtlich

$$S = 2(m+1) \text{ Speicherzellen (für ganze Zahlen)};$$

die Speicherung erfolgt sequentiell in aufeinanderfolgende Speicherzellen (gleicher Länge) eines Speichermediums.

2.2. Eckenorientierte Liste

Bei der eckenorientierten Listenspeicherung werden sukzessive die (direkten) Nachfolger jeder Ecke gespeichert. Wir bezeichnen wieder mit $g^+(e_i)$ den Außengrad der Ecke e_i und mit $N(e_i)$ die Nachfolgermenge von e_i.
Die Speicherung erfolgt dann in der Form, daß sukzessiv für die Ecken $e_1, \ldots, e_n$ jeweils der Außengrad $g^+(e_i)$ einer Ecke e_i sowie die (direkten) Nachfolger dieser Ecke aufgeführt werden – letztere mehrfach, falls parallele Pfeile mit Anfangsecke e_i existieren.
Informationseingabe:

$$n, m, g^+(e_1), (e_j)_{e_j \in N(e_1)}, g^+(e_2), (e_j)_{e_j \in N(e_2)}, \ldots, g^+(e_n), (e_j)_{e_j \in N(e_n)}.$$

Intern wird man gewöhnlich die Ecken durch Indizes repräsentieren; soweit keine Eckennumerierung vorliegt, wird dabei zusätzlich intern eine Numerierung vorgenommen und eine Liste gespeichert, welche die Zuordnung von Ecken zu Indizes wiedergibt.
Für die interne Form

$$n, m, g_1^+, j_1^{(1)}, \ldots, j_{g_1^+}^{(1)}, g_2^+, j_1^{(2)}, \ldots, j_{g_2^+}^{(2)}, \ldots, g_n^+, j_1^{(n)}, \ldots, j_{g_n^+}^{(n)}$$

beträgt dann der Speicherplatzbedarf

$$S = m + n + 2 \text{ Speicherzellen für ganze Zahlen.}$$

Für einige Zwecke ist es besonders günstig, für jede Ecke e_j einen „Keller" K_j zu definieren [2.5], der die Indizes aller (direkten) Nachfolger von e_j aufnimmt. Die eckenorientierte Liste zerfällt dann in n lineare Listen K_j, von denen jeweils die Adresse des aktuellen Elements $<K_j>$ (Adresse des „Kellerkopfs") zusätzlich in einem Feldelement ADRESSE [j] gespeichert wird, wie es die folgende Figur veranschaulicht:

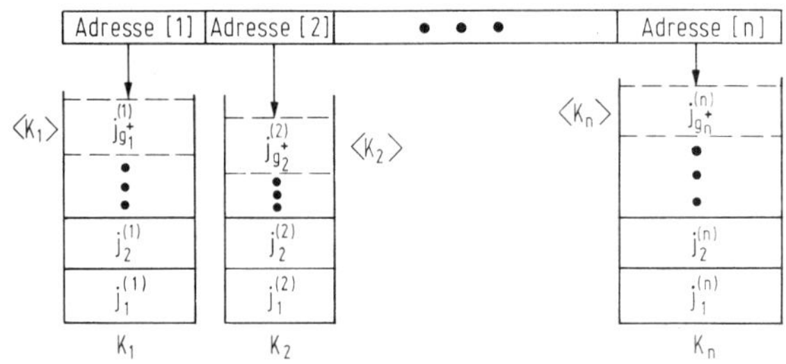

Figur 2-1

Für den Keller K_j sind dabei mindestens $g^+(v_j)$ Speicherplätze zu reservieren. Diese Speicherungsform erlaubt u. a. einen bequemen Übergang zu einem Obergraphen von G. Für jede zusätzliche Ecke wird dabei das Adressenfeld um ein Element vergrößert sowie ein zusätzlicher Keller angelegt; zusätzliche Pfeile werden dann in üblicher Weise in die betreffenden Keller „gekellert".

Bemerkungen:

(1) Die eckenorientierte Liste kann auch als mehrfachverkettete Datei [2.5] oder mehrdimensionaler Index [2.4] interpretiert werden, wenn man die Nachfolger jeweils durch ihre Adressen ersetzt.

(2) Anstelle der Nachfolgermengen können natürlich auch die Vorgängermengen sukzessiv gespeichert werden. Wir sprechen dann von einer „vorgängereckenorientierten" Liste.

(3) Zur speziellen Speicherung von Wurzelbäumen sei auf Kap. 5 („depth-first-search") verwiesen.

2.3. Matrixspeicherung

Für einige Zwecke ist es nützlich, einen Graphen $G=(\underline{G}, \alpha, \omega)$ durch eine Matrix zu repräsentieren.

Wir wollen zunächst den Begriff der *Adjazenzmatrix* $A(G)$ von G erläutern; sei wieder $V=\{e_1, \ldots, e_n\}$ und

$$a_{ij} := \left|\{e \in R \mid \alpha(e)=e_i,\ \omega(e)=e_j\}\right|$$

die Mächtigkeit der Menge der Pfeile mit Anfangsecke e_i und Endecke e_j. Dann heißt $A(G)=(a_{ij})$ $(i=1, \ldots, n; j=1, \ldots, n)$ die Adjazenzmatrix von G. Jeder Graph ist offenbar durch seine Adjazenzmatrix bis auf Isomorphie eindeutig bestimmt. Ist G ein Graph ohne parallele Pfeile, so ist $a_{ij} \in \{0, 1\}$ für alle i und j.

Beispiel: $G=(\underline{G}, \alpha, \omega)$ mit $\underline{G}=\{e_1, \ldots, e_{12}\}$, $V=\{e_1, \ldots, e_5\}$.

$$\alpha(e_6)=e_1,\ \alpha(e_7)=e_4,\ \alpha(e_8)=\alpha(e_9)=e_2,\ \alpha(e_{10})=e_3,$$
$$\alpha(e_{11})=\alpha(e_{12})=5;$$

$$\omega(e_6)=\omega(e_7)=\omega(e_8)=e_2,\ \omega(e_9)=\omega(e_{10})=\omega(e_{11})=\omega(e_{12})=e_4.$$

Veranschaulichung:

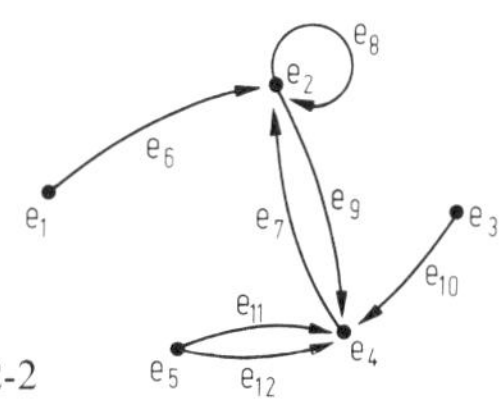

Figur 2-2

$$A(G)=\begin{pmatrix} 0 & 1 & 0 & 0 & 0 \\ 0 & 1 & 0 & 1 & 0 \\ 0 & 0 & 0 & 1 & 0 \\ 0 & 1 & 0 & 0 & 0 \\ 0 & 0 & 0 & 2 & 0 \end{pmatrix}$$

Es folgt unmittelbar:

$$\sum_j a_{ij}=g^+(e_i) \text{ für alle } e_i \in V,$$
$$\sum_i a_{ij}=g^-(e_j) \text{ für alle } e_j \in V, \text{ und}$$
$$\sum_{i,j} a_{ij}=|R|=m.$$

Die Speicherung der Adjazenzmatrix wird üblicherweise in folgender Form realisiert:

Informationseingabe:

$$n, (a_{ij}) \qquad j=1, \ldots, n;\ i=1, \ldots, n;$$

die Matrixelemente werden (abhängig vom System einschließlich Compiler) zeilen- oder spaltenweise sukzessiv gespeichert.

Der Speicherplatzbedarf beträgt dabei

$$S=n^2+1 \text{ Speicherzellen für ganze Zahlen.}$$

Besitzt der Graph G keine parallelen Pfeile, so reichen n^2 „bits“ zur Speicherung von G aus.

Ist die Zahl der Pfeile $|R|$ wesentlich kleiner als $|V|^2$, so enthält die Adjazenzmatrix viele verschwindende Elemente; es ist daher vorteilhaft, nur die nichtverschwindenden Elemente $a_{ij} \neq 0$ und ihre „Positionen“ (i, j), bei Graphen ohne parallele Pfeile nur ihre Positionen (i, j) zu speichern. Das aber leisten gerade die Speicherungsformen 2.1. und 2.2.

Eine andere Form der Matrixspeicherung ergibt sich, wenn wir die *Inzidenzmatrix* $I(G)$ eines Graphen G betrachten.

Es seien wieder $G = (\underline{G}, \alpha, \omega)$, $\underline{G} = V \cup R$ mit $V = \{e_1, \ldots, e_n\}$ und $R = \{r_1, \ldots, r_m\}$; sei weiter

$$i_{kl} := \begin{cases} +1 & \alpha(r_l) = v_k \\ -1, \text{ falls} & \omega(r_l) = v_k \\ 0 & \text{sonst} \end{cases}$$

Dann ist $I(G) = (i_{kl}) \qquad (k = 1, \ldots, n;\ l = 1, \ldots, m)$
die Inzidenzmatrix von G.
Ein Beispiel gibt Figur 2-3:

$$I(G) = \begin{pmatrix} 1 & 1 & -1 & 0 & 0 & 0 & 0 \\ -1 & -1 & 0 & 1 & 0 & 0 & 0 \\ 0 & 0 & 1 & 0 & 0 & -1 & 1 \\ 0 & 0 & 0 & 0 & -1 & 1 & -1 \\ 0 & 0 & 0 & -1 & 1 & 0 & 0 \end{pmatrix}$$

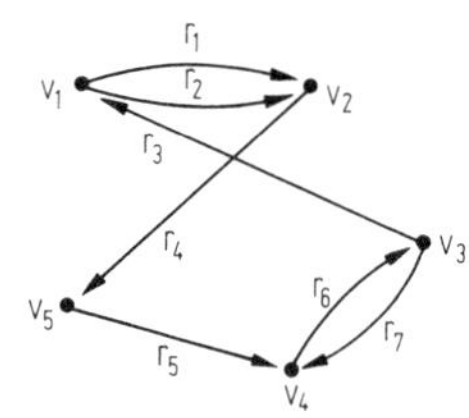

Figur 2-3

Die Informationseingabe erfolgt dabei üblicherweise in folgender Form:

$$n, m, (i_{kl})\ l = 1, \ldots, m;\ k = 1, \ldots, n.$$

Der Speicherplatzbedarf beträgt $S = n \cdot m + 2$ Speicherzellen für ganze Zahlen.
Bemerkung: Man zeigt unschwer (vgl. [2.1, S. 143], [2.3]): die Inzidenzmatrix $I(G)$ eines Graphen G ist *unimodular*, d. h. jede quadratische Untermatrix von $I(G)$ hat Determinante 0, $+1$ oder -1. Taucht also die Inzidenzmatrix als Koeffizientenmatrix eines linearen Optimierungsproblems P mit ganz-

zahligem Restriktionenvektor auf, so ist jede extremale optimale Lösung auch ganzzahlig (vgl. auch Kap. 9).

2.4. Listenspeicherung bewerteter Graphen

Ist $B=(G, \beta, M)$ ein M-bewerteter Graph, so muß neben G auch $\beta(e)$ (für alle $e \in \underline{G}$) zur vollständigen und eindeutigen Kennzeichnung gespeichert werden. In einfachen Fällen wie $M=\mathbb{R}^n$ können analoge Listenspeicherungen wie bei G selbst vorgenommen werden; die Standardliste geht dabei von folgender Informationseingabe aus

$$(V=\{e_1, \ldots, e_n\}, \qquad R=\{e'_1, \ldots, e'_m\}):$$

$$n, m, \beta(e_1), \ldots, \beta(e_n), \alpha(e'_1), \omega(e'_1), \beta(e'_1), \ldots, \alpha(e'_m), \omega(e'_m), \beta(e'_m).$$

Bei Pfeilbewertungen erübrigt sich gewöhnlich die Speicherung von $\beta(e_1), \ldots, \beta(e_n)$; gleiches gilt im Falle einer Eckenbewertung für $\beta(e'_1), \ldots, \beta(e'_m)$. Benötigt man aber für die Bilder $\beta(e)$ $(e \in \underline{G})$ *unterschiedlich lange Speicherbereiche* – etwa im Falle diskreter W-Verteilungen o. ä. –, so empfiehlt sich eine getrennte Speicherung von G und β etwa in folgender Form:

$$n, m, A_1, A_2, \ldots, A_n, \alpha(e'_1), \omega(e'_1), A'_1, \ldots, \alpha(e'_m), \omega(e'_m), A'_m;$$

hierbei sind A_i bzw. A'_j Adreßverweise auf diejenigen Speicherbereiche, in denen die Informationen über $\beta(e_i)$ bzw. $\beta(e'_j)$ zu finden sind. Veranschaulichung:

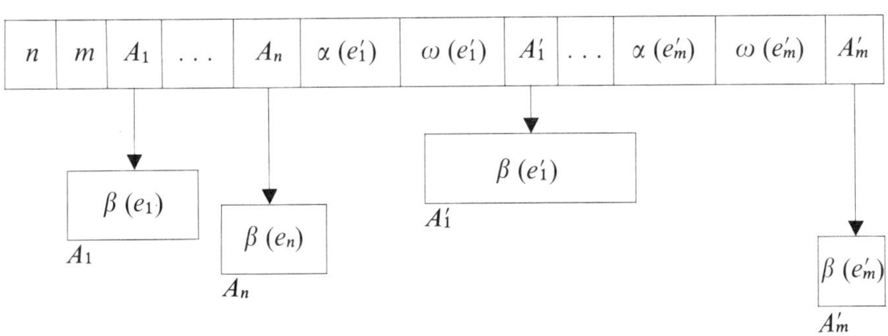

Figur 2-4

In ähnlicher Weise läßt sich auch die eckenorientierte Listenspeicherung 2.2. auf den Fall bewerteter Graphen ausdehnen. Eine (vorgänger) eckenorien-

tierte Listenspeicherung M-bewerteter Graphen liegt bei der üblichen Speicherung von **Stücklisten** mittels „Gozinto"-Graphen vor [2.6].
Der Gozinto-Graph ist ein bewerteter Graph, dessen Ecken Bauteile, Bauelemente oder Baugruppen repräsentieren und dessen Pfeilmenge die „Enthaltensein"-Relation darstellt. Die Eckenwerte sind „Teilestammdaten", die Pfeilwerte geben die Vielfachheit an, in der ein „Unter"teil in einem „Ober"teil enthalten ist.
Beispiel:

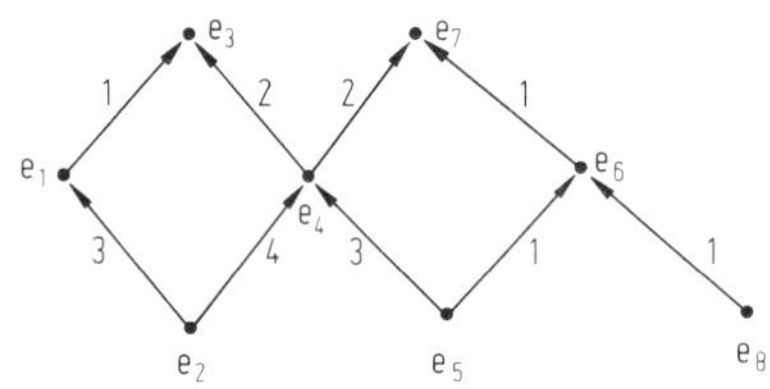

Figur 2-5

Die Werte $\beta(e_1), \ldots, \beta(e_n)$ werden dabei zu einer „Teilestammdatei" zusammengefaßt; für jede Ecke e_j wird ferner ein Adreßverweis A_j'' auf die Vorgängermenge $V(e_j)$ in der (vorgänger) eckenorientierten Liste eingefügt („Ankeradresse der Stücklistenkette"); der Adreßverweis A_k' erübrigt sich wegen der konstanten (Speicher-)Länge von $\beta(e_k') \in \mathbb{Z}_+$.

2.5. Matrixspeicherung bewerteter Graphen

Ist $B=(G, \beta, M)$ ein M-bewerteter Graph, $G=(V, R)$ dabei ein Graph ohne parallele Pfeile mit $V=\{v_1, \ldots, v_n\}$ und lassen sich die „Werte" $\beta(e)$ – ohne Speicherplatzverschwendung – in Speicherbereiche konstanter Länge speichern, so läßt sich B durch die $(n+1)\times n$-*Bewertungsmatrix* $C(B)$ *(„Kostenmatrix")* darstellen und speichern:

$$C(B)=(c_{ij}) \text{ mit } c_{ij}:=\begin{cases} \beta(v_j) & i=0 \\ \beta((v_i, v_j)), \text{ falls } & (v_i, v_j)\in R \\ * & (v_i, v_j)\notin R\,. \end{cases}$$

Hierbei sei $* \notin M$; im Falle $M=\mathbb{R}$ wird häufig $*=+\infty$ oder $*=-\infty$ gewählt.
Der Speicherplatzbedarf beträgt offensichtlich

$S=n^2+n$ Speicherzellen konstanter Länge,

die für die Speicherung jedes Elements $\beta(e)$ $(e \in \underline{G})$ ausreicht.

3. Erreichbarkeit und Zusammenhang

Wir betrachten eine Werkstatt, in der neun Aufträge $v_1, \ldots, v_9$ gefertigt werden sollen. Dabei ist zu beachten, daß beim Umrüsten von Auftrag v_i auf Auftrag v_j spezifische Umrüstkosten $c_{ij} \in \mathbb{R}_+$ anfallen, sofern überhaupt Auftrag v_i vor v_j gefertigt werden kann. Letzteres wird häufig dann nicht möglich sein, wenn bei der Fertigung einzelner Aufträge Zwischenprodukte entstehen, die bei anderen Aufträgen als Input dienen.

Einschränkungen der Fertigungsfolge werden aber auch durch Terminverpflichtungen, durch Beschränkung der Kapitalbindungskosten u. ä. gegeben. Wir unterstellen ferner, daß die Produktionskosten für Auftrag v_i unabhängig von der Fertigungsreihenfolge c_i Geldeinheiten (*GE*) betragen ($c_i \in \mathbb{R}_+$).

Die erlaubten Umrüstmöglichkeiten sowie die entstehenden Kosten veranschauliche der folgende „Umrüstgraph" $B=(G, \beta, \mathbb{R}_+)$:

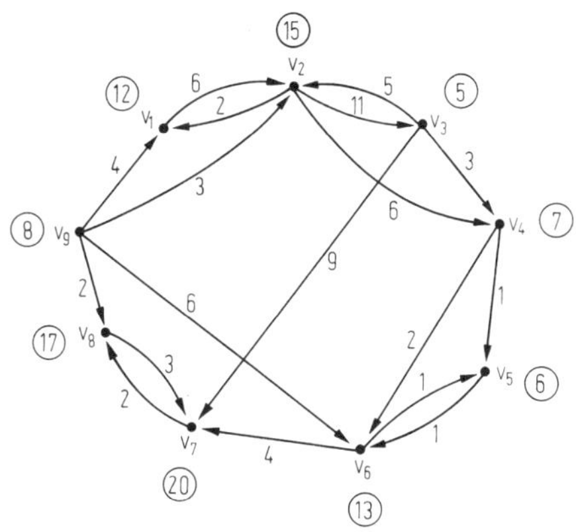

Figur 3-1

Hierbei zeigt $G=(V, R)$ die Umrüstmöglichkeiten in folgender Weise auf: es ist $V=\{v_1, \ldots, v_9\}$ und $(v_i, v_j) \in R$ genau dann, wenn v_j direkt nach v_i gefertigt werden kann.

β ist die Bewertung dieses Graphen mit den Produktions- und Umrüstkosten; die entsprechenden Werte findet der Leser an den Pfeilen (Umrüstkosten) und Ecken (z. B. ⑰ : Produktionskosten für Auftrag v_8) der Figur 3-1.

Um optimale Fertigungsfolgen bestimmen zu können, ist es zunächst sinnvoll, die Menge aller realisierbaren („zulässigen") Fertigungsfolgen zu betrachten;

die Auswahl einer optimalen Fertigungsfolge wird in Kap. 10 ausführlich behandelt.

Sei wieder $G=(V, R, \alpha, \omega)$ ein beliebiger endlicher Graph und seien v, v', v'' Ecken von G.

Die Ecke v' heißt *(in G) erreichbar von v*, wenn es einen Weg w in G mit Anfangsecke v und Endecke v' gibt oder v gleich v' ist. *v und v'* heißen **stark zusammenhängend** (in Zeichen: $v \sim v'$), wenn sowohl v' von v aus als auch v von v' aus erreichbar sind.

Ist $v \sim v'$ und $v \neq v'$, so existiert ein Weg w_1 mit $\alpha(w_1)=v$, $\omega(w_1)=v'$ und ein Weg w_2 mit $\alpha(w_2)=v'$ und $\omega(w_2)=v$; dann aber ist $w:=w_1 * w_2$ ein Kreis in G, der v und v' berührt.

Existiert umgekehrt ein Kreis w in G, der v und v' berührt ($v \neq v'$), so sind v und v' stark zusammenhängend; denn ist $w=(r_1, \ldots, r_k)$ und o. E. $\alpha(r_1)=v$, so existiert ein Pfeil r_j aus w mit $\alpha(r_j)=v'$ und $1<j<k$. Dann aber sind $w_1:=(r_1, \ldots, r_{j-1})$ und $w_2:=(r_j, \ldots, r_k)$ zwei Wege in G, die v und v' als stark zusammenhängend ausweisen. Sind nun v und v' und v und v'' stark zusammenhängend und v, v', v'' paarweise verschiedene Ecken, so sind auch v' und v'' stark zusammenhängend; ist nämlich w' ein Kreis mit Anfangsecke v, der v' berührt, und w'' ein Kreis mit Anfangsecke v, der v'' berührt, so ist $w:=w' * w''$ ein Kreis, der v' und v'' berührt.

Die Menge aller Ecken, die mit v stark zusammenhängen, nennen wir die *starke Zusammenhangskomponente ZK (v)* der Ecke v; nach obiger Bemerkung sind alle Elemente von $ZK(v)$ paarweise stark zusammenhängend und es gilt auch umgekehrt: ist $v' \in ZK(v)$ und sind v' und v'' stark zusammenhängend, so ist auch $v'' \in ZK(v)$.

Die Eckenmenge V von G zerfällt daher vollständig in (paarweise disjunkte) Teilmengen $ZK_1, \ldots, ZK_p$, die *starken Zusammenhangskomponenten*[1] *von V:*

$$V=ZK_1 \cup \ldots \cup ZK_p, \qquad ZK_i \cap ZK_j=\emptyset \text{ für } i \neq j.$$

Die durch ZK_i ($i=1, \ldots, p$) induzierten Subgraphen von G nennen wir die *starken Zusammenhangskomponenten von G*. Wir werden auch diese Subgraphen mit ZK_i bezeichnen, sofern der Kontext keine Fehlinterpretation zuläßt.

Ein Graph G *heißt stark zusammenhängend*, wenn G genau eine starke Zusammenhangskomponente aufweist.

[1] Die Relation „stark zusammenhängend" auf V ist eine Äquivalenzrelation, d. h. sie ist reflexiv ($v \sim v$, per Definition), symmetrisch ($v \sim v'$ impliziert: $v' \sim v$) und transitiv ($v \sim v'$ und $v' \sim v''$ impliziert: $v \sim v''$). Die Äquivalenzklassen dieser Relation sind die starken Zusammenhangskomponenten von V.

Bemerkung: Ist $ZK_i = \{v^{(1)}, \ldots, v^{(k)}\}$ eine beliebige starke Zusammenhangskomponente, so existieren Kreise $w^{(2)}, w^{(3)}, \ldots, w^{(k)}$ mit Anfangsecke $v^{(1)}$, die bzw. $v^{(2)}, v^{(3)}, \ldots, v^{(k)}$ berühren. Dann ist $w := w^{(2)} * w^{(3)} * \ldots * w^{(k)}$ ein Kreis, der genau alle Ecken von ZK_i berührt.
Wenden wir uns nun wieder unserem Umrüstgraphen (Figur 3-1) zu, so erkennen wir ohne Schwierigkeit folgende Zusammenhangskomponenten:

$$ZK_1 = \{v_1, v_2, v_3\},$$

$$ZK_2 = \{v_4\},$$

$$ZK_3 = \{v_5, v_6\},$$

$$ZK_4 = \{v_7, v_8\},$$

$$ZK_5 = \{v_9\}.$$

Man erkennt unmittelbar: zwei Aufträge v_i und v_j können höchstens dann sowohl in einer Fertigungsfolge $\ldots, v_i, \ldots, v_j, \ldots$ als auch in einer Folge $\ldots, v_j, \ldots, v_i, \ldots$ auftreten, wenn es einen Kreis w in G gibt, der v_i und v_j berührt, d. h. wenn v_i und v_j Elemente der gleichen starken Zusammenhangskomponente sind.
Für zwei Aufträge v_i, v_j aus unterschiedlichen starken Zusammenhangskomponenten kann dann aber höchstens eine der Alternativen „v_i vor v_j" oder „v_j vor v_i" realisierbar sein.
Zur genaueren Klärung des Sachverhalts betrachten wir folgenden Graphen

$$\hat{G} = (\hat{V}, \hat{R}) \text{ mit}$$

$$\hat{V} := \{ZK_1, \ldots, ZK_p\} \text{ und}$$

$$\hat{R} := \{(ZK_i, ZK_j) \mid \exists\, r \in \mathrm{R} \text{ mit } \alpha(r) \in ZK_i,\ \omega(r) \in ZK_j \text{ und } i \neq j\}.$$

$\hat{G}$ ist der **reduzierte Graph** *von G;* eine Veranschaulichung für unseren Umrüstgraphen (Figur 3-1) zeigt die folgende Figur:

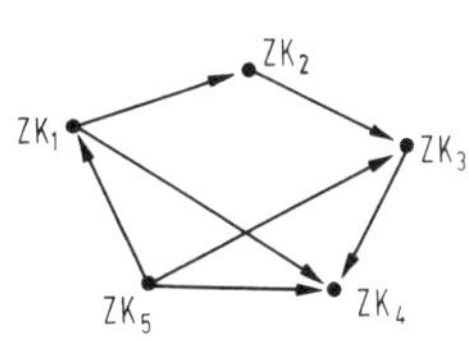

Figur 3-2

Wir erkennen unmittelbar für dieses Beispiel:
(1) $\hat{G}$ ist kreisfrei.

(2) Jede realisierbare Fertigungsfolge muß zunächst alle Aufträge aus der starken Zusammenhangskomponente ZK_5, dann alle Aufträge der Komponente ZK_1, danach sukzessiv die der Komponenten ZK_2, ZK_3, ZK_4 in dieser Reihenfolge aufweisen.

Dieses Resultat ist generalisierbar. Es gilt der

Satz 3.1. Der reduzierte Graph $\hat{G}$ eines endlichen Graphen $G=(V, R, \alpha, \omega)$ ist ein kreisfreies homomorphes Bild von G.

Beweis: a) Die Abbildung $\Phi: \underline{G} \to \underline{\hat{G}}$ mit

$$\Phi(v) = ZK(v) \text{ für jedes } v \in V \text{ und}$$

$$\Phi(r) = \begin{cases} ZK(\alpha(r)) & ZK(\alpha(r)) = ZK(\omega(r)) \\ & \text{, falls} \\ (ZK(\alpha(r)), ZK(\omega(r))) & ZK(\alpha(r)) \neq ZK(\omega(r)) \end{cases}$$

ist eine Abbildung auf $\underline{\hat{G}}$ und erfüllt die Bedingungen (*) auf S. 33. Φ nennen wir den *kanonischen Homomorphismus* von G auf $\hat{G}$.

b) Wäre $\hat{G}$ nicht kreisfrei, also $\hat{w}=(\hat{r}_1, \ldots, \hat{r}_k)$ ein Kreis in $\hat{G}$ und daher $k>1$, so wählen wir für jeden Pfeil $\hat{r}_j$ einen Pfeil $r_j \in R$ mit $\Phi(r_j)=\hat{r}_j$. Nun ist $\hat{\omega}(\hat{r}_j)=\hat{\alpha}(\hat{r}_{j+1})$ für $j=1, \ldots, k-1$, also $\alpha(r_{j+1})$ und $\omega(r_j)$ Elemente einer starken Zusammenhangskomponente Z_{k_j} und daher existiert ein Weg w_j von $\omega(r_j)$ nach $\alpha(r_{j+1})$ oder es ist $\omega(r_j)=\alpha(r_{j+1})$;

ferner sind wegen $\hat{\alpha}(\hat{r}_1)=\hat{\omega}(\hat{r}_k)$ $\alpha(r_1)$ und $\omega(r_k)$ Elemente der gleichen starken Zusammenhangskomponente von V und daher existiert ein Weg w_k von $\omega(r_k)$ nach $\alpha(r_1)$ oder es ist $\omega(r_k)=\alpha(r_1)$. Dann aber ist $w := r_1 * w_1 * r_2 * w_2 * \ldots * r_k * w_k$ – sofern $\alpha(r_{j+1}) = \omega(r_j)$ ist, eliminiere man den Term $* w_j$, entsprechend im Falle $\alpha(r_1)=\omega(r_k)$ den Term $* w_k$ – ein Kreis in G und alle von w berührten Ecken Elemente einer starken Zusammenhangskomponente im Widerspruch zur Voraussetzung über $\hat{w}$.

Bemerkung: Ist τ ein Homomorphismus von G auf $G'=(V', R', \alpha', \omega')$ und ist G' kreisfrei, so gilt für jede starke Zusammenhangskomponente ZK von G:

$$ZK \subset \tau^{-1}(v') \text{ für ein } v' \in V'.$$

Denn ist w ein Kreis in G, so ist $\tau(e)=\tau(\alpha(w))$ für jedes Element $e \in f(w)$. Dies gilt insbesondere für den Kreis w der Bemerkung auf S. 47.

Φ ist daher der in gewissem Sinne „feinste“ Homomorphismus von G, der ein kreisfreies Bild hat.

Der reduzierte Graph unseres Umrüstbeispiels implizierte eindeutig die Reihenfolge, in der die einzelnen starken Zusammenhangskomponenten in der Fertigungsfolge auftreten müssen. Wir werden in Kap. 6 erkennen, daß

die Reihenfolge eindeutig durch die „Ränge“ der starken Zusammenhangskomponenten in $\hat{G}$ bestimmt ist – sofern überhaupt eine realisierbare Fertigungsfolge existiert –, und dort diese Ränge algorithmisch bestimmen.
In diesem Kapitel wollen wir uns daher auf die Frage der algorithmischen Bestimmung der starken Zusammenhangskomponenten und des reduzierten Graphen beschränken.
Parallele Pfeile können offensichtlich – ohne Einfluß auf starke Zusammenhangskomponenten und den reduzierten Graphen – ersetzt werden durch jeweils genau einen Repräsentanten. Wir beschränken uns daher auf endliche Graphen ohne parallele Pfeile $G=(V, R)$; es sei ferner $V=\{v_1, \ldots, v_n\}$ $(n \geq 1)$.
Wir werden zunächst einen recht einfachen Algorithmus vorstellen, der später (vgl. Kap. 5) durch ein „komplizierteres“, aber „effizienteres“ Verfahren abgelöst wird.
Sei nun $G=(V, R)$; einen partiellen Subgraphen von G der folgenden Gestalt

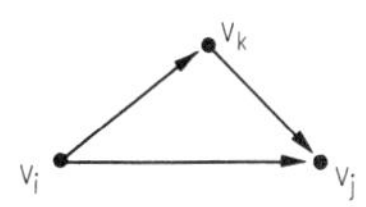

Figur 3-3

nennen wir ein *Tripel* $T(v_i, v_k, v_j)$; v_k heißt dabei die *Umwegecke* dieses Tripels. Es sind dabei v_i, v_k und v_j nicht notwendigerweise verschieden, somit auch Schlingen in die Betrachtung einbezogen. Ferner sei $G^{\circ P}=\{G=(V, R) \mid R \subset V \times V\}$ die Menge aller Graphen ohne parallele Pfeile mit Eckenmenge V.
Ein **Tripeloperator** T_v (zur Umwegecke $v \in V$) ist eine Abbildung von $G^{\circ P}$ in sich mit

$$T_v \circ G := (V, R') \text{ und}$$

$$R' := R \cup \{(v, v)\} \cup \{(v_i, v_j) \mid (v_i , v) \in R \text{ und } (v, v_j) \in R\}.$$

Eine Veranschaulichung zeigt die folgende Figur:

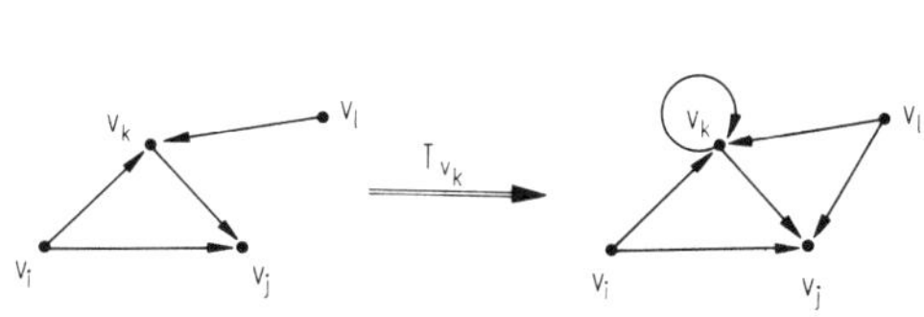

Figur 3-4

Ein Tripeloperator ordnet also jedem Graphen $G \in G^{\circ P}$ einen bestimmten Obergraphen von G zu.

Sind $G_1, G_2 \in G^{\circ P}$ und ist G_1 Teilgraph von G_2 ($G_1 \subset G_2$), so gilt:

$T_v \circ G_1 \subset T_v \circ G_2$ („Monotonie von T_v“) .

Für die sukzessive Anwendung von k Tripeloperatoren

$T_{v_k} \circ (T_{v_{k-1}} \circ \ldots \circ (T_{v_1} \circ G) \ldots)$ schreiben wir auch kürzer $\prod_{i=1}^{k} T_{v_i} \circ G$,

bemerken aber, daß die Operatoren im allgemeinen nicht kommutativ sind. Es gilt nun folgender

Satz 3.2.: Ist $w = [v_{i_0}, v_{i_1}, \ldots, v_{i_p}]$ ein elementarer Weg in einem Graphen $G \in G^{\circ P}$ der Länge $p \geq 2$, so gilt:

$(\alpha(w), \omega(w)) \in \prod_{i=1}^{p-1} T_{v_{\pi_i}} \circ G$ für jede Permutation

$\pi = (\pi_1 \ldots \pi_{p-1})$ von $(1 \ldots p-1)$.

Beweis: Die Behauptung ist trivial für jedes $G \in G^{oP}$ und $p=2$; sie sei bereits bewiesen für jedes $G \in G^{oP}$ und Wege der Länge $p-1$ ($p \geq 3$).
Dann ist

$\prod_{i=1}^{p-1} T_{v_{\pi_i}} \circ G = \prod_{i=2}^{p-1} T_{v_{\pi_i}} \circ (T_{v_{\pi_1}} \circ G)$ und nach Definition von

$T_{v_{\pi_1}}$ der Weg $w_1 := [v_{i_0}, v_{i_1}, \ldots, v_{i_{\pi_1}-1}, v_{i_{\pi_1}+1}, \ldots, v_{i_p}]$ ein elementarer Weg von v_{i_0} nach v_{i_p} in $T_{v_{\pi_1}} \circ G$ der Länge $p-1$.
Nach Induktionsvoraussetzung gilt dann aber:

$(\alpha(w_1), \omega(w_1)) \in \prod_{i=1}^{p-1} T_{v_{\pi_i}} \circ G$ und wegen

$\alpha(w_1) = \alpha(w)$ und $\omega(w_1) = \omega(w)$ folgt die Behauptung.

Korollar 3.3.: Ist v_j von v_i aus in G erreichbar, so ist

$(v_i, v_j) \in \prod_{i=1}^{n} T_{v_{\pi_i}} \circ G$ für jede

Permutation $\pi = (\pi_1 \ldots \pi_n)$ von $(1 \ldots n)$.

Beweis: a) Ist $v_i = v_j$, so ist (v_i, v_i) aus der Pfeilmenge von $T_{v_i} \circ G'$ für jeden Obergraphen G' von G, also auch aus $T_{v_{\pi_p}} \circ (\prod_{i=1}^{p-1} T_{v_{\pi_i}} \circ G)$ mit $\pi_p = i$, erst recht aus der Grundmenge jedes Obergraphen dieses Graphen.

b) Ist $(v_i, v_j) \in R$, so auch aus der Pfeilmenge jedes Obergraphen.

c) Ist $w = [v_i = v_{i_0}, v_{i_1}, \ldots, v_{i_p} = v_j]$ ein elementarer Weg der Länge $p \geq 2$, so folgt die Behauptung aus Satz 3.2. und der Monotonieeigenschaft der Tripeloperatoren.

Die Umkehrung von Korollar 3.3. gilt ebenfalls.

Satz 3.4.: Ist $(v_i, v_j) \in \prod_{i=1}^{n} T_{v_i} \circ G$, so ist v_j von v_i aus in G erreichbar.

Der Beweis folgt unmittelbar aus der Definition eines Tripeloperators: eine Schlinge (v, v) ändert nichts an der Erreichbarkeit; gleiches gilt für einen Pfeil $(v_p, v_q) \in \underline{T_v \circ G - G}$. Denn in jedem Weg w in $T_v \circ G$ mit dem Teilweg $w_1 = (v_p, v_q)$ kann dieser Teilweg durch den Weg $w_2 = [v_p, v, v_q]$ substituiert werden.

Aus Korollar 3.3. und Satz 3.4. ergibt sich nun unmittelbar ein Algorithmus zur Bestimmung der starken Zusammenhangskomponenten von G.

Sei wieder $A(G) = (a_{ij})$ die Adjazenzmatrix von G; nach Voraussetzung ist $a_{ij} \in \{0, 1\}$.

Algorithmus 3.1.

Name: Tripelalgorithmus für Erreichbarkeit

Voraussetzung: $G = (V, R)$ ist ein Graph ohne parallele Pfeile, der durch seine Adjazenzmatrix $A(G) = (a_{ij})$ gegeben ist; $V = \{v_1, \ldots, v_n\}$; Variable i, j, k;

Startbedingung: $i := 1$;

Iteration: $a_{ii} := 1$;
FOR $j := 1\ (1)\ n$ DO
FOR $k := 1\ (1)\ n$ DO
$a_{jk} := \max\{a_{jk}, a_{ji} \cdot a_{ik}\}$;
$i := i + 1$;

Abbruchbedingung: $i > n$

Ergebnis: $a_{ij} = 1$ genau dann, wenn v_j von v_i aus erreichbar ist.

Bemerkungen:

(1) Der i-ten Iteration entspricht die Anwendung des Tripeloperators T_{v_i} auf den aktuellen Graphen,

d. h. auf $\prod_{j=1}^{i-1} T_{v_j} \circ G$.

(2) Der Algorithmus benötigt – wenn wir von den internen Operationen der Wertzuweisung der Laufparameter absehen – in jeder Iteration $n^2 (+2)$ Vergleiche und entsprechend viele Multiplikationen von Zahlen mit Wertebereich $\{0, 1\}$.

Insgesamt sind daher $2n^3 + c \cdot n$ $(c \in \mathbb{R}_+)$ elementare Operationen bis zum Abbruch erforderlich.

Wir verfolgen den Tripelalgorithmus A.3.1. an einem *Beispiel;* die Matrizen $A^{(i)}$ geben die Adjazenzmatrix des aktuellen Graphen nach der i-ten Iteration wieder; Werteänderungen bei einer Iteration sind durch ○ gekennzeichnet; die zur jeweiligen Umwegecke gehörige Spalte und Zeile ist schraffiert.

G:

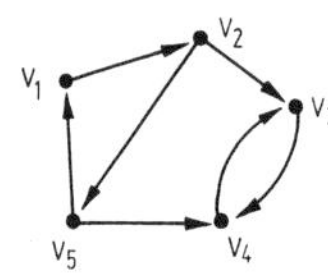

$$A(G) = A^{(0)} = \begin{pmatrix} 0 & 1 & 0 & 0 & 0 \\ 0 & 0 & 1 & 0 & 1 \\ 0 & 0 & 0 & 1 & 0 \\ 0 & 0 & 1 & 0 & 0 \\ 1 & 0 & 0 & 1 & 0 \end{pmatrix}$$

$$A^{(1)} = \begin{pmatrix} \textcircled{1} & 1 & 0 & 0 & 0 \\ 0 & 0 & 1 & 0 & 1 \\ 0 & 0 & 0 & 1 & 0 \\ 0 & 0 & 1 & 0 & 0 \\ 1 & \textcircled{1} & 0 & 1 & 0 \end{pmatrix} \qquad A^{(2)} = \begin{pmatrix} 1 & 1 & \textcircled{1} & 0 & \textcircled{1} \\ 0 & \textcircled{1} & 1 & 0 & 1 \\ 0 & 0 & 0 & 1 & 0 \\ 0 & 0 & 1 & 0 & 0 \\ 1 & 1 & \textcircled{1} & 1 & \textcircled{1} \end{pmatrix}$$

$$A^{(3)} = \begin{pmatrix} 1 & 1 & 1 & \textcircled{1} & 1 \\ 0 & 1 & 1 & \textcircled{1} & 1 \\ 0 & 0 & \textcircled{1} & 1 & 0 \\ 0 & 0 & 1 & \textcircled{1} & 0 \\ 1 & 1 & 1 & 1 & 1 \end{pmatrix} \qquad A^{(4)} = \begin{pmatrix} 1 & 1 & 1 & 1 & 1 \\ 0 & 1 & 1 & 1 & 1 \\ 0 & 0 & 1 & 1 & 0 \\ 0 & 0 & 1 & 1 & 0 \\ 1 & 1 & 1 & 1 & 1 \end{pmatrix}$$

$$A^{(5)} = \begin{pmatrix} 1 & 1 & 1 & 1 & 1 \\ \textcircled{1} & 1 & 1 & 1 & 1 \\ 0 & 0 & 1 & 1 & 0 \\ 0 & 0 & 1 & 1 & 0 \\ 1 & 1 & 1 & 1 & 1 \end{pmatrix} \qquad \prod_{i=1}^{5} T_{v_i} \circ G:$$

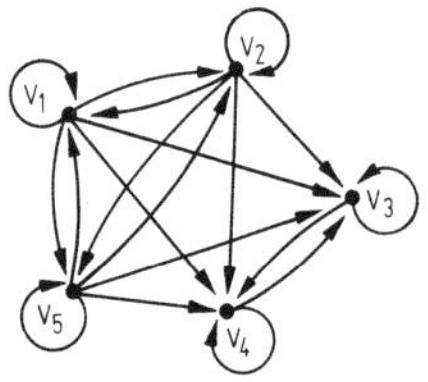

Figur 3-5

Die starken Zusammenhangskomponenten lassen sich unmittelbar aus der Ergebnismatrix $A = (a_{ij})$ des Tripelalgorithmus ablesen. Es gilt

Satz 3.5.: v_i und v_j sind stark zusammenhängend ($v_i \sim v_j$) genau dann, wenn $a_{ik} = a_{jk}$ für $k = 1, \ldots, n$ gilt.

Beweis: a) Ist $a_{ik}=a_{jk}$ für $k=1, \ldots, n$ und $i \neq k$, so gilt insbesondere: $a_{ii}=1$ und wegen $a_{ii}=a_{ji}$ ist dann v_i von v_j aus erreichbar; entsprechend ist $a_{jj}=1$ und wegen $a_{jj}=a_{ij}=1$ folgt dann insgesamt: $v_i \sim v_j$.

b) Ist $v_i \sim v_j$ und $v_k \in ZK(v_i)=ZK(v_j)$, so ist v_k von v_i und von v_j aus erreichbar, also $a_{ik}=a_{jk}=1$;
ist dagegen $v_k \notin ZK(v_i)$, so ist nach Satz 3.4. $a_{ik}=a_{jk}=0$.

In unserem Beispiel ergeben sich die folgenden starken Zusammenhangskomponenten:

$$ZK_1=\{v_1, v_2, v_5\}, \quad ZK_2=\{v_3, v_4\}.$$

Den reduzierten Graphen $\hat{G}$ von G gewinnt man bei Kenntnis der starken Zusammenhangskomponenten von G unmittelbar gemäß der Definition auf Seite 47, in unserem Beispiel etwa:

$$\hat{G}: \qquad ZK_1 \bullet\!\!\longrightarrow\!\bullet\, ZK_2$$

Figur 3-6

Bemerkungen:

a) Mit der algorithmischen Bestimmung der starken Zusammenhangskomponenten und des reduzierten Graphen $\hat{G}$ ist das Problem der Bestimmung aller zulässigen Fertigungsfolgen noch nicht gelöst; ist z. B. G stark zusammenhängend, so ist über die Feststellung dieses Tatbestands hinaus keinerlei zusätzliche Information gewonnen worden; zur detaillierteren Betrachtung dieses Falles sei auf Kap. 10.2. verwiesen. Ist dagegen eine Vielzahl von starken Zusammenhangskomponenten festgestellt worden, so reduziert sich die Zahl der zu enumerierenden Fertigungsfolgen gewöhnlich beträchtlich; sind nämlich k $(k>1)$ starke Zusammenhangskomponenten mit bzw. $n_1, \ldots, n_k$ Elementen vorhanden, so ist die Zahl der zu überprüfenden Fertigungsfolgen nicht nur durch $n!$, sondern schärfer durch $\prod_{i=1}^{k} (n_i!)$ nach oben beschränkt.
Unser Verfahren liefert also eine „Dekomposition" des Graphen. Darüber hinaus ist zugleich festgestellt, daß keine zyklische Produktion möglich ist.

b) Den Tripelalgorithmus werden wir in etwas allgemeinerer Form in Kap. 7 zur Bestimmung „kürzester Wege" wieder heranziehen. Eine modifizierte

Version, die auf Dantzig zurückgeht, wird ebenfalls dort geschildert; sie ist auch im Zusammenhang mit Erreichbarkeitsproblemen anwendbar. Wir verzichten hier auf diese Verfahrensverfeinerung, da in Kap. 5 ein wesentlich effizienterer Algorithmus für unseren Zweck geschildert wird.

c) Ein Graph $G=(V, R, \alpha, \omega)$ heißt *transitiv*, wenn gilt:

Sind $r_1, r_2 \in R$ und ist $\omega(r_1)=\alpha(r_2)$, so existiert ein $r_3 \in R$ mit $\alpha(r_3)=\alpha(r_1)$ und $\omega(r_3)=\omega(r_2)$.

$\prod_{i=1}^{n} T_{v_i} \circ G$ ist offensichtlich transitiv; denn sind r_1, r_2 Pfeile aus diesem Graphen mit $\omega(r_1)=\alpha(r_2)$, so ist $\omega(r_1)$ in G von $\alpha(r_1)$, $\omega(r_2)$ in G von $\alpha(r_2)$ aus erreichbar, also wegen $\alpha(r_2)=\omega(r_1)$ auch $\omega(r_2)$ von $\alpha(r_1)$ aus in G erreichbar und daher mit Korollar 3.3. $(\alpha(r_1), \omega(r_2))$ ein Pfeil von $\prod_{i=1}^{n} T_{v_i} \circ G$.

Ist nun $G=(V, R, \alpha, \omega)$ ein beliebiger Graph und G^{RT} die Menge aller transitiven Graphen, welche die Eckenmenge V und für jede Ecke $v \in V$ mindestens eine damit inzidente Schlinge aufweisen – d. h. „*reflexiv*" sind –, so heißt ein (bis auf Isomorphie eindeutig bestimmter) Graph $G_{RT} \in G^{RT}$ **eine reflexive transitive Hülle** *von G*, wenn gilt:

ist $G' \in G^{RT}$ und $G \subset G' \subset G_{RT}$, so ist $G'=G_{RT}$.

Beschränken wir uns wieder auf Graphen ohne parallele Pfeile, so ist G_{RT} der eindeutig bestimmte Durchschnitt aller reflexiven transitiven Obergraphen von G mit gleicher Eckenmenge wie G. Man zeigt leicht mit Satz 3.4., das $\prod_{i=1}^{n} T_{v_i} \circ G$ *die reflexive transitive Hülle von G* ist.

d) Bei Ablaufproblemen (Projektabläufe, Bandabgleichung bei Fließfertigung, Betriebsmittelzuteilung bei Rechnersystemen u. ä.) sind gewöhnlich „Präzedenzbedingungen" in Form eines „Präzedenzgraphen" $G=(V, R)$ gegeben (vgl. auch Beispiel 11, S. 22). Hier gilt es, redundante Nebenbedingungen zu eliminieren. Dazu hat man einen (transitiv) *irreduziblen Kern* $G_*=(V, R_*)$ zu bestimmen, d. h. einen Graphen G_* mit

$$G_* \subset G \tag{1}$$

$$G_{*RT}=G_{RT} \tag{2}$$

$$\text{ist } G' \underset{\neq}{\subset} G_*, \text{ so gilt: } G'_{RT} \underset{\neq}{\subset} G_{RT}. \tag{3}$$

Zur Lösung des Problems sei auf [3.10], [3.7], [3.2] verwiesen.

Abschließend wollen wir ein weiteres Verfahren schildern, das zwar mehr Rechenaufwand als der Tripelalgorithmus erfordert, dafür aber mehr Einsicht in die Struktur der Kreise von G liefert, die ja den starken Zusammenhang determinieren. Dieses Verfahren wird uns insbesondere zur Zustandsklassifizierung bei endlichen stationären Markov-Ketten dienen.
Unter den *Boole'schen Verknüpfungen* von Elementen aus der Menge $I=\{0,1\}$ verstehen wir die Abbildungen $\oplus : I\times I\to I$ bzw. $\otimes : I\times I\to I$ mit folgenden Eigenschaften:

$$0\oplus 0=0,\ 0\oplus 1=1\oplus 0=1\oplus 1=1\ ,$$

$$0\otimes 0=0\otimes 1=1\otimes 0=0,\ 1\otimes 1=1\ .$$

Zwei quadratische $(n\times n)$-Matrizen $A=(a_{ij})$ und $B=(b_{ij})$ mit Elementen aus I lassen sich dann in üblicher Weise addieren und multiplizieren („Boole'sche Verknüpfungen" von A und B):

$$A\oplus B:=(a_{ij}\oplus b_{ij})$$

$$A\otimes B:=(c_{ij})\text{ mit } c_{ij}:=(a_{i1}\otimes b_{1j})\oplus\ldots\oplus(a_{in}\otimes b_{nj})\ .$$

Man weist leicht das Assoziativ- und Distributivgesetz für diese Matrixverknüpfungen nach.

Sei nun A die Adjazenzmatrix eines Graphen G ohne Parallelen mit n Ecken und $A^{(2)}:=A\otimes A=:(a_{ij}^{(2)})$. Man erkennt unmittelbar aus den Regeln: $a_{ij}^{(2)}=1$ gilt genau dann, wenn es einen Weg von v_i nach v_j der Länge 2 gibt.
Ist ferner $A^{(p+1)}:=A^{(p)}\otimes A$, $A^{(1)}:=A$ $(p\in N)$, so erkennt man mit gleicher Schlußweise durch Induktion unmittelbar folgenden

Satz 3.6.: Es ist $a_{ij}^{(p)}=1$ genau dann, wenn es einen Weg von v_i nach v_j der Länge p gibt. Insbesondere zeigt $a_{jj}^{(p)}=1$ an, daß ein Kreis der Länge p existiert, welcher v_j berührt.

Bezeichnet noch E_n die n-dimensionale Einheitsmatrix, also

$$E_n=\begin{pmatrix}1 & 0 & \ldots & 0\\ 0 & 1 & \ldots & 0\\ & & \ddots & \\ 0 & \ldots & 0 & 1\end{pmatrix},\text{ so folgt}$$

Korollar 3.7.: $A\,(G_{RT})=E_n\oplus A^{(1)}\oplus A^{(2)}\oplus\ldots\oplus A^{(n-1)}$.

Beweis: a) Sei kurz $C=(c_{ij}):=E_n \oplus A^{(1)} \oplus \ldots \oplus A^{(n-1)}$;
ist $c_{ij}=1$, so ist entweder $i=j$ oder es existiert ein $A^{(p)}$ mit $a_{ij}^{(p)}=1$; dann aber ist wegen Satz 3.6. v_j von v_i aus in G erreichbar.

b) Ist v_j von v_i aus erreichbar, so ist entweder $i=j$ – also $c_{ij}=1$ – oder $i \neq j$; dann aber existiert ein elementarer Weg w der Länge p $(1 \leq p < n)$ von v_i nach v_j und $a_{ij}^{(p)}=1$, also auch $c_{ij}=1$.

Bemerkungen:

a) Setzt man $\tilde{A}:=A(G) \oplus E_n$ und ist $\tilde{A}^{(p)}=(\tilde{a}_{ij}^{(p)})$, so folgt: es ist $\tilde{a}_{ij}^{(p)}=1$ genau dann, wenn es einen Weg von v_i nach v_j der Länge *kleiner gleich* p gibt. Ist also $n \leq 2^m$ und bestimmt man sukzessiv durch Multiplikation $\tilde{A}^{(2)}$, $\tilde{A}^{(4)}$, $\tilde{A}^{(8)}, \ldots, \tilde{A}^{(2m)}$, so ist $A(G_{RT})=\tilde{A}^{(2m)}$ und daher sind maximal $2n^3 \cdot m$ elementare Rechenoperationen zur Bestimmung von $A(G_{RT})$ notwendig. Für m reicht offensichtlich aus: $[\log_2 n]+1$.[2]
Ist ferner $\tilde{A}^{(q)}=\tilde{A}^{(q+k)}$ für ein $k \in \mathbb{N}$. so ist $\tilde{A}^{(q+1)}=\tilde{A}^{(q)}$, daher $\tilde{A}^{(p)}=\tilde{A}^{(q)}$ für jedes $p \geq q$ und $A(G_{RT})=\tilde{A}^{(q)}$.

b) Durch geeignete Zerlegung der Matrix $\tilde{A}$ kann die Berechnung von $A(G_{RT})$ größenordnungsmäßig auf die Operationenzahl zur (booleschen) Multiplikation zweier Matrizen zurückgeführt werden.
Ist etwa n gerade, so läßt sich $\tilde{A}$ zerlegen in vier quadratische $(n/2 \times n/2)$-Matrizen in folgender Weise:

$$\tilde{A}=\begin{pmatrix} B & C \\ D & E \end{pmatrix}$$

Bezeichnet A^* die Adjazenzmatrix der reflexiven transitiven Hülle eines Graphen mit Adjazenzmatrix A, so ist mit $F:=(B+CE^*D)^*$ (vgl. [3.6], [3.4], [3.9]):

$$A^*=\begin{pmatrix} F & FCE^* \\ E^*DF & E^*+E^*DFCE^* \end{pmatrix}$$

Also ist A^* mit der Berechnung von E^* und F^* ($n/2 \times n/2$-Matrizen!), sechs (booleschen) Multiplikationen von $(n/2 \times n/2)$-Matrizen sowie zwei (booleschen) Additionen von $(n/2 \times n/2)$-Matrizen bestimmbar.
Man zeigt damit erneut: es reichen größenordnungsmäßig $0(n^3)$ elementare Rechenoperationen zur Bestimmung von A^* aus.

[2] $[q]$ sei die größte ganze Zahl kleiner als q.

Wir kommen nun zur **Zustandsklassifizierung** von endlichen stationären **Markov-Ketten** (MK) (vgl. [3.3], [3.5], [3.8], [3.1]).
Sei $V=\{v_1, \ldots, v_n\}$ die Menge der Zustände dieser Markov-Kette und $p=(p_{ij})$ die Matrix der Übergangswahrscheinlichkeiten (vgl. Beispiel 4 in Kap. 1.1.). Mit $G=(V, R)$ und $R:=\{(v_i, v_j) \mid p_{ij}>0\}$ bezeichnen wir den Übergangsgraphen der Markov-Kette.
Seien $ZK_1, \ldots, ZK_p$ die starken Zusammenhangskomponenten von G und $\hat{G}$ der reduzierte Graph von G.
Eine starke Zusammenhangskomponente ZK_i heißt *transiente Klasse* von MK, wenn die Nachfolgermenge $N(ZK_i)$ in $\hat{G}$ nichtleer ist; jedes Element $v_j \in ZK_i$ heißt ein *transienter Zustand.*
Eine starke Zusammenhangskomponente ZK_i heißt *finale Klasse* – jedes Element aus ZK_i ein *finaler Zustand* –, wenn $N(ZK_i)$ leer ist. Um die „Ergodizität" einer MK nachzuweisen, reicht es aus, die Längen aller elementaren Kreise in finalen Klassen zu betrachten. Eine finale Klasse ZK_i heißt *periodisch* (mit Periode d_i), wenn $d_i := ggT\{1(w) \mid w \text{ ist Kreis in } ZK_i\}$ größer 1 ist[3]; sie heißt *aperiodisch*, wenn d_i gleich 1 ist.
Die Markov-Kette heißt nun *ergodisch*, falls genau eine finale Klasse existiert, die zudem aperiodisch ist.
Die Ergodizität impliziert bekanntlich [3.3], [3.5], daß eine von der Anfangsverteilung unabhängige Grenzverteilung der Markov-Kette existiert.
Die Bestimmung finaler Klassen erfolgt leicht mittels Tripelalgorithmus oder mit Korollar 3.7. und der Bestimmung der Elemente maximaler Ränge (vgl. Kap. 6) in $\hat{G}$.
Die Periode einer finalen Klasse ZK_i ergibt sich unmittelbar aus Satz 3.6.:

$$d_i := ggT\{k \mid \exists v_j \in ZK_i \text{ mit } a_{jj}^{(k)}=1,\ k \leq n\}.$$

Beispiel:

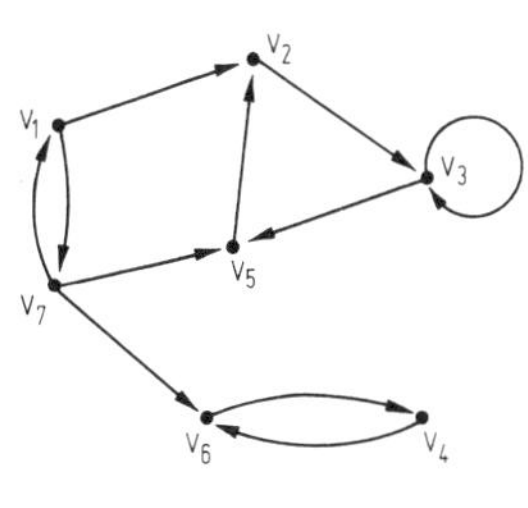

Figur 3-7

[3] $ggT\{z_1, \ldots, z_n\}$ ist der größte gemeinsame Teiler der natürlichen Zahlen $z_1, \ldots, z_n$.

Resultat: Transiente Klassen: $ZK_1 = \{v_1, v_7\}$;
Finale Klassen: $ZK_2 = \{v_2, v_3, v_5\}$ aperiodisch,
$ZK_3 = \{v_4, v_6\}$ mit Periode 2.

Sei $G=(\underline{G}, \alpha, \omega)$ nun wieder ein beliebiger Graph; eine *symmetrische Hülle* G_{SYM} von G ist ein symmetrischer Obergraph von G mit folgender Eigenschaft: ist G' symmetrisch und $G \subset G' \subset G_{SYM}$, so gilt: $G' = G_{SYM}$. G heißt nun **schwach zusammenhängend,** wenn G_{SYM} stark zusammenhängend ist. Eine Eckenteilmenge (bzw. der dadurch induzierte Subgraph) ist eine *schwache Zusammenhangskomponente von G*, wenn sie (bzw. der betreffende Subgraph) in G_{SYM} eine starke Zusammenhangskomponente von V (bzw. von G_{SYM}) ist.
Beispiel:

Schwache Zusammenhangskomponenten:

$ZK'_1 = \{v_1, v_2, v_4, v_5, v_7\}$ und

$ZK'_2 = \{v_3, v_6\}$;

Starke Zusammenhangskomponenten:

$ZK_1 = \{v_4, v_5\}$, $ZK_2 = \{v_3\}$,

$ZK_3 = \{v_1, v_2, v_7\}$, $ZK_4 = \{v_6\}$.

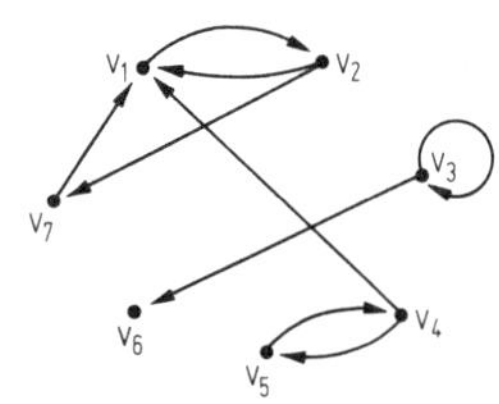

Figur 3-8

Man erkennt unmittelbar:
(1) Jede starke Zusammenhangskomponente ist Teilmenge (bzw. Subgraph) einer schwachen Zusammenhangskomponente (und hängt auch schwach zusammen);
(2) v_i und v_j $(v_i \neq v_j)$ sind Ecken der gleichen schwachen Zusammenhangskomponente genau dann wenn gilt: es existiert eine Kette $\varkappa$ in G mit $\alpha(\varkappa) = v_i$ und $\omega(\varkappa) = v_j$.

Beschränken wir uns auf Graphen ohne parallele Pfeile, so ist G_{SYM} der eindeutig bestimmte Durchschnitt aller symmetrischen Obergraphen (ohne parallele Pfeile) von G und es gilt:

$$G_{SYM} := (V, R_{SYM}) \text{ mit } R_{SYM} := R \cup R^{-1}.$$

Da die Adjazenzmatrix $A(G_{SYM}) = (a_{ij})$ symmetrisch ist – d. h. es gilt $a_{ij} = a_{ji}$ für alle i und j –, reicht es aus, nur die Elemente oberhalb und auf der Hauptdiagonalen (d. h. a_{ij} mit $i \leq j$) zu speichern.
Da zudem die Anwendung eines Tripeloperators auf einen symmetrischen Graphen (bzw. die boolesche Potenzierung symmetrischer Matrizen) wieder

einen symmetrischen Graphen (bzw. symmetrische Matrizen) ergibt, kann durch naheliegende Modifikation der vorgeschlagenen Verfahren der Speicher- und Rechenaufwand zur Bestimmung der schwachen Zusammenhangskomponenten nahezu auf die Hälfte des Aufwands reduziert werden, der zur Bestimmung der starken Zusammenhangskomponenten notwendig ist.

Abschließend sei nochmals auf Kap. 4 und 5 hingewiesen, in denen „effizientere" Verfahren als die hier beschriebenen „Matrix"-Algorithmen geschildert werden.

4. Bäume und Gerüste

In einer Region mit unterentwickelter Infrastruktur soll ein Verbindungsnetz (Straßennetz, Stromversorgungsnetz, Telefonnetz o. ä.) aufgebaut werden, das alle Orte $v_1, \ldots, v_n$ dieser Region einbezieht. Die Kosten für einen evtl. zu realisierenden Streckenabschnitt zwischen v_i und v_j betragen voraussichtlich $c_{ij} \in \mathbb{R}_+$ Geldeinheiten (GE), um eine vorgegebene „Mindestkapazität" für diesen Streckenabschnitt zu gewährleisten. Dabei ist die Benutzung bereits vorhandener Strecken ($c_{ij}=0$) oder auch deren Ausbau in die Betrachtung eingeschlossen. Es gilt, ein kostenminimales Verbindungsnetz zu bestimmen, das jeden Ort mit jedem anderen Ort direkt oder über andere Orte verbindet.
Wir wollen zunächst von der Bewertung (d. h. den Kosten) absehen und interessieren uns für die Struktur eines gerichteten Verbindungsnetzes. Dabei sei im einfachsten Fall von vornherein kein Streckenabschnitt vorhanden. Die erwähnten Anwendungsfälle zeigen darüber hinaus, daß die „Richtung" eines Streckenabschnittes $r=(v_i, v_j)$ für die Betrachtung unerheblich ist. Ist ferner $\varkappa=(\delta_1 r_1, \ldots, \delta_m r_m)$ eine geschlossene Kantenkette, d. h. ein Zykel in einem Verbindungsnetz, so kann ein beliebiger Pfeil r_j aus $\varkappa$ in diesem Netz eliminiert werden, ohne daß die Verbindung zwischen den Orten nicht mehr gewährleistet ist.
Diese Überlegungen führen zu folgender Definition:
Ein Graph $G=(V, R, \alpha, \omega)$ mit $V \neq \emptyset$ heißt ein **Baum**[1], wenn er schwach zusammenhängend ist und keinen Zykel aufweist.
Ein Beispiel zeigt die folgende Figur:

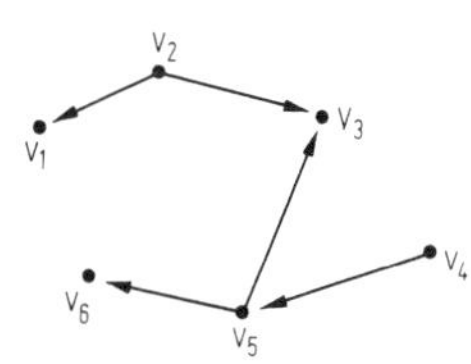

Figur 4-1

Für einen Baum folgen leicht die nachstehend aufgeführten äquivalenten Definitionen.

[1] In der Literatur wird ein Baum häufig als ein spezieller „ungerichteter Graph" eingeführt.

Satz 4.1.: Ein Graph $G=(V, R, \alpha, \omega)$ mit Eckenmenge $V=\{v_1, \ldots, v_n\}$ $(n \geq 1)$ ist ein Baum genau dann wenn mindestens eine der folgenden Bedingungen gilt:

a) G ist schwach zusammenhängend und es ist $|R|=n-1$,

b) G besitzt keinen Zykel und es ist $|R|=n-1$,

c) für jedes Eckenpaar (v_i, v_j) $(v_i \neq v_j)$ existiert genau eine Kette $\varkappa$ mit $\alpha(\varkappa)=v_i$ und $\omega(\varkappa)=v_j$,

d) G ist schwach zusammenhängend und jeder durch $R-\{r_j\}$ $(r_j \in R)$ induzierte Partialgraph ist nicht schwach zusammenhängend,

e) G besitzt keinen Zykel, aber jeder Obergraph G' von G mit gleicher Eckenmenge und einer Pfeilmenge $R'=R \cup \{r\}$, wobei $\alpha(r)$ und $\omega(r)$ in G nicht benachbart sind, besitzt genau einen elementaren Zykel.

Beweis: Für $n=1$ ist der Satz offensichtlich richtig. Sei daher desweiteren $n \geq 2$. Ist G ein Baum, so folgern wir leicht (c). Aus dem schwachen Zusammenhang von G folgt unmittelbar die Existenz mindestens einer Kette $\varkappa$ zwischen jedem Eckenpaar; wären nun $\varkappa_1 = =(\delta_1 r_1, \ldots, \delta_k r_k)$ und $\varkappa_2 = (\delta'_1 r'_1, \ldots, \delta'_{k'} r'_{k'})$ zwei Ketten mit $\alpha(\varkappa_1)= =\alpha(\varkappa_2)$ und $\omega(\varkappa_1)=\omega(\varkappa_2)$, so wäre $\varkappa := \varkappa_1 \circ (-\varkappa_2) := (\delta_1 r_1, \ldots, \delta_k r_k, -\delta'_{k'} r'_{k'}, \ldots, -\delta'_1 r'_1)$ eine Kette in G mit $\alpha(\varkappa)=\alpha(\varkappa_1)$ und $\omega(\varkappa)= =\alpha(\varkappa_2)$, also ein Zykel in G.

(c) impliziert (d): G ist offensichtlich schwach zusammenhängend; wäre nun der durch $R-\{r_j\}$ induzierte Partialgraph schwach zusammenhängend, so existiert darin eine Kette $\varkappa$ mit $\alpha(\varkappa)=\alpha(r_j)$ und $\omega(\varkappa)=\omega(r_j)$; dann aber gäbe es zwei unterschiedliche Ketten – nämlich $\varkappa$ und $\varkappa' := (+r_j)$ – in G von $\alpha(r_j)$ nach $\omega(r_j)$.

(d) impliziert (a): Diese Implikation folgt sicherlich für jeden Graphen mit Eckenzahl $n=2$; sie sei bereits bewiesen für Graphen mit Eckenzahl kleiner n.

Ist nun $|V|=n$ und $r_j \in R$, so besitzt der durch $R-\{r_j\}$ induzierte Partialgraph k schwache Zusammenhangskomponenten mit $k \geq 2$; für jede schwache Zusammenhangskomponente gilt aber dann die Induktionsvoraussetzung; also ist $|R|-1 \leq n-k$, d. h. $|R| \leq n-1$. Wir haben also nur noch zu zeigen, daß G genau $n-1$ Pfeile aufweisen muß. Sei nun v_j eine beliebige Ecke von V. Der durch $V-\{v_j\}$ induzierte Subgraph habe p $(p \geq 1)$ schwache Zusammenhangskomponenten $ZK'_1, \ldots, ZK'_p$ mit Eckenzahlen bzw. $n_1, \ldots, n_p$ $(n_i < n)$. Da G schwach zusammenhängt, muß v_j mit mindestens p Pfeilen inzidieren. Dann aber ist $|R| \geq p+(n_1-1)+ \ldots +(n_p-1)=$

$=p+(n-1)-p=n-1$, da für ZK'_i $(i=1, \ldots, p)$ die Induktionsvoraussetzung gilt.
Zugleich gilt: Jeder schwach zusammenhängende Graph erfüllt die Bedingung: $|R| \geq |V|-1$.
(a) impliziert (b): Gäbe es in G einen Zykel $\varkappa=(\delta_1 r_1, \ldots, \delta_k r_k)$ – notwendig $k \geq 2$ –, so kann der Pfeil r_1 eliminiert werden, denn $\varkappa' := (\delta_2 r_2, \ldots, \delta_k r_k)$ ist eine Kette mit $\{\alpha(\varkappa'), \omega(\varkappa')\} = \{\alpha(r_1), \omega(r_1)\}$ und daher der durch $R-\{r_1\}$ induzierte Partialgraph $G' = (V, R', \alpha', \omega')$ schwach zusammenhängend mit $|R'| < n-1$ im Widerspruch zu obiger Bemerkung.
(b) impliziert die Baumeigenschaft: Sei also G ohne Zykel und $|R|=n-1$; die schwachen Zusammenhangskomponenten von G seien $ZK'_1, \ldots, ZK'_p$ mit Eckenzahlen bzw. $n_1, \ldots, n_p$. Nach Voraussetzung enthält ZK'_i $(i=1, \ldots, p)$ keinen Zykel, ist also ein Baum, für den wir bereits die Gültigkeit von (a), (b), (c), (d) bewiesen haben. Dann aber ist $|R| = (n_1-1)+\ldots+(n_p-1) = n-p$ und nach Voraussetzung $|R|=n-1$, also $p=1$. G ist daher schwach zusammenhängend, also ein Baum.

Wir zeigen abschließend noch die Äquivalenz mit (e):
Ist $G=(V, R, \alpha, \omega)$ ein Baum (mit $n \geq 2$) – also $|R|=|V|-1$ – und $G'=(V, R', \alpha', \omega')$ ein Obergraph von G mit $R \underset{\neq}{\subset} R'$, so ist G' schwach zusammenhängend; wäre G' zudem ohne Zykel, also ein Baum, dann wäre $|R'|=|V|-1$ im Widerspruch zu $|R'|>|R|$.
Ist umgekehrt $G'=(V, R', \alpha', \omega')$ mit $R'=R \cup \{r\}$ und $\varkappa$ der eindeutig bestimmte elementare Zykel in G', so ist $\varkappa=(\ldots, \delta r, \ldots)$ und die Elimination von r ergibt einen Partialgraphen G, der zykelfrei ist, aber schwach zusammenhängend bleibt – also einen Baum.

Sei wieder $G=(V, R, \alpha, \omega)$ (mit $V \neq \emptyset$) schwach zusammenhängend und T ein Partialgraph von G mit folgenden Eigenschaften:

(1) T ist schwach zusammenhängend und

(2) jeder echte Partialgraph T' von T $(T' \underset{\neq}{\subset} T)$ ist nicht schwach zusammenhängend,

dann heißt *T ein* **Gerüst** *von G.*
Nach Satz 4.1.d) ist T ein Baum; wir nennen T daher auch einen *spannenden Baum* von G.

Beispiel:
Ein spannender Baum T von G ist in der Figur stark hervorgehoben.

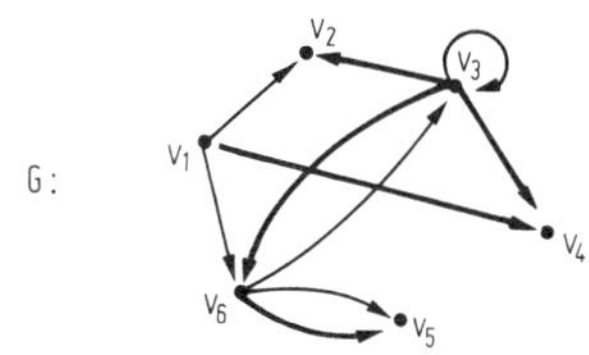

Figur 4-2

Ein Graph G heißt ein *Wald*, wenn jede schwache Zusammenhangskomponente von G ein Baum ist. Ein Partialgraph F von G heißt ein **spannender Wald,** wenn jede schwache Zusammenhangskomponente von F ein spannender Baum einer schwachen Zusammenhangskomponente von G ist.
Bemerkung: Über die Anzahl der spannenden Wälder für einen Graphen G haben Caley [4.2], Tutte [4.15], Bott und Mayberry [4.1], Moon [4.8], Weinberg [4.17], O'Neil [4.11], Temperley [4.14], van Aardenne-Ehrenfest und de Bruijn [4.16] u. a. Aussagen hergeleitet.
Die Eigenschaft b) aus Satz 4.1. ergibt sofort einen einfachen Algorithmus zur Konstruktion eines spannenden Waldes.
Wir gehen dabei aus von einem beliebigen Graphen, der durch eine Standardliste (vgl. 2.1.) gegeben ist, und werden für die schwachen Zusammenhangskomponenten dieses Graphen zyklische Adreßketten [4.9, S. 70] aufbauen, die es bequem gestatten, die Frage zu entscheiden, ob durch das „Hinzufügen" eines Pfeiles zu einem aktuellen Graphen (d. h. ob im betreffenden Obergraphen) Zykel entstehen.
Dazu sei KETTE ein Feld der Länge n, wie es die folgende Figur veranschaulicht:

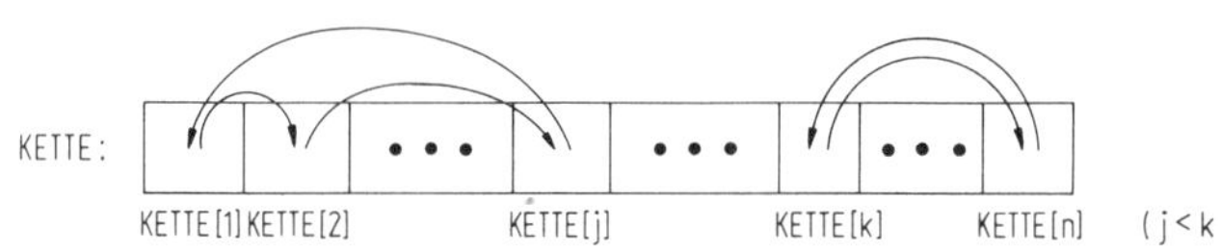

Figur 4-3

Die Ecken einer schwachen Zusammenhangskomponente sind – sobald sie als solche erkannt werden – in eine zyklische Adressenkette eingeordnet. Ein Beispiel für die Verkettung von v_1, v_2 und v_j sowie die Verkettung von v_k und v_n ist in obiger Figur angedeutet; der Pfeil von KETTE [2] nach KETTE [j] etwa wird dabei durch KETTE [2]: $=j$ realisiert.
Das Einfügen von Ecken in eine bestehende Kette sowie das Verketten zweier Ketten ist dabei programmiertechnisch besonders einfach zu lösen. Wir skizzieren hier nur die Lösung für den Fall der Verkettung zweier bislang

„unverbundener“ Ketten K_1 und K_2; r ist der Pfeil, der zu dieser Verkettung Anlaß gibt („Fall 4“), die gestrichelten Pfeile veranschaulichen die neuen Adreßverweise:

a: = KETTE [j];
KETTE [j]: = KETTE [k];
KETTE [k]: = a;

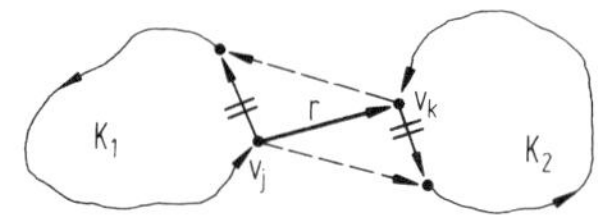

Figur 4-4

Algorithmus 4.1.

Name: Spannender Wald

Voraussetzung: $G=(V, R, \alpha, \omega)$ ist ein Graph, der durch eine Standardliste (vgl. 2.1.) gegeben ist:
$V=\{v_1, \ldots, v_n\}$, $R=\{r_1, \ldots, r_m\}$;
Feld T der Länge $n-1$;
Feld KETTE der Länge n;
Variable $i, j, k, a, r, Z1, Z2$; ($Z1$: Eckenzähler;
$Z2$: Pfeilzähler);

ein Element $* \notin R$.

Startbedingung: $a:=Z1:=Z2:=0$;
KETTE [i]: = 0 für $i=1$ (1) n;
T [i]: = * für $i=1$ (1) $n-1$;
$i:=1$;

Iteration: $r:=r_i$;
j: = Index von α (r);
k: = Index von ω (r);
IF $k=j$ THEN GO TO ENDE;

```
FALL 1    IF KETTE [j] = KETTE [k] = 0
            THEN BEGIN KETTE [j]: = k;
                       KETTE [k]: = j;
                       T [i]: = r;
                       Z1: = Z1 + 2;
                       Z2: = Z2 + 1;
                       GO TO ENDE;
                 END;
```

```
FALL 2      IF KETTE [j]≠0 und KETTE [k]=0
                THEN BEGIN KETTE [k]:=KETTE [j];
                           KETTE [j]:=k;
                           T [i]:=r;
                           Z1:=Z1+1;
                           Z2:=Z2+1;
                           GO TO ENDE;
                      END;

FALL 3      IF KETTE [j]=0 und KETTE [k]≠0
                THEN BEGIN KETTE [j]:=KETTE [k];
                           KETTE [k]:=j;
                           T [i]:=r;
                           Z1:=Z1+1;
                           Z2:=Z2+1;
                           GO TO ENDE;
                      END;

FALL 4      IF in Adreßketten zu v_j und v_k kein gemeinsames Element
              THEN BEGIN a:=KETTE [j];
                         KETTE [j]:=KETTE [k];
                         KETTE [k]:=a;
                         T [i]:=r;
                         Z2:=Z2+1;
                    END;

ENDE        i:=i+1;
```

Abbruchbedingung: $Z1=n$ oder $Z2=n-1$ oder $i>m$.

Ergebnis: T enthält die Pfeile eines spannenden Waldes (ausgenommen die Elemente mit Wert $*$); ist $T[i]\neq *$ für $i=1,\ldots,n-1$, so ist G schwach zusammenhängend, ist allgemeiner $|\{i \mid T[i]=*\}|=:p$, so hat G $p+1$ schwache Zusammenhangskomponenten.
Die Adreßkette von v_i in KETTE berührt genau die Ecken, die zur gleichen schwachen Zusammenhangskomponente wie v_i gehören.

Bemerkungen:

(1) Dieser Algorithmus bricht nach spätestens m Iterationen ab; da das Durchsuchen von Adreßketten und deren Vergleich höchstens $2n$ ele-

mentare Operationen erfordert, bestimmt A.4.1. einen *spannenden Wald* von G mit größenordnungsmäßig $O(|V|, |R|)$ elementaren Operationen.

(2) Dieser Algorithmus liefert zugleich mit $O(|V|, |R|)$ elementaren Operationen alle *schwachen Zusammenhangskomponenten* von G. Ein ähnliches Verfahren liegt in Form der „depth-first search" [4.13], [4.4] vor; eine Variante dieses Verfahrens werden wir in Kap. 5 zur Bestimmung der starken Zusammenhangskomponenten vorstellen.

(3) Wird in „FALL 4" ein gemeinsames Element der Adreßketten von v_i und v_j gefunden, dann sind diese Ketten identisch und der Pfeil von v_j nach v_k determiniert genau einen *Zykel*, den wir aus der Adreßkette leicht bestimmen können (vgl. auch Kap. 6).

(4) Der Algorithmus A.4.1. stellt einen „Markierungsalgorithmus" dar; Markierungsalgorithmen werden wir in Kap. 5 definieren und an einigen weiteren Beispielen erläutern.

Ein Baum G heißt ein **Wurzelbaum,** wenn für die Vorgängermengen gilt:

$$|V(v)| \leq 1 \text{ für jedes } v \in V.$$

Satz 4.2.: Ist G ein Wurzelbaum, so existiert genau eine Ecke $\underline{v} \in V$ – seine *Wurzel* – mit $V(\underline{v}) = \emptyset$.

Beweis: Wäre $|V(v) = 1$ für jedes $v \in V$, so wäre $|R| = |\sum_{v \in V} |V(v)| = |V|$ und G kein Baum; gäbe es mehr als eine Ecke v mit $V(v) = \emptyset$, so ist $|R| \leq |V| - 2$ und daher G nicht schwach zusammenhängend, also kein Baum.

Satz 4.3.: Ein Graph G ist genau dann ein Wurzelbaum mit Wurzel $\underline{v}$, wenn mindestens zwei der folgenden drei Bedingungen gelten:

a) G ist kreisfrei,

b) zu jeder Ecke $v \neq \underline{v}$ existiert genau ein Weg von $\underline{v}$ nach v,

c) $V(\underline{v}) = \emptyset$ und $|V(v)| = 1$ für $v \neq \underline{v}$.

Beweis: 1. Ist G ein Wurzelbaum mit Wurzel $\underline{v}$, so ist G zykel-, erst recht kreisfrei und mit Satz 4.2. folgt unmittelbar die Eigenschaft (c).

2. Seien (a) und (c) gültig; ist nun $\tilde{v} \neq \underline{v}$, so besitzt $\tilde{v}$ genau einen Vorgänger v_1; ist $v_1 = \underline{v}$, so existiert genau ein Weg (der Länge 1) von $\underline{v}$ nach $\tilde{v}$.
Ist $v_1 \neq \underline{v}$, so existiert genau ein Vorgänger v_2 von v_1 und es ist $v_2 \neq v_1$ und $v_2 \neq \tilde{v}$, da G kreisfrei ist usw. Das Verfahren bricht spätestens nach $|V| - 1$ Schritten ab, da G kreisfrei ist. Dann aber ist eine Ecke v ohne Vorgänger erreicht, also $\underline{v}$. Aus (a) und (c) folgt somit (b).

3. Seien (a) und (b) erfüllt; wäre nun $|V(\tilde{v})| > 1$ für ein $\tilde{v} \in V$, v_1 und v_2 zwei unterschiedliche Vorgänger von $\tilde{v}$, so existiert ein Weg w_1

von $\underline{v}$ nach v_1 (oder es ist $\underline{v}=v_1$) und ein Weg w_2 von $\underline{v}$ nach v_2 (oder es ist $\underline{v}=v_2$) und daher zwei unterschiedliche Wege $\tilde{w}_1:=w_1 * (r_1)$ und $\tilde{w}_2:=w_2 * (r_2)$ von $\underline{v}$ nach $\tilde{v}$ (hierbei ist $\alpha(r_1)=v_1$, $\omega(r_1)=\tilde{v}$ und $\alpha(r_2)=v_2$, $\omega(r_2)=\tilde{v}$) im Widerspruch zu b). Also gilt: $|V(v)| \leq 1$ für jedes $v \in V$.

Ferner ist wegen b) G schwach zusammenhängend. Ist nun $\kappa=(\delta_1 r_1, \ldots, \delta_k r_k)$ ein Zykel in G, so ist wegen $|V(v)| \leq 1$ $\delta_1=\delta_2=\ldots=\delta_k$ und daher $w=(r_1, \ldots, r_k)$ ein Kreis in G im Widerspruch zu a), also G zykelfrei und daher insgesamt ein Wurzelbaum.

4. Seien (b) und (c) erfüllt; dann ist G schwach zusammenhängend und $|R| = \sum_{v \in V} |V(v)| = |V|-1$, also nach Satz 4.1.a) G ein Baum. Wegen c) ist dann G ein Wurzelbaum.

   Den „Graphen der logischen Schlüsse" dieses Beweises zeigt die folgende Figur:

   (W: Wurzelbaumeigenschaft)

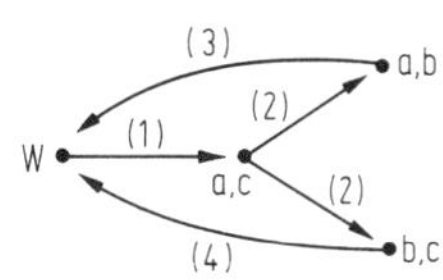

Figur 4-5

Beispiel:

G:

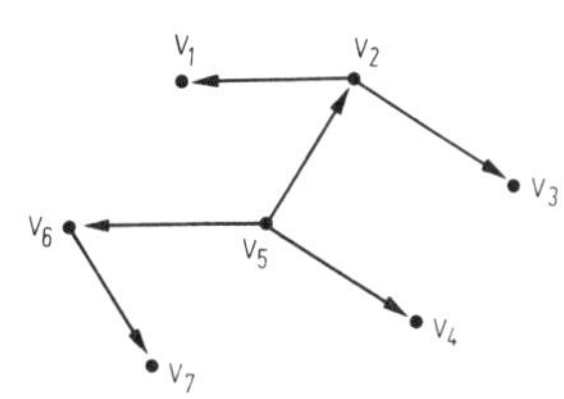

G ist ein Wurzelbaum mit Wurzel v_5.

Figur 4-6

Ein weiteres Beispiel ist in Kap. 1.2. als Beispiel 2 (Figur 1-24) aufgeführt („Organisationsstruktur"). Ferner gilt

Satz 4.4.: Ist $G=(V, R, \alpha, \omega)$ stark zusammenhängend, ferner $\underline{v}$ eine beliebige Ecke aus V, so existiert ein spannender Wurzelbaum T in G mit Wurzel $\underline{v}$.

Wir führen den *Beweis* induktiv: Sei $V_1 := V - \{\underline{v}\}$, $R_0 := \emptyset$, $v_1 \in V_1$ und w_1 ein elementarer Weg in G von $\underline{v}$ nach v_1. Dann setzen wir $R_1 := = R \cup \{r | r \in w_1\}$ und $V_2 := V_1 - \{v | v \in s(w_1)\}$.

Ist nun $V_k = \emptyset$ für ein $k \geq 1$, so brechen wir ab. Anderenfalls existiert ein $v_k \in V_k$ ($k = 1, 2, \ldots$) und ein elementarer Weg w_k von $\underline{v}$ nach v_k und wir setzen:

$$R_k := R_{k-1} \cup \{r \in w_k \mid \omega(r) \in V_k\} \text{ und } V_{k+1} := V_k - \{v \mid v \in s(w_k)\} .$$

Das Verfahren bricht nach $k' \leq |V| - 1$ Schritten ab. Die zugehörige Pfeilmenge $R_{k'}$ induziert einen Partialgraphen T von G, der offensichtlich die Eigenschaften (a) und (c) aus Satz 4.3. erfüllt; T ist also ein Wurzelbaum mit Wurzel $\underline{v}$.

Eine für viele Zwecke besonders geeignete konstruktive Ausprägung dieses Beweisverfahrens finden wir in Kap. 5, z. B. innerhalb des Algorithmus A.5.3. Wir greifen wieder die Ausgangsproblemstellung dieses Kapitels auf und setzen voraus, daß $B = (G, \beta, \mathbb{R})$ ein (reell) bewerteter Graph ist, wobei G schwach zusammenhängend und β eine Pfeilbewertung sei (ohne Einschränkung $\beta(v) = 0$ für $v \in V$).

Beispiel:

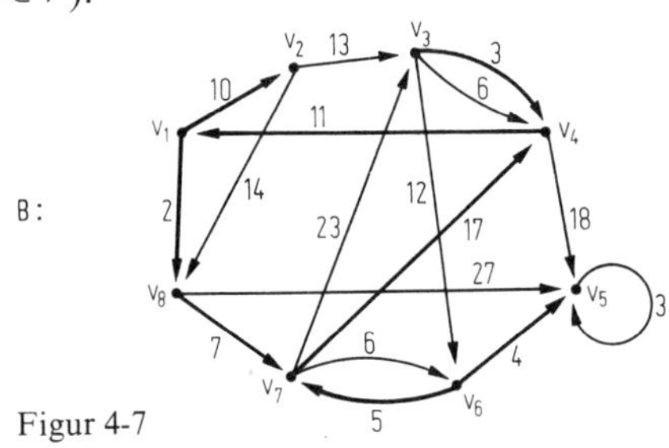

Figur 4-7

Ist G' ein Teilgraph von G, seine Grundmenge $\underline{G}'$, so heißt $\beta(G') := \sum_{e \in \underline{G}'} \beta(e)$ der (β–) Wert von G'. Ist G endlich, so existiert offenbar ein spannender Baum T_* von G mit minimalem Wert:

$$\beta(T_*) := \min \{\beta(T) \mid T \text{ ist spannender Baum von } G\} .$$

T_* heißt auch kurz ein (β-) **minimaler** (spannender) **Baum.** Analoge Bezeichnungen verwenden wir für spannende Wälder.

Wie bestimmt man nun einen minimalen Baum oder einen minimalen Wald? Der folgende Algorithmus leistet das Gewünschte.

Algorithmus 4.2.

Name: Kruskal-Minimaler Baum;

Voraussetzung: $B = (G, \beta, \mathbb{R})$ ist ein (pfeil-)bewerteter Graph, der durch eine Standardliste gegeben ist (vgl. 2.4.); sonst wie bei A.4.1.; zusätzliche Variable p, S;

Startbedingung: wie bei A.4.1.; $p := 0$; $S := 0$;
Iteration: wähle $i \in \{j \mid \beta(r_j) = \min_k \beta(r_k)\}$; $p := Z2$;
danach die Iteration von A.4.1. bis ENDE;
ENDE IF $Z2 > p$ THEN
$S := \beta(r_i) + S$;
$\beta(r_i) := +\infty$;[2]
Abbruchbedingung: $Z1 = n$ oder $Z2 = n - 1$ oder $\min_k \beta(r_k) = +\infty$;
Ergebnis: T enthält die Pfeile eines minimalen Waldes von G, S den Wert dieses Waldes.
Ist G schwach zusammenhängend, so ergibt sich ein minimaler Baum (vgl. A.4.1.).

Bemerkungen:

(1) Die Grundidee des Kruskal-Algorithmus läßt sich kurz so skizzieren: ist T ein aktueller Wald, so „vergrößere" man T – falls T nicht bereits ein spannender Wald ist – durch „Hinzufügen" eines Pfeils r, der unter allen Pfeilen, deren Hinzufügen jeweils keinen Zykel „erzeugt", einen minimalen Wert aufweist.

(2) Da für den vorgeschalteten Auswahlschritt für einen Pfeil höchstens $|R|$ Vergleiche reeller Zahlen notwendig werden, benötigt dieser Algorithmus größenordnungsmäßig höchstens $O(|V| \cdot |R|)$ elementare Operationen.

(3) Sind die Pfeile von G in der Standardliste „sortiert" (d. h. in der Reihenfolge monoton wachsender Werte gespeichert), so liefert bereits A.4.1. einen minimalen Wald.

Die Anwendung des Kruskal-Algorithmus auf den bewerteten Graphen in Figur 4-7 liefert einen minimalen Baum, der in Figur 4-7 stark hervorgehoben ist.

Zum *Beweis* für das behauptete Ergebnis von A.4.2. wollen wir zunächst vereinfachende Annahmen treffen; es sei $\beta | R$ injektiv – also $\beta(r) \neq \beta(r')$ für $r \neq r'$ – und die Pfeilmenge $R = \{r_1, \ldots, r_m\}$ „sortiert" eingegeben, also insgesamt sei $\beta(r_i) < \beta(r_j)$ genau dann wenn $i < j$ ist. Ferner sei G schwach zusammenhängend.

Sei nun $R_T = \{r_{i_1}, \ldots, r_{i_{n-1}}\}$ die durch A.4.2. bestimmte Pfeilmenge eines spannenden Baums T; ist nun T_* ein spannender Baum mit $\beta(T_*) < \beta(T)$, so sei r_{i_k} der (in der obigen Reihenfolge) erste Pfeil

[2] Oder eine hinreichend große Konstante M, etwa $M > \sum_{e \in \underline{G}} |\beta(e)|$;

von T, der nicht Element aus $\underline{T_*}$ ist, also $r_{i_j} \in R_{T_*}$ $(j=1, \ldots, k-1)$ und $r_{i_k} \notin R_{T_*}$. Dann besitzt der durch $R_{T_*} \cup \{r_{i_k}\}$ induzierte Partialgraph von G genau einen elementaren Zykel (gemäß Satz 4.1.e)), der δr_{i_k} und mindestens ein $\delta' r_*$ mit $r_* \in R_{T_*}$ enthält $(\delta, \delta' \in \{+1, -1\})$.

Die Pfeilmenge $(R_{T_*} \cup \{r_{i_k}\}) - \{r_*\}$ induziert dann einen Partialgraphen T', der einen spannenden Baum darstellt. Nun ist aber $\beta(T') = \beta(T_*) + \beta(r_{i_k}) - \beta(r_*)$, andererseits $\beta(r_*) > \beta(r_{i_k})$ nach der Auswahlregel für r_{i_k} und daher $\beta(T') < \beta(T_*)$ im Widerspruch zur Minimalität von $\beta(T_*)$. Also ist T ein minimaler Baum und offenbar eindeutig bestimmt.

Ist nun $\beta|_R$ nicht injektiv, so wähle man eine hinreichend kleine positive Konstante ε (z. B. $2\varepsilon < \min \{|\gamma| \,|\, \gamma := \sum_{j=1}^{n-1} (\beta(r_{i_j}) - \beta(r_{k_j})),$ $|\gamma| > 0;\ r_{i_j}, r_{k_j}$ beliebig aus $R\}$) und setze $\varepsilon_i := \frac{\varepsilon}{2^i}$ $(i=1, \ldots, m)$ sowie $\beta_\varepsilon(r_i) := \beta(r_i) + \varepsilon_i$, $\beta_\varepsilon(v) := 0$ für $v \in V$.

Dann ist $\beta_\varepsilon|_R$ injektiv, denn aus $\beta_\varepsilon(r_i) = \beta_\varepsilon(r_j)$ folgt $|\beta(r_i) - \beta(r_j)| < \varepsilon$, also $r_i = r_j$ nach Voraussetzung über ε.

Ist nun T ein spannender Baum von G, so gilt:

$$(1)\ \beta(T) \leq \beta_\varepsilon(T) \quad \text{und} \quad (2)\ \beta(T) \geq \beta_\varepsilon(T) - \varepsilon\,.$$

Sei nun T_* ein β_ε-minimaler Baum und T' ein β-minimaler Baum von G mit $T' \neq T_*$. Dann ist $\beta_\varepsilon(T_*) \leq \beta_\varepsilon(T')$ und $\beta(T') \leq \beta(T_*)$.

Mit (1) und (2) folgt dann:

$$\beta(T) \geqq \beta_\varepsilon(T) - \varepsilon \geqq \beta_\varepsilon(T_*) - \varepsilon \geqq \beta(T_*) - \varepsilon, \text{ also } |\beta(T_*) - \beta(T) \leqq \varepsilon;$$

andererseits ist $|\beta(T_*) - \beta(T)| = |\sum_{j=1}^{n-1} (\beta(r_{i_j}) - \beta(r_{k_j}))|$ für bestimmte Folgen (r_{i_j}) und (r_{k_j}) und nach der Voraussetzung über ε daher $\beta(T_*) = \beta(T)$.

Da wir über die Reihenfolge der Pfeile $r_1, \ldots, r_m$ keine Voraussetzungen gemacht haben, gibt es zu jeder Menge auswählbarer alternativer Pfeile mit gleicher Bewertung auch eine Bewertung β_ε, welche die Auswahl eines vorgegebenen Pfeils aus dieser Menge impliziert. Der Kruskal-Algorithmus A.4.2. liefert also einen minimalen Baum.

Zur Schilderung eines allgemeineren Verfahrens benötigen wir noch folgende Begriffe.

Ist $G = (V, R, \alpha, \omega)$ wieder ein beliebiger Graph und $V = P \cup Q$ eine Zerlegung der Eckenmenge in zwei nichtleere disjunkte Teilmengen, so heißt die Pfeilmenge

$$\sigma(P, Q) := \{r \in R \,|\, (\alpha(r) \in P \text{ und } \omega(r) \in Q) \text{ oder } (\alpha(r) \in Q \text{ und } \omega(r) \in P)\}$$

der *durch P und Q erzeugte* **Schnitt.** Eine Veranschaulichung zeigt die folgende Figur:

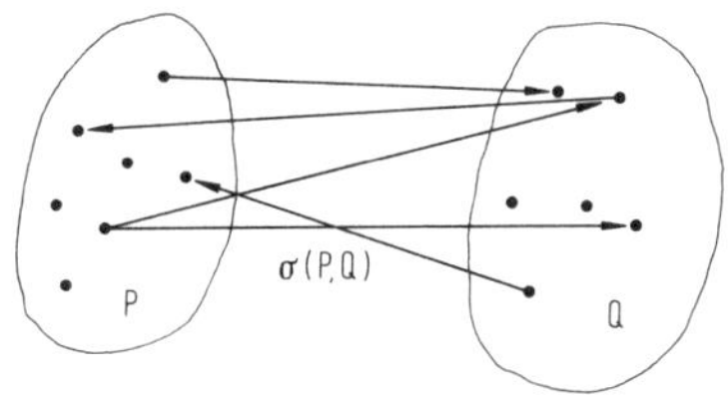

Figur 4-8

Schnitte dieser Art werden in der Literatur auch häufig als *einfache* **Kozyklen** bezeichnet.

Dann gelten folgende Sätze

Satz 4.5.: Ist $G=(V, R, \alpha, \omega)$ schwach zusammenhängend und $V=P\cup Q$ eine Zerlegung von V in zwei nichtleere disjunkte Eckenteilmengen, so ist $\sigma(P, Q)\neq\emptyset$.

Beweis: Sei $v_1\in P$ und $v_2\in Q$ und $\varkappa=(\delta_1 r_1, \ldots, \delta_k r_k)$ eine Kette von v_1 nach v_2, die wegen des schwachen Zusammenhangs von G existiert. Sei r_j der (in der obigen Reihenfolge) erste Pfeil der Kette mit $\omega(\delta_j r_j)\in Q$; dann ist $r_j\in\sigma(P, Q)$, denn $\alpha(\delta_j r_j)=\omega(\delta_{j-1} r_{j-1})\in P$ – falls $j>1$ – oder $\alpha(\delta_j r_j)=v_1\in P$ im Falle $j=1$.

Ist nun wieder $B=(G, \beta, \mathbb{R})$ ein (pfeil-)bewerteter Graph und G schwach zusammenhängend, so nennen wir einen Pfeil $r\in\sigma(P, Q)$ ein *minimales Element des Schnittes* $\sigma(P, Q)$, wenn $\beta(r)=\min\{\beta(r')\,|\,r'\in\sigma(P, Q)\}$ ist.

Satz 4.6.: Ist $B=(G, \beta, \mathbb{R})$, G schwach zusammenhängend, $V=P\cup Q$ eine Zerlegung der Eckenmenge in zwei nichtleere disjunkte Teilmengen und r ein minimales Element aus $\sigma(P, Q)$, so existiert ein minimaler Baum T_* von G mit $r\in \underline{T_*}$.

Beweis: Sei zunächst $\beta|R$ injektiv und T_* ein minimaler Baum von G. Ist r das eindeutig bestimmte minimale Element von $\sigma(P, Q)$ und $r\notin R_{T_*}$ (der Pfeilmenge von T_*), so besitzt der durch $R_{T_*}\cup\{r\}$ induzierte Partialgraph von G genau einen elementaren Zykel $\varkappa$, der $+r$ oder $-r$ enthält, ohne Einschränkung etwa $+r$ mit $\alpha(+r)\in P$ und $\omega(+r)\in Q$. Dann aber existiert wegen $\alpha(\varkappa)=\omega(\varkappa)$ mindestens ein weiterer Pfeil r' mit $\delta' r'\in\varkappa$ und $\alpha(\delta' r')\in Q$ und $\alpha(\delta' r')\in P$, also $r'\in\sigma(P, Q)$. Sei T der durch $(R_{T_*}-\{r'\})\cup\{r\}$ induzierte Partialgraph von G; dann ist T ein spannender Baum und $\beta(T)<\beta(T_*)$ im Widerspruch zur Minimalität von $\beta(T_*)$.

Ist $\beta|R$ nicht injektiv, so folgt die Behauptung mit der gleichen Schlußweise wie im Beweis von A.4.2.

Aus diesem Satz ergibt sich unmittelbar folgender

Algorithmus 4.3.

Name: Minimale spannende Hülle

Voraussetzung: $B=(G, \beta, \mathbb{R})$ ist ein reell bewerteter Graph mit Eckenmenge V und Pfeilmenge R;

Startbedingung: gegeben sei ein Partialgraph G' von G mit p schwachen Zusammenhangskomponenten $ZK'_1, \ldots, ZK'_p$ $(1 \leq p \leq n)$; sei $G_* := G'$ mit Pfeilmenge R_*.

Iteration: Wähle eine schwache Zusammenhangskomponente ZK'_j von G_* und ein minimales Element $r \in \sigma(ZK'_j, V - ZK'_j)$; setze $G_* := G_{V \cup R_* \cup \{r\}}$.

Abbruchbedingung: $p=1$ oder $\sigma(ZK'_j, V - ZK'_j) = \emptyset$ für $j=1, \ldots, p$.

Ergebnis: G_* ist ein Obergraph eines spannenden Waldes von G und zudem Obergraph von G'; ferner ist $\beta(G_*) = \min\{\beta(\tilde{G}) \mid G' \subset \tilde{G}$ und $\tilde{G}$ enthält einen spannenden Wald von $G\}$.

Bemerkungen:

(1) Der durch $R_* \cup \{r\}$ induzierte Partialgraph von G hat genau $p-1$ schwache Zusammenhangskomponenten.

(2) Der Kruskal-Algorithmus A.4.2. sowie das Verfahren von Sollin [12] sind Spezialfälle von A.4.3. mit der Startbedingung $ZK'_i := \{v_i\}$ $(i=1, \ldots, n)$.

(3) Mit A.4.3. kann die Vorgabe eines Streckenteilnetzes, das die Basis eines Verbindungsnetzes bilden soll (vgl. einleitendes Beispiel), berücksichtigt werden.

(4) A.4.3. ist auch empfehlenswert bei „Datenänderungen“ (z. B. Kostensteigerungen) im Rahmen von Sensitivitätsanalysen (vgl. [4.10]).

Abschließend wollen wir auf zwei naheliegende Probleme hinweisen.

(1) Ein für die **Standortplanung** grundlegendes Problem läßt sich folgendermaßen formulieren.

Gegeben seien n Punkte $v_1, \ldots, v_n$ eines (vollständigen metrischen) Raumes X mit der Distanzfunktion d. Zu jeder natürlichen Zahl k und Punkten $v_{n+1}, \ldots, v_{n+k}$ aus X kann man einen minimalen Baum in dem (pfeil-)bewerteten Graphen $B=(G, \beta, \mathbb{R}_+)$ bestimmen, wobei G einen vollständigen Graphen mit Eckenmenge $V := \{v_1, \ldots, v_{n+k}\}$ darstellt und $\beta((v_i, v_j)) := d(v_i, v_j)$ ist. Gesucht ist nun ein solches $k_0 \in \mathbb{N}$ und Punkte $v_{n+1}^{(0)}, \ldots, v_{n+k}^{(0)}$, so daß der Wert des zugehörigen minimalen Baumes unter allen konkurrierenden minimalen Bäumen minimal ist. Das Problem ist meines Wissens bislang nur für Spezialfälle gelöst.

(2) Bei der Frage nach dem Standort eines *zentralen Lagers* oder einer Produktionsstätte liegt ein ähnliches Problem vor.
Seien wieder $v_1, \ldots, v_n$ Punkte eines (vollständigen metrischen) Raumes X mit Distanzfunktion d und $w_1, \ldots, w_n$ nichtnegative reelle Zahlen („Gewichte", z. B. Kaufkraft o. ä.). Man bestimme einen Punkt $v_0 \in X$, so daß $\sum_{i=1}^{n} w_i \cdot d(v_0, v_i)$ minimal wird. Den Fall $n=3$ betrachtete bereits Fermat. Kuhn [4.7] gab 1973 einen Überblick über die Lösungsmöglichkeiten dieses allgemeinen Fermat-Problems.
Über weitere Fragen der Standortplanung sei auf [4.3], [4.5] verwiesen.

5. Markierungsalgorithmen und Suchstrategien

Sich in einem Irrgarten oder Labyrinth von einem Eingangspunkt zu einem vorgegebenen Ausgangspunkt zu bewegen, ist nicht nur ein beliebtes Unterhaltungsspiel, sondern ein weitverbreiteter Test für Gedächtnisleistungen in Tierversuchen und bereits klassisch durch den Faden der Ariadne gelöst. Entscheidendes Hilfsmittel zum Vermeiden unergiebiger Wiederholungen ist dabei die Markierung von bereits aufgesuchten Teilen des Labyrinths (Faden, Duftmarken, Gedächtnismarken o. ä.).

Ein **Markierungsalgorithmus** auf einem Graphen G ist ein iterativer Algorithmus, bei dem in jeder Iteration mindestens einem Element e der Grundmenge $\underline{G}$ des Graphen, welchem bislang keine „Marke" zugeordnet war, eine im Verlaufe der weiteren Iterationen unveränderliche Marke m aus einer Menge M von Marken zugeordnet wird; das Element e heißt dann mit m markiert. Der Algorithmus bricht ab, wenn kein weiteres Element markiert werden kann oder wenn mindestens ein Element (bzw. alle Elemente) einer vorgegebenen Teilmenge $\underline{G}'$ von $\underline{G}$ markiert ist (sind).

Wegen der Invarianz der Marken bereits markierter Ecken im weiteren Markierungsprozeß benötigt ein Markierungsalgorithmus höchstens $|\underline{G}|$ Iterationen und wird in der englisch-sprachigen Literatur als „greedy algorithm" (gieriger Algorithmus) bezeichnet [5.2], [5.12].

Ist die Menge M der Marken einelementig, so läßt sich der Markierungsprozeß auch häufig als Auswahl einer Folge von Teilgraphen $G_1, \ldots, G_k$ (die durch markierte Elemente induzierten Teilgraphen) veranschaulichen, wobei G_{i+1} Obergraph von G_i ist ($i=1, \ldots, k-1$).

Ist M mehrelementig, so ist der Markierungsprozeß als Folge bewerteter Graphen $B_1=(G, b_1), \ldots, B_k=(G, b_k)$ interpretierbar; dabei erfüllt die Bewertung $b_i: \underline{G} \to M \cup \{-\}$ die Monotonie-Bedingung: $b_i^{-1}(m) \subset b_{i+1}^{-1}(m)$ für alle $m \in M$; „$-$" ist dabei eine nicht in M enthaltene Marke für die eigentlich unmarkierten Elemente der Grundmenge.

Fragen der Erreichbarkeit oder des Zusammenhangs lassen sich mit Markierungsalgorithmen lösen.

Als einfachstes Beispiel betrachte man etwa den folgenden Markierungsalgorithmus:

Algorithmus 5.1.

Name:	Erreichbarkeit
Voraussetzung:	G ist ein beliebiger endlicher Graph, der durch eine Standardliste oder – bequemer – durch eine eckenorientierte Liste gegeben sei; u ist eine ausgezeichnete Ecke von G; $M = \{m\}$ sei o. E. eine einelementige Markenmenge.
Startbedingung:	u wird (mit m) markiert, alle übrigen Ecken und Pfeile von G sind nicht markiert.
Iteration:	(∗) ist r ein nicht markierter Pfeil mit einer markierten Anfangsecke v und der Endecke w, so markiere r und auch w, falls letztere noch nicht markiert ist.
Abbruchbedingung:	es existiert kein nicht markierter Pfeil mit markierter Anfangsecke.
Ergebnis:	die markierten Ecken sind die von u aus erreichbaren Ecken in G.

Dieser Markierungsalgorithmus bricht spätestens nach $|R|$ Iterationen ab; die bei Abbruch markierten Ecken sind offensichtlich die Ecken, die von u aus erreichbar sind.

Eine Modifikation führt zur Bestimmung der schwachen Zusammenhangskomponente von u.

Algorithmus 5.2.

Name:	Schwache Zusammenhangskomponente
Voraussetzung:	wie bei A.5.1.
Startbedingung:	wie bei A.5.1.
Iteration:	(∗∗) ist r ein nicht markierter Pfeil mit einer markierten Anfangs- oder Endecke, so markiere r und – falls nicht schon geschehen – beide Ecken von r.
Abbruchbedingung:	wie bei A.5.1.
Ergebnis:	die markierten Ecken stellen die schwache Zusammenhangskomponente von u dar.

Mit obiger Start- und Abbruchbedingung liefert dieser Markierungsalgorithmus mit höchstens $|R|$ Iterationen die schwache Zusammenhangskomponente von u. Bricht der Markierungsalgorithmus ab, ohne daß alle Ecken markiert wurden, so kann er mit einer beliebigen, bislang nicht markierten Ecke erneut gestartet werden, bis schließlich alle Ecken markiert sind. Somit sind $O(|V|, |R|)$ Iterationsschritte (einschließlich der Auswahlschritte für die Startecken) ausreichend, um die schwachen Zusammenhangskomponenten von G zu bestimmen.

Erweitert man die Markenmenge M zu $M = \{m, m'\}$ und markiert man bei A.5.2. jeweils den Pfeil, der zur Markierung einer weiteren Ecke (mit m) Anlaß gab, mit m, alle übrigen Pfeile mit m', so induziert die Menge der m-markierten Elemente für jede schwache Zusammenhangskomponente einen *spannenden Baum*.

Beispiel:

$G = (V, R)$ mit $V = \{v_1, \ldots, v_7\}$; Startecke $u = v_1$.

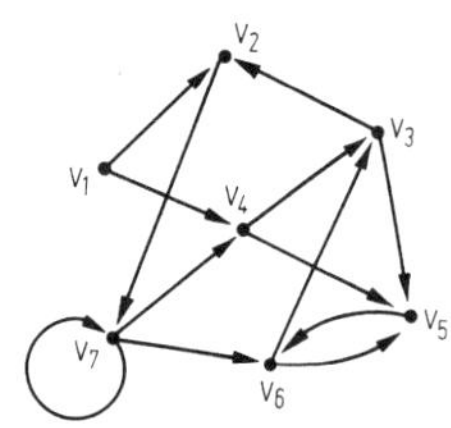

Markierungsfolge der Ecken bei A.5.2.:
$v_1, v_4, v_7, v_2, v_3, v_5, v_6$.
Folge der zugehörigen m-markierten Pfeile z. B.:
$(v_1, v_4), (v_7, v_4), (v_1, v_2), (v_3, v_2), (v_4, v_5), (v_6, v_3)$;

alle übrigen Pfeile sind gestrichelt:

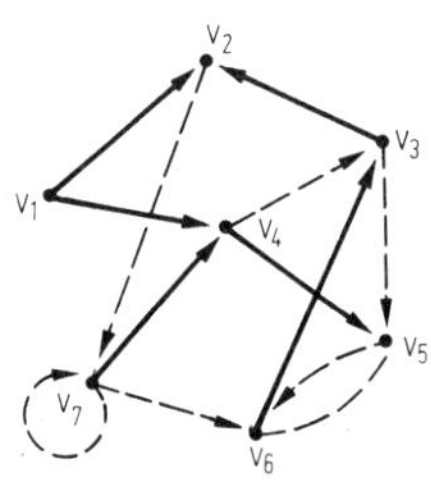

Figur 5-1

Eine verfahrenstechnische Verfeinerung liegt in Form der **depth-first search** vor [5.10], [5.4], [5.5]. Hier wird durch eine zusätzliche Auswahlvorschrift im Iterationsschritt erzwungen, daß der spannende Baum weitere verfahrenstechnisch besonders günstige Eigenschaften aufweist.

Die zusätzliche *Auswahlregel* lautet: man betrachte jeweils nur Pfeile, die mit der zuletzt markierten, nicht eliminierten Ecke inzidieren. Eliminiert wird dabei eine Ecke dann, wenn alle mit dieser Ecke inzidenten Pfeile markiert sind.

Wendet man diese Auswahlregel zusätzlich an, so ergibt sich für unser Beispiel (bei gleicher Markierungsfolge der Ecken) folgender spannender Baum von G:

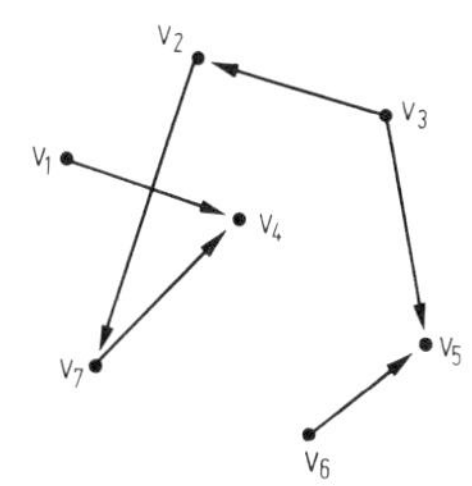

Figur 5-2

Da die Elimination einer Ecke als Markierung mit einer neuen Marke m'' auffaßbar ist, liegt hier erstmals der Fall vor, daß die Markierung einer Ecke im Laufe des Markierungsprozesses wechselt.

Ein iterativer Algorithmus, bei dem in jeder Iteration mindestens einem Element e der Grundmenge $\underline{G}$ eine Marke zugeordnet wird, heißt ein *p-Markierungsalgorithmus*, wenn es eine natürliche Zahl $p \in \mathbb{N}$ gibt – unabhängig von charakteristischen Größen wie etwa $|V|$ oder $|R|$ eines aktuellen Graphen –, so daß jedes Element $e \in \underline{G}$ bei diesem Algorithmus höchstens p-mal markiert (d. h. höchstens $p-1$-mal unmarkiert) wird; hierbei unterstellen wir die gleiche Abbruchbedingung wie bei Markierungsalgorithmen.

Markierungsalgorithmen sind danach mit 1-Markierungsalgorithmen identisch. Ein p-Markierungsalgorithmus bricht nach höchstens $p \cdot |\underline{G}|$ Iterationen ab.

In unserem Falle zeigt sich nun, daß durch eine angemessene Programmiertechnik eine derartige zusätzliche Markierung bzw. Ummarkierung unterdrückt werden kann. Benutzt man nämlich einen Keller („Stapel", „stack", „push-down store") für die Speicherung der markierten Ecken, so kann die Elimination einer Ecke allein durch das Löschen des Kellerkopfes realisiert werden; die Kellertechnik erlaubt also eine markierungsfreie Ausführung dieser zusätzlichen Auswahlregel.

Wendet man die Auswahlregel bei A.5.1. an, so induzieren die m-markierten Pfeile einen oder mehrere gerichtete Wurzelbäume T_i $(i=1, \ldots, k)$ mit paarweise disjunkten Eckenmengen. Ist G stark zusammenhängend, so ergibt sich genau ein spannender Wurzelbaum T (vgl. Satz 4.4.). Jede starke Zusammenhangskomponente ist Teilmenge der Ecken eines der mit diesem Verfahren gewonnenen Wurzelbäume; ihre Bestimmung läßt sich im Rahmen der depth-first search mit $O(|V|, |R|)$ elementaren Operationen bewältigen [5.10, S. 155].

An programmiertechnischen Hilfsmitteln sind dabei zu empfehlen: rekursive Definition von Prozeduren [5.10], [5.1] und/oder gegebenenfalls zusätzlich die direkte Verwendung von Kellertechniken, wie es das folgende Beispiel verdeutlicht (in Anlehnung an [5.10, S. 157]).

Für jede Ecke v_j wird dabei ein Keller K_j vorausgesetzt, der die direkten Nachfolger von v_j enthält und daher eine programmiertechnische Modifikation der eckenorientierten Listenspeicherung darstellt; zudem wird ein Keller E für die markierten Ecken vorausgesetzt; mit $<E>$ bezeichnen wir das oberste (aktuelle) Element des Kellers E. Mit NUMMER [v] sei die fortlaufende Nummer von v in der Reihenfolge der Markierung bezeichnet; TIEF [v] stellt die kleinste Nummer aller Ecken dar, die auf einem gemeinsamen Kreis mit v liegen, der höchstens einen m'-markierten Pfeil enthält. Aus der Definition erkennt man:

Ist TIEF [v] = NUMMER [v], so ist für jede Ecke w aus der starken Zusammenhangskomponente von v NUMMER [v] $\leq$ TIEF [w] $\leq$ NUMMER [w] und w von v aus auf einem Weg erreichbar, der ausschließlich aus m-markierten Pfeilen besteht.

Das ergibt folgenden

Algorithmus 5.3.

Name:	Starke Zusammenhangskomponente – „depth-first search"
Voraussetzung:	G ist ein endlicher Graph, der durch eine eckenorientierte Liste (jeweils ein Keller K_j für die Indizes der Nachfolger von v_j) gegeben ist; E ist ein Keller für Indizes von markierten Ecken; NUMMER und TIEF sind Felder der Länge $n = \|V\|$; ganzzahlige Variable v, w, i;
Startbedingung:	NUMMER [i] := TIEF [i] := 0 für $i = 1(1)n$; $v := 1$; $i := 0$; STRENGZUSK (v);
Iteration: (rekursive Prozedur)	TIEF (v) := NUMMER (v) := i := $i+1$; kellere v im Eckenkeller E; FOR w aus dem Eckenkeller K_v DO

```
BEGIN
   IF NUMMER [w] = 0 THEN
      BEGIN comment „(v, w) wird m-markierter Pfeil";
         STRENGZUSK (w);
            TIEF [v] := min (TIEF [v], TIEF [w]);
      END
```

```
            ELSE IF NUMMER [w] < NUMMER [v] THEN
              BEGIN comment „(v, w) wird m'-markierter Pfeil";
                IF w im Eckenkeller E THEN
                  TIEF [v]: = min (TIEF [v], NUMMER [w]);
            END;
          END;
        IF (TIEF [v] = NUMMER [v]) THEN
          BEGIN comment „v ist die Wurzel von ZK (v)";
              FOR w = <E> WHILE NUMMER [w] ≥
              ≥ NUMMER [v] DO
                  entkellere w von E;
                  comment „w ist aus ZK (v)";
            END;
          i: = 0;
          Eckenkeller E leeren;
          FOR w aus V DO IF w bislang nicht markiert
          THEN STRENGZUSK (w);
```

Abbruchbedingung: alle Ecken von G wurden markiert;

Ergebnis: vor dem Leeren des Kellers E für die nächste Iteration stehen darin die Indizes der Elemente der ermittelten starken Zusammenhangskomponente.

Beispiel:

‚depth-first search' (DFS) mit der Eckenfolge: v_1, v_3, v_8, v_5, v_4, v_2, v_6, v_7; die m-markierten Pfeile sind stark hervorgehoben, die m'-markierten Pfeile sind gestrichelt, alle übrigen Pfeile strichpunktiert:

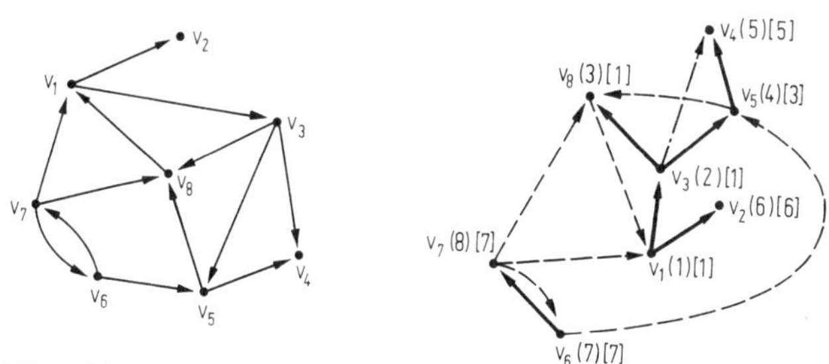

Figur 5-3

Bei der rechten Figur sind die neuen Eckennummern (NUMMER [v]) in runden Klammern, TIEF [v] in eckigen Klammern notiert. Man erkennt folgende starke Zusammenhangskomponenten:

$ZK_1 = \{v_1, v_3, v_5, v_8\}$ mit Wurzel v_1 ,

$ZK_2 = \{v_2\}$ mit Wurzel v_2 ,

$ZK_3 = \{v_4\}$ mit Wurzel v_4 ,

$ZK_4 = \{v_6, v_7\}$ mit Wurzel v_6 .

Bemerkungen: Depth-first search kann ferner als Basisalgorithmus zur Bestimmung von Artikulationspunkten, Brücken und von bi-zusammenhängenden Komponenten [5.4], [5.10] sowie zur Bestimmung einer exakten Überdeckung der Pfeilmenge eines bi-zusammenhängenden Graphen mittels einfacher Wege unter zusätzlichen Nebenbedingungen [5.5] vorteilhaft eingesetzt werden; in allen erwähnten Fällen ist der Aufwand von der Größenordnung $O(|V|, |R|)$.

Mit $O(|V|)$ kann die Planarität eines Graphen festgestellt werden [5.5], [5.10]; darunter versteht man die Möglichkeit, einen Graphen ohne Überkreuzungen von Pfeilen in einer Zeichenebene darzustellen (vgl. S. 17); mit $O(|V| \log |V|)$ kann darüber hinaus die Frage nach der Isomorphie zweier planarer Graphen entschieden werden [5.10].

Abschließend wollen wir nochmals das Beispiel des **Labyrinths** aufgreifen; wir denken uns dabei das Labyrinth durch einen symmetrischen Graphen $G = (\underline{G}, \alpha, \omega)$ (im allgemeinen mit Parallelen) dargestellt; e_1 und e_n seien zwei ausgezeichnete Ecken („Eingang", „Ausgang"). Das Problem lautet dann: Man finde einen Weg von e_1 nach e_n – falls vorhanden; falls es keinen solchen Weg gibt, kehre man nach e_1 zurück.

Es existiert ein Markierungsalgorithmus, der dieses Problem löst [5.11]. Wir verwenden dazu eine Variable AKTUELL, welche die jeweils erreichte Ecke angibt sowie die Menge $M := R \cup \{*\}$ als Marken.

Algorithmus 5.4.

Name:	Labyrinth-Tarry
Voraussetzung:	$G = (\underline{G}, \alpha, \omega)$ ist ein symmetrischer Graph mit Pfeilmenge R; e_1 und e_n sind vorgegebene Ecken von G; $M := R \cup \{*\}$ ist eine Menge von Marken;
Startbedingung:	alle Elemente von $\underline{G}$ sind nicht markiert; AKTUELL $:= e_1$; e_1 wird mit $*$ markiert;
Iteration:	sei $e_i :=$ AKTUELL; suche einen nichtmarkierten Pfeil r mit Anfangsecke e_i und einer Endecke e_j, die nicht mit r markiert ist; ist e_j nicht markiert, so bestimme genau einen der parallelen Pfeile mit Anfangsecke e_j und Endecke e_i – etwa r' – und

markiere e_j mit r' und r mit $*$;
ist dagegen e_j markiert, so markiere r mit $*$;
setze AKTUELL: $= e_j$;
existiert kein Pfeil r der gesuchten Art, so markiere einen Pfeil r mit Anfangsecke e_i und Endecke e_j, die mit r markiert ist, mit $*$ und setze AKTUELL: $= e_j$;

Abbruchbedingung: e_n ist markiert oder
es existiert kein Pfeil, der die Voraussetzungen der Iteration erfüllt;

Ergebnis: ist e_n markiert, so definiert die Menge aller markierten Pfeile einen Pfeilweg von e_1 nach e_n;
andernfalls existiert kein Pfeilweg von e_1 nach e_n.

Bemerkungen:

a) Der Algorithmus benötigt höchstens $|R|$ Iterationen.
b) Identifiziert man jeweils Paare inverser Pfeile mit einer in beiden Richtungen durchlaufbaren Kante, so läßt sich die Grundidee des Algorithmus kurz so formulieren:
   (1) durchlaufe eine Kante niemals mehrfach in gleicher Richtung,
   (2) durchlaufe die Kante, längs derer man erstmals zu einer Ecke e gelangte, erst dann wieder, wenn bei e keine andere Wahl existiert.

Bricht der Algorithmus ab, weil kein Pfeil die Voraussetzungen der Iteration erfüllt, so hat der *Beweis* zu zeigen:

(1) e_1 ist aktuelle Ecke (d. h. AKTUELL $= e_1$),
(2) es existiert kein Weg von e_1 nach e_n.

Wäre bei Abbruch die Ecke e aktuell und $e \neq e_1$, $e \neq e_n$, ferner k ($k \geq 1$) die Anzahl des Auftretens von e als aktuelle Ecke im gesamten Markierungsprozeß, so folgt: es sind genau k Pfeile mit Endecke e und genau $k-1$ Pfeile mit Anfangsecke e markiert. Wegen der Symmetrie von G aber ist der Außengrad von e mit dem Innengrad von e identisch, so daß ein Pfeil mit Anfangsecke e existieren muß, der nicht markiert ist und einen weiteren Iterationsschritt erlaubt. Bei Abbruch ist daher e_1 aktuelle Ecke und alle mit e_1 inzidenten Pfeile sind markiert.

Sei nun M_1 die Menge der bei Abbruch markierten Ecken und ohne Einschränkung $e_1, e_2, \ldots, e_k$ die Reihenfolge, in der diese Ecken erstmals markiert wurden.

Ist nun e_q ($1 < q \leq k$) die in dieser Reihenfolge erste Ecke, welche bei Abbruch mit nicht markierten Pfeilen inzidiert, und ist e_q mir r markiert, so gilt: r ist nicht markiert, seine Endecke sei e_p; nun ist $p < q$ wegen der vorausgesetzten Reihenfolge, also e_p mit einem nicht markierten Pfeil inzident im Widerspruch zur Voraussetzung. Daher sind bei Abbruch alle mit markierten Ecken inzidente Pfeile markiert.

Wäre nun w ein Pfeilweg von e_1 nach e_n, $s(w)=[e_1=e_{j1}, e_{j2}, \ldots, e_{jk}=e_n]$ seine Spur und e_{js} die in dieser Reihenfolge letzte markierte Ecke, so wäre e_{js+1} nicht markiert, insbesondere auch kein Pfeil mit Anfangsecke e_{js} und Endecke e_{js+1}, also e_{js} als markierte Ecke inzident mit einem nicht markierten Pfeil im Widerspruch zu obiger Feststellung.

Existiert ein Weg von e_1 nach e_n im Labyrinth, so liegt die Frage nach dem *kürzesten Weg* von e_1 nach e_n nahe. Dieses Problem löst der folgende Markierungsalgorithmus für einen ohne Einschränkung einfachen Graphen $G=(V, R)$. Wir verwenden dazu eine „Schlange" („queue") S als linearen Hilfsspeicher für markierte Ecken; $<S>$ bezeichne den Schlangenkopf, $[S]$ den Schlangenschwanz. Günstigste Speicherungsform für G ist eine eckenorientierte Liste oder n Eckenkeller K_j für die direkten Nachfolger jeder Ecke v_j $(j=1, \ldots, n)$.

Algorithmus 5.5.

Name: FIFO-Markierungsalgorithmus

Voraussetzung: $G=(V, R)$ ist ein einfacher Graph mit n Ecken, der durch eine eckenorientierte Liste (jeweils ein Keller K_j für die Indizes der Nachfolger von v_j) gegeben ist;
$M:=\{1, \ldots, n\}$ ist eine Menge von Marken;
S ist eine Schlange mit maximal n Speicherplätzen;
MARKE ist ein Feld der Länge n;

Startbedingung: MARKE [1]: = 1; MARKE [i]: = 0 für $i=2(1)n$;
$<S>:=[S]:=1$;

Iteration: FOR (j aus $K_{<s>}$ und MARKE [j] = 0) DO
BEGIN MARKE [j]: = $<S>$;
$[S]:=j$;
END;
Lösche $<S>$;

Abbruchbedingung: v_n ist markiert (MARKE [n] $\neq$ 0) oder
Schlange S ist leer.

Ergebnis: ist S bei Abbruch leer, so ist v_n nicht von v_1 aus erreichbar;
ist v_n markiert, so ist

$$w'=(1, \ldots, \text{MARKE [MARKE } [n]], \text{MARKE } [n], n)$$

die Folge der Eckenindizes der Spur eines kürzesten Weges von v_1 nach v_n, die abgebrochen wird, sobald erstmals 1 als Index auftaucht.

Bemerkungen:

a) Der Algorithmus durchsucht mit dem **First-In-First-Out**-Prinzip die Nachfolgermengen von Ecken; ist also v_i vor v_j im Markierungsprozeß erreicht worden, so werden die direkten Nachfolger von v_i vor denen von v_j markiert, sofern sie bislang nicht markiert wurden.

b) Der FIFO-Markierungsalgorithmus kann in leicht modifizierter Form mit Vorteil bei der Bestimmung strömungsvergrößernder Ketten bei Strömungsproblemen eingesetzt werden (vgl. S. 117).

Suchstrategien in monoton bewerteten Graphen

Sei $G=(\underline{G}, \alpha, \omega)$ ein beliebiger Graph und β eine Abbildung von $\underline{G}$ in eine vollständig geordnete Menge M mit folgender Eigenschaft:

(∗) ist $w=(e_1, \ldots, e_m)$ $(m \geq 1)$ eine beliebige Folge (vgl. S. 29) in G, so ist

$$\beta(e_1) \leq \beta(e_2) \leq \ldots \leq \beta(e_m).$$

β heißt dann eine *monotone* (genauer: monoton wachsende) Bewertung von G; $B=(G, \beta)$ ist ein monoton bewerteter Graph.

Bemerkung: Wir beschränken uns desweiteren auf monoton wachsende Bewertungen; monoton fallende Bewertungen lassen sich durch Übergang zu einem inversen Graphen G^{-1} auf diesen Fall zurückführen.

Aus der Eigenschaft (∗) folgt unmittelbar, daß β längs jedes Kreises, also insbesondere auf jeder starken Zusammenhangskomponente konstanten Wert aufweist. Der kanonische Homomorphismus ϕ von G auf seinen reduzierten Graphen $\hat{G}$ (vgl. S. 48) definiert also in natürlicher Weise eine monotone Bewertung $\hat{b}$ von $\hat{G}$: $\hat{b}=b \circ \phi^{-1}$.

Bei der Suche nach Elementen mit minimalen oder maximalen Werten in G reicht daher die Betrachtung des reduzierten Graphen $\hat{G}$ von G mit der monotonen Bewertung $\hat{b}$ aus. Wir beschränken uns deshalb zunächst auf den Fall, daß G *kreisfrei* ist. Bezüglich $B=(G, b)$ taucht dann unmittelbar folgendes Problem auf:

(1) Man bestimme in G eine (alle) Ecke(n) $v \in V$ mit maximalem bzw. minimalem „Wert" $\beta(v)$ („maximale", „minimale" Ecken).

Wir beschränken uns hier auf die Suche nach maximalen Ecken; werden zunächst minimale Ecken gesucht, so betrachten wir den inversen Graphen G^{-1} und die inverse Ordnungsrelation auf M und bestimmen in G^{-1} bezüglich der neuen Ordnung maximale Ecken. Wir bezeichnen mit $W(G):=$ $=\{v \in V \mid g^-(v)=0\}$ die *Wurzelmenge* von G; ihre Elemente nennen wir *Wurzeln*.

Entsprechend bezeichnen wir mit $B(G):=\{v \in V \mid g^+(v)=0\}$ die *Blättermenge* von G; ihre Elemente heißen *Blätter*.

Die folgende Figur zeigt ein Beispiel mit $M = \mathbb{R}$; die Pfeilwerte sind unterdrückt, die Wurzeln mit □, die Blätter mit ○ gekennzeichnet:

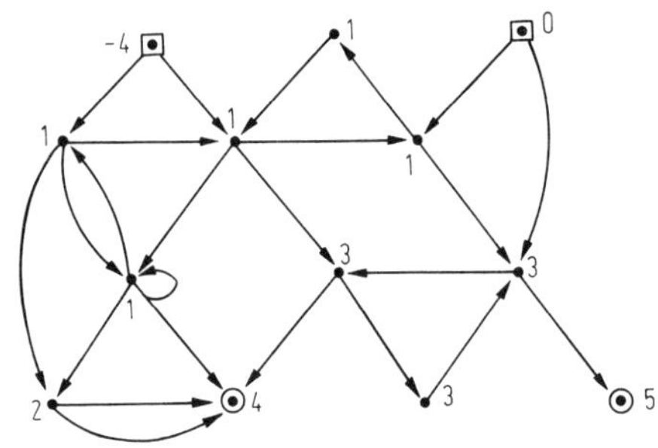

Figur 5-4

Wegen (∗) folgt unmittelbar, daß wir uns bei der Suche nach einem maximalen Element auf die Blättermenge beschränken können. Umgekehrt ist sofort klar, daß jedes Verfahren zur Bestimmung einer maximalen Ecke mindestens *alle* Blätter betrachten muß, um die Maximalität einer Ecke sicherzustellen.

Da die Feststellung der Blättermenge bei allen Speicherungsformen eines Graphen höchstens $|R|$ Operationen erfordert, ist die Zahl der erforderlichen elementaren Operationen sowohl zur Bestimmung eines Blattes mit maximalem Wert als auch zur Bestimmung eines Blattes mit minimalem Wert unter allen Blättern durch $O(|V|, |R|)$ beschränkt. Hierbei wird die explizite Speicherung aller Ecken und ihrer Werte vorausgesetzt.

Häufig ist diese „Weitsicht" über den Graphen und dessen Bewertung nicht gewährleistet. Vielmehr kann in vielen praktischen Problemstellungen dem Betrachter eine gewisse „Kurzsichtigkeit" attestiert werden; sie manifestiert sich darin, daß ihm nur ein bewerteter Teilgraph von G bekannt ist und eine Ausweitung der Kenntnisse über $B = (G, b)$ nur „lokal" möglich ist, genauer: Ist $\beta(v)$ bislang nicht bekannt, so ist $\beta(v)$ erst dann erkennbar, wenn es einen direkten Vorgänger v_0 von v gibt, dessen Wert $\beta(v_0)$ bereits bekannt ist.

Unter dieser Voraussetzung betrachten wir nun beispielhaft die Suche nach einem minimalen Element in der Blättermenge, wie sie bei vielen Problemstellungen (etwa bei „Branch-and-Bound"-Verfahren; vgl. S. 177) besonders wichtig ist.

Zunächst schildern wir einen Algorithmus zur Lösung dieses Problems, der den Graphen G – gemessen an den Werten – **„horizontal"** durchsucht. Markiert sind dabei anfangs genau die Ecken, deren Wert bekannt ist; im einfachsten Fall ist genau die Wurzelmenge markiert. (∞ sei ein Element, das „größer" ist als alle Elemente von M, $*$ ein Element mit $* \notin V$).

Algorithmus 5.6.

Name:	Horizontalsuche
Voraussetzung:	$G=(V, R)$ ist kreisfreier Graph mit Wurzelmenge $W(G)$, Blättermenge $B(G)$; Variable MIN; Variable AKTUELL; Marken $M=\{m, m'\}$;
Startbedingung:	mindestens alle Wurzeln sind m-markiert; MIN: $=\infty$; AKTUELL: $=*$;
Iteration:	markiere mit m' jede m-markierte Ecke v mit $\beta(v)\geq$ MIN; bestimme unter den m-markierten Ecken eine Ecke v_0 mit minimalem Wert $\beta(v_0)$; ist v_0 aus $B(G)$, so setze AKTUELL: $=v_0$, MIN: $=\beta(v_0)$ und markiere v_0 mit m'; ist v_0 nicht aus $B(G)$, so markiere alle direkten Nachfolger von v_0, die nicht bereits m'-markiert sind, mit m und v_0 mit m';
Abbruchbedingung:	die Menge der m-markierten Ecken ist leer;
Ergebnis:	AKTUELL enthält ein minimales Blatt, MIN den zugehörigen Wert.

Bemerkung: Ist anfangs bereits ein Blatt $v\in B(G)$ m-markiert, so kann die Startbedingung modifiziert werden zu: MIN: $=\beta(v)$; AKTUELL: $=v$.
Zum *Beweis* der Tatsache, daß dieser Algorithmus ein Blatt v_0 mit $\beta(v_0)=$ $=\min\{\beta(v)\,|\,v\in B(G)\}$ liefert, sei kurz erwähnt:

(1) Bei jeder Iteration wird eine Ecke m'-markiert und m'-markierte Ecken bleiben im Prozeß m'-markiert, so daß die Horizontalsuche spätestens nach $|V|$ Iterationen abbricht.

(2) Sei bei Abbruch AKTUELL $=v_0$; v_0 ist nach Art der Wertzuweisung für AKTUELL ein Blatt.
v_0 ist darüber hinaus ein „minimales" Blatt; gäbe es ein Blatt v mit $\beta(v)<\beta(v_0)$, so existiert eine Folge $w=(v_1, e_1, v_2, e_2, \ldots, e_m, v_{m+1})$ mit $v_1\in W(G)$ und $v_{m+1}=v$. Sei v_q die bei dieser Reihenfolge letzte Ecke, die im Laufe der Horizontalsuche m'-markiert wurde. Nach Voraussetzung ist $q<m+1$, denn v ist wegen $\beta(v)<\beta(v_0)$ nicht mit m' markierbar, da MIN im Laufe der Horizontalsuche monoton fallende Werte annimmt. Nun ist aber $\beta(v)\geq\beta(v_q)$ gemäß (*) und $\beta(v_q)\geq\beta(v_0)$ wegen der m'-Markierung von v_q, also $\beta(v)\geq\beta(v_0)$ im Widerspruch zur Voraussetzung. Die gleiche Überlegung zeigt auch, daß bei Abbruch des Verfahrens der Wert von AKTUELL nicht gleich $*$ sein kann.

Das folgende **„vertikale“** Suchverfahren skizzieren wir mit rekursivem Prozeduraufruf.

Algorithmus 5.7.

Name: Gestutzte Vertikalsuche

Voraussetzung: wie bei A.5.6.;

Startbedingung: mindestens alle Wurzeln sind m-markiert;
MIN: $=\infty$;
AKTUELL: $=*$;

Iteration:

```
A1   wähle eine m-markierte Ecke v;
       PROCEDURE NACHFOLG (v);
         BEGIN
A2         IF ein unmarkierter (direkter) Nachfolger w
             von v existiert
A3       THEN BEGIN IF β (w) ≥ MIN THEN markiere w
             mit m'
A4                   ELSE BEGIN markiere w mit m;
                               NACHFOLG (w);
                            END
                 END
A5       ELSE BEGIN IF β (v) < MIN und v ∈ B(G)
             THEN BEGIN   MIN: = β (v);
                          AKTUELL: = v;
                      END;
A6             markiere v mit m';
             END;
         END;
A7   markiere mit m' alle m-markierten Ecken v mit
     β (v) ≥ MIN;
```

Abbruchbedingung: die Menge der m-markierten Ecken ist leer;

Ergebnis: wie bei A.5.6.

Bemerkung: Mit diesem Algorithmus versucht man, möglichst rasch auf Blätter zu stoßen; gestutzt nennen wir dieses Suchverfahren deshalb, weil die Suche längs eines Weges in G jeweils gestoppt wird, wenn der aktuell beste Wert MIN erreicht oder überschritten wird. Für die Auswahl einer m-markierten Ecke in A1 werden häufig zusätzliche Bedingungen formuliert.

Zum *Beweis* des behaupteten Ergebnisses sei folgendes bemerkt:

(1) Es können nur bislang unmarkierte Ecken mit m markiert werden (A2, A4).

(2) In jeder Iteration wird mindestens eine bislang unmarkierte oder m-markierte Ecke mit m' markiert; eine m'-markierte Ecke bleibt m'-markiert; daher bricht der Algorithmus spätestens nach $|V|$ Iterationen ab.

(3) Gemäß A 4 ist AKTUELL stets ein Blatt (oder $*$).

(4) Ist v m'-markiert, so gilt: $\beta(v) \geq \text{MIN}$ (bei Abbruch) (A 7) oder
v besitzt nur markierte Nachfolger (A 5, A 6).

Wäre nun v ein Blatt mit $\beta(v) < \text{MIN}$ (bei Abbruch), so existiert mindestens ein Weg w mit Spur $s(w) = [v_{j1}, v_{j2}, \ldots, v_{jk+1} = v]$ in G mit einer anfangs markierten Anfangsecke v_{j1}. v ist im Laufe des Suchprozesses zu keiner Zeit m-markiert oder m'-markiert; sei nun v_q $(1 \leq q < k+1)$ die in der obigen Reihenfolge letzte Ecke, die markiert wurde. Dann ist v_{q+1} ein unmarkierter Nachfolger von v_q und daher v_q m-markiert, die Menge der m-markierten Ecken also nicht leer im Widerspruch zur Voraussetzung.

Bemerkungen:

a) Ist G *nicht kreisfrei* und existiert mindestens ein Blatt in G, so kann man die „Horizontalsuche" auch direkt auf $B = (G, b)$ anwenden und zeigt leicht, daß wiederum ein „minimales" Blatt bestimmt wird, sofern es von den bei Start m-markierten Ecken aus erreichbar ist. Existiert kein Blatt in G, so bricht die Horizontalsuche nach höchstens $|V|$ Schritten mit AKTUELL $= *$ ab.

b) Die gleichen Feststellungen gelten auch für die gestutzte Vertikalsuche.

c) Über weitere Suchstrategien im Zusammenhang mit „Branch-and-Bound"-Verfahren sei auf [5.6], [5.7], [5.8] verwiesen.

d) Algorithmen mit *Ummarkierungen* spielen eine zentrale Rolle in der Betriebsmitteleinsatzplanung bei Rechnersystemen. Vgl. [5.3], [5.9]. Einfachen Typen dieser Art werden wir auch im folgenden Kapitel bei der Bestimmung kürzester Wege und bei der Bestimmung von Strömungen (Kap. 8) begegnen.

6. Ränge, Kreise, Zyklen

Bei dem in Kap. 3 geschilderten Umrüstproblem ist noch die Frage offengeblieben, in welcher Reihenfolge die starken Zusammenhangskomponenten durchlaufen werden müssen. Wir wollen dieses Problem jetzt allgemeiner aufgreifen und algorithmisch lösen.

Sei $G=(V, R, \alpha, \omega)$ wieder ein beliebiger (endlicher) Graph; ist $v \in V$ und $W(v)$ die Menge aller Wege in G mit Endecke v, so heißt

$$\rho(v) = \begin{cases} \sup \{1(w) \mid w \in W(v)\} & , \text{falls } W(v) \neq \emptyset \\ 0 & \phantom{, \text{falls }} W(v) = \emptyset \end{cases}$$

der *Rang der Ecke v*.

Man erkennt unmittelbar:

a) Der Rang $\rho(v)$ einer Ecke v ist gleich 0 genau dann, wenn die Vorgängermenge $V(v)$ leer ist.

b) $\rho(v)=\infty$ gilt genau dann, wenn es eine Folge von Wegen aus $W(v)$ gibt, deren Längen nicht beschränkt sind; ist insbesondere w ein Weg dieser Folge mit $1(w) > |V|$, so besitzt w einen Kreis als Teilweg, denn jeder elementare Weg hat höchstens die Länge $|V|$.

c) Ist G kreisfrei, so ist $\rho(v) \leq |V|-1$ für jede Ecke $v \in V$.

Beispiel:

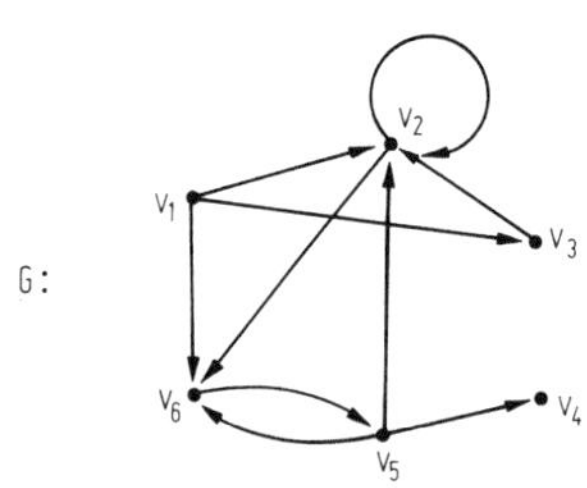

Ränge:

$\rho(v_1)=0$,

$\rho(v_3)=1$,

$\rho(v_2)=\rho(v_4)=\rho(v_5)=\rho(v_6)=\infty$.

Figur 6-1

Wir wollen zunächst für *kreisfreie* Graphen – etwa für den reduzierten Graphen des Umrüstproblems – einen Algorithmus zur Rangbestimmung schildern. Das Prinzip des Algorithmus läßt sich etwa folgendermaßen skizzieren: wir ordnen jeder Ecke zunächst den provisorischen Rang $\rho'(v)=0$ zu; danach durchlaufen wir in geeigneter Weise die Pfeilmenge R und prüfen für einen Pfeil $r \in R$, ob $\rho'(\alpha(r)) < \rho'(\omega(r))$ gilt.

Ist dies nicht der Fall, so setzen wir $\rho'(\omega(r)) := \rho'(\alpha(r)) + 1$. Ergibt ein vollständiger Durchlauf der Pfeilmenge keine Änderung der provisorischen Ränge, so ist $\rho = \rho'$.

Algorithmus 6.1.

Name: Ford-Rangbestimmung in kreisfreien Graphen

Voraussetzung: $G=(V, R, \alpha, \omega)$ ist ein *kreisfreier* Graph, der durch eine Standardliste (2.1.) oder – bequemer – durch eine eckenorientierte Liste (2.2.) gegeben ist;
$V=\{v_1, \ldots, v_n\}$, $N(v_j)$ ist die Menge der (direkten) Nachfolger von v_j;
Feld RANG der Länge n;
Feld AKTUELL der Länge n;
Variable i, j;

Startbedingung: RANG [i]: $=0$ für $i=1(1)n$;
AKTUELL [i]: $=1$ für $i=1(1)n$;
wähle eine Ecke $v_i \in V$;

Iteration:
```
FOR v_j ∈ N(v_i) DO
          BEGIN IF RANG [j] ≤ RANG [i] THEN
                    BEGIN RANG [j]: = RANG [i] + 1;
                              AKTUELL [j]: = 1;
                    END;
          END;
AKTUELL [i]: = 0;
wähle i ∈ {j | AKTUELL [j] = 1};
```

Abbruchbedingung: AKTUELL [j]: $=0$ für $j=1(1)n$;

Ergebnis: RANG [i] $=\rho(v_i)$ für $i=1(1)n$.

Zum *Beweis* des behaupteten Ergebnisses sei festgestellt:

(1) In jeder Iteration wird eine „aktive" Ecke v_i – d. h. eine Ecke v_i mit AKTUELL [i] $=1$ – „inaktiv" (das bedeutet AKTUELL [i]: $=0$).

(2) Wird eine „inaktive" Ecke v_j wieder „aktiv", so wird in der gleichen Iteration der Wert von RANG [j] um mindestens 1 erhöht.

(3) Ist zu irgendeinem Zeitpunkt RANG $[j]=k>0$, so existiert ein Weg in G mit Endecke v_j und Länge k.
Die Behauptung ist trivial für $k=1$; sie sei bereits bewiesen für $k\geq 1$; ist nun RANG $[j]=k+1$, so existiert ein Vorgänger v_i von v_j, der zu der letzten Wertzuweisung für RANG $[j]$ Veranlassung gab; für v_i gilt in der zugehörigen Iteration: RANG $[i]=k$.
Also existiert nach Induktionsvoraussetzung ein Weg w der Länge k mit Endecke v_i und wegen $v_j\in N(v_i)$ folgt unmittelbar die Behauptung.

(4) Da G kreisfrei ist, sind die Längen aller Wege durch $|V|-1$ nach oben beschränkt. Dann aber folgt mit 1. und 2.: das Verfahren bricht spätestens nach $(|V|-1)^2$ Iterationen ab.

(5) Ist nun $w=(r_1, \ldots, r_k)$ ein Weg in G mit Endecke v_j und Länge k, so gilt bei Abbruch des Verfahrens: RANG $[j]\geq k$. Das gilt offensichtlich für $k=1$, da $\alpha(r_1)$ zu Beginn des Verfahrens „aktiv" ist.
Sei also die Behauptung bewiesen für alle Weglängen kleiner gleich $k-1$ $(k>1)$. Dann ist $w':=(r_1, \ldots, r_{k-1})$ ein Weg der Länge $k-1$, also mit $v_i:=\omega(r_{k-1})$ RANG $[i]\geq k-1$. Nun ist $v_j\in N(v_i)$ und daher wird in derjenigen Iteration, in der v_i letztmalig aktiv ist, die Wertzuweisung RANG $[j]:=$ RANG $[i]+1$ ausgeführt; ferner bleibt RANG $[i]$ desweiteren unverändert. Dann aber ist bei Abbruch: RANG $[j]\geq k$.

Bemerkung: Da in jeder Iteration höchstens $4|V|$ elementare Operationen ausgeführt werden, benötigt der Algorithmus A.6.1. größenordnungsmäßig höchstens $O(|V|^3)$ elementare Operationen.

Ist nun G nicht kreisfrei, so führt eine einfache Modifikation von A.6.1. zur Berechnung der Ränge.

Algorithmus 6.2.

Name:	Ford-Rangbestimmung
Voraussetzung:	G ist ein beliebiger endlicher Graph; sonst wie bei A.6.1.;
Startbedingung:	wie bei A.6.1.;
Iteration:	wie bei A.6.1. bis zum Auswahlschritt; wähle $i\in\{j\,|\,\text{AKTUELL}[j]:=1 \text{ und RANG } [j]\leq n\}=:K$;
Abbruchbedingung:	K ist leer;
Ergebnis:	$\rho(v_i)=\begin{cases}\text{RANG }[i] & \text{, falls RANG }[i]<n\\ \infty & \text{RANG }[i]\geq n\,.\end{cases}$

Bemerkungen:

(1) G ist genau dann kreisfrei, wenn RANG $[i]\leq n-1$ für jedes i gilt.

(2) Der Algorithmus A.6.2. bricht nach größenordnungsmäßig höchstens $O(|V|^3)$ elementaren Operationen ab.

(3) Geht man von der Adjazenzmatrix $A(G)$ eines einfachen Graphen G aus, so läßt sich eine naheliegende Modifikation von A.6.2. folgendermaßen skizzieren: man bestimme die Spaltensummen $a_j^{(0)}$ von $A^{(0)} := A(G)$, setze $V_0 := \{v_j \in V \mid a_j^{(0)} = 0\}$ und $\rho(v) := 0$ für $v \in V_0$.

Dann betrachte man den durch $V - V_0$ induzierten Subgraphen von G und die Spaltensummen $a_j^{(1)}$ der zugehörigen Adjazenzmatrix $A^{(1)}$; man setze $V_1 := \{v_j \in V \mid a_j^{(1)} = 0\}$ und $\rho(v) := 1$ für $v \in V_1$ usw. Ist $V_{k_0} = \emptyset$ für ein k_0, so breche man ab. Es gilt:

$$\rho(v) = \begin{cases} k, & \text{falls } v \in V_k \text{ und } k < k_0 \\ \infty & \text{sonst}. \end{cases}$$

Das Verfahren benötigt größenordnungsmäßig $O(|V|^3)$ elementare Operationen.

(4) Ein weiteres „Matrixverfahren" liefert der in Kapitel 7.1. aufgeführte Tripelalgorithmus zur Bestimmung der „Entfernungsmatrix" D eines Graphen mit „Kostenmatrix" C. Mit $C = -A(G)$ und größenordnungsmäßig $O(|V|^3)$ elementaren Operationen lassen sich die Ränge aller Ecken bestimmen.

(5) Ist $\rho' : V \to \mathbb{Z}_+$ eine „Eckenbewertung" von V mit nichtnegativen ganzen Zahlen und ist $\rho' \leq \rho$ (d. h. $\rho'(v) \leq \rho(v)$ für jedes $v \in V$), so kann man die Algorithmen A.6.1. und A.6.2. mit RANG $[i] := \rho'(v_i)$ starten.

Diese Bemerkung ist insbesondere dann nützlich, wenn man zu einem Obergraphen übergeht und die Ränge im ursprünglichen Graphen bereits bekannt sind.

Eine effizientere Bestimmung der Ränge – nämlich mit $O(|V|, |R|)$ elementaren Operationen (vgl. [6.6]) – ist folgendermaßen möglich.

Wir wollen zunächst zur Vereinfachung der Darstellung voraussetzen, daß G kreisfrei ist und keine parallelen Pfeile aufweist; ferner benötigen wir folgendes

Lemma 6.1.: Ist v eine Ecke eines Graphen G mit $\rho(v) < \infty$, so existiert eine Ecke v' in G mit $\rho(v') = 0$.

Wegen $\rho(v) < \infty$ wird nämlich das Supremum über die (ganzzahligen) Längen der Wege $l(w)$ aus $W(v)$ angenommen; es existiert also ein Weg w in G mit $\omega(w) = v$ und $l(w) = \rho(v)$. Dann aber ist $\rho(\alpha(w)) = 0$, denn augenscheinlich ist $\rho(v) \geq \rho(\alpha(w)) + l(w)$.

Korollar 6.2.: Für jeden kreisfreien Graphen G mit nichtleerer Eckenmenge gilt:

1. G besitzt eine Ecke v' ohne Vorgänger und eine Ecke v'' ohne Nachfolger.

2. Besitzt G genau eine Ecke v' ohne Vorgänger, so sind alle anderen Ecken von v' aus erreichbar.
3. Besitzt G genau eine Ecke v'' ohne Nachfolger, so ist v'' von allen anderen Ecken aus erreichbar.

Beweis: 1. Nach Bemerkung c) auf Seite 88 ist $\rho(v) \leq |V| - 1$ für jedes $v \in V$ und daher folgt der erste Teil von a) mit Lemma 6.1.; sei ferner $\rho(v'') := \max\{\rho(v) \mid v \in V\}$; dann hat v'' keinen Nachfolger in G.

2. Ist nun wieder w ein längster Weg aus $W(v)$, so ist notwendigerweise $\rho(\alpha(w)) = 0$, also $\alpha(w) = v'$ und daher v von v' aus erreichbar.

3. Besitzt G genau eine Ecke v'' ohne Nachfolger, so ist ein zu G inverser Graph G' kreisfrei und besitzt genau eine Ecke – nämlich v'' – ohne Vorgänger. Nach 2. ist daher jede Ecke in G' von v'' aus erreichbar, daher v'' von jeder Ecke in G aus erreichbar.

Algorithmus 6.3.

Name: Rang – Topologisches Sortieren

Voraussetzung: $G = (V, R)$ ist ein kreisfreier einfacher Graph, der durch eine Standardliste (oder eckenorientierte Liste) gegeben sei;
n sei die Anzahl seiner Ecken;
VORZAHL ist ein Feld der Länge n;
$K_1, \ldots, K_n$ sind Keller mit jeweils maximal $n-1$ Elementen;
E ist ein Keller mit maximal n Elementen („Eckenkeller“);
RANG ist ein Feld der Länge n; Variable i, j, d;

Startbedingung:

```
VORZAHL [i]: = RANG [i]: = 0 für i = 1(1)n;
FOR r = (v_i, v_j) ∈ R DO
      BEGIN   VORZAHL [j]: = VORZAHL [j] + 1;
              <K_i> : = j;
      END;
FOR i = 1(1)n DO
      IF VORZAHL [i] = 0 THEN <E> : = i;
```

Iteration:

```
    i: = <E> ; entkellere i;
    FOR j ∈ K_i DO
          BEGIN VORZAHL [j]: = VORZAHL [j] − 1;
                    IF VORZAHL [j] = 0 THEN <E> : = j;
(*)                 IF RANG [j] < d: = RANG [i] + 1
                       THEN RANG [j]: = d;
          END;
```

Abbruchbedingung: E ist leer;

Ergebnis: RANG [i] stellt den Rang ρ (v_i) der Ecke v_i dar.

Bemerkungen:

(1) In der *Startbedingung* werden zunächst bei einmaligem Durchlaufen der Pfeilmenge die Anzahl der Vorgänger jeder Ecke v_i (VORZAHL [i]) bestimmt und eine eckenorientierte Liste aufgebaut, wobei die Indizes der Nachfolger von v_i im Keller K_i gespeichert werden; ferner werden alle Ecken ohne Vorgänger in E gekellert; sie haben den Rang 0.
In der *Iteration* wird eine Ecke aus E entkellert und für jeden Nachfolger dieser Ecke erfolgt die Rangabfrage (*) sowie die Reduzierung der Vorgängerzahl um 1, bis eine Ecke keinen Vorgänger mehr aufweist und daher in E gekellert wird.

(2) Der Algorithmus bricht wegen Korollar 6.2. nach $|V|$ Iterationen ab; er benötigt insgesamt $O(|V|, |R|)$ elementare Operationen. Vgl. auch [6.4, S. 259].

Ist G ein beliebiger endlicher Graph ohne parallele Pfeile (bei Graphen mit parallelen Pfeilen bedarf es zur Auswahl je eines Repräsentanten für parallele Pfeile genau $2|R|$ elementare Operationen), so lassen sich mit $O(|V|, |R|)$ Operationen im Rahmen einer „depth-first search" die starken Zusammenhangskomponenten bestimmen (vgl. A.5.3. auf Seite 78).
Ist nun K_i eine starke Zusammenhangskomponente und K_i nicht einelementig, so haben alle von einer Ecke $v^{(1)} \in K_i$ erreichbaren Ecken den Rang ∞. Sei $V^{(1)}$ die Menge der von $v^{(1)}$ in G erreichbaren Ecken und $G^{(1)} = (V^{(1)}, R^{(1)}, \alpha^{(1)}, \omega^{(1)})$ der von $V^{(1)}$ induzierte Subgraph von G. Dann läßt sich bekanntlich $V^{(1)}$ mit genau $|R^{(1)}|$ elementaren Operationen bestimmen (vgl. A.5.1. auf Seite 75). Wir betrachten danach den durch $V - V^{(1)}$ induzierten Subgraphen G' von G und wiederholen das Verfahren für diesen Graphen G', den wir mit $O(|V^{(1)}|, |R^{(1)}|)$ elementaren Operationen aus G gewinnen können. Man erkennt leicht, daß insgesamt $O(|V|, |R|)$ elementare Operationen ausreichen, um die Ecken mit Rang ∞ zu bestimmen. Es verbleibt ein Restgraph $\tilde{G}$, der kreisfrei ist – falls nicht $\tilde{G}$ bereits der leere Graph ist.
Es folgt unmittelbar aus dieser Vorgehensweise mit Algorithmus A.6.3.

Satz 6.3.: Ist G ein endlicher Graph mit Eckenmenge V und Pfeilmenge R, so lassen sich die Ränge in G mit höchstens $O(|V|, |R|)$ elementaren Operationen bestimmen.

Eine Möglichkeit, die „depth-first search" direkt zur Rangbestimmung auszunutzen, findet der Leser in [6.6]; man benötigt dazu höchstens $O(|R|, |V|^2)$ elementare Operationen und häufig weniger Rechenaufwand als bei Algorithmus A.6.3.

Sei nun $G=(V, R, \alpha, \omega)$ wieder ein Graph ohne parallele Pfeile, der keine Kreise aufweist. Wir bestimmen die Ränge $\rho(v)$ für $v \in V$; für sie gilt:

$$0 \leq \rho(v) \leq |V|-1 .$$

Durchlaufen wir nun die Eckenmenge V von G in der Weise, daß wir zunächst die Ecken mit Rang 0, danach die Ecken mit Rang 1 usw. fortlaufend numerieren, so erhalten wir in natürlicher Weise einen zu G isomorphen Graphen $G'=(V', R', \alpha', \omega')$ mit $V'=\{1, \ldots, n\}$ und folgender Eigenschaft:

(*) ist $r' \in R'$, so folgt: $\alpha'(r') < \omega'(r')$.

Eine derartige Eckennumerierung nennt man eine *topologische Sortierung* von G. G' heißt ein topologisch sortiertes Bild von G.
Ein Vorteil dieser Darstellung ist offenkundig: die Adjazenzmatrix $A(G')$ weist Diagonalgestalt auf (d. h. $a_{ij}=0$ für $i>j$) und bedarf daher nur etwa der Hälfte des üblichen Speicherplatzes; die Zahl der bei „Matrixalgorithmen" benötigten Operationen reduziert sich entsprechend auf nahezu die Hälfte des üblichen Aufwandes.
Bemerkung: Bestimmen wir die Ränge im reduzierten Graphen $\hat{G}$ des Umrüstgraphen G (vgl. S. 47), so ergibt sich unmittelbar: Besitzt der Umrüstgraph p starke Zusammenhangskomponenten mit $p>1$, so existiert eine realisierbare Fertigungsfolge höchstens dann, wenn es in $\hat{G}$ eine Ecke mit Rang $p-1$ gibt. Jede realisierbare Fertigungsfolge durchläuft sukzessiv die starken Zusammenhangskomponenten in der Reihenfolge der Ränge in $\hat{G}$.

Wir wollen uns nun der **Bestimmung von Kreisen** in einem Graphen zuwenden. Ansätze dazu waren bereits zu erkennen bei Satz 3.6. oder bei der Bestimmung aller Ecken mit Rang ∞ (vgl. S. 93).
Wie bei dem zuletzt genannten Problem erweist sich „depth-first search", genauer Algorithmus A.5.3., als geeignete Basis zur Lösung unseres Problems. Da ein Kreis w nur Ecken genau einer starken Zusammenhangskomponenten berührt, reicht es aus, mittels A.5.3. diese Komponenten zu bestimmen und den jeweiligen Wurzelbaum einer starken Zusammenhangskomponente zu betrachten (vgl. auch Beispiel auf Seite 79). Jeder m'-markierte Pfeil bestimmt nach Satz 4.1.e) genau einen elementaren Zykel; insbesondere erzeugt jeder m'-markierte Pfeil, dessen Endecke die Wurzel v des Wurzelbaums darstellt, genau einen elementaren Kreis, der außer diesem Pfeil nur m-markierte Pfeile durchläuft. Merkt man sich also bei der depth-first search für jede Ecke den Vorgänger im Wurzelbaum T („Vater"), so erhält man mit maximal $l(w)+1$ Operationen den zugehörigen Kreis w. Daher kann man mit $O(|V|, |R|)$ elementaren Operationen in allen starken Zusammenhangskomponenten, die mehr

als eine Ecke besitzen, jeweils einen Kreis bestimmen. Will man alle elementaren Kreise, welche die Wurzel berühren, bestimmen, so hat man die Menge der Pfeile, deren Anfangsecke eine kleinere Nummer als deren Endecke aufweist, systematisch daraufhin zu untersuchen, ob einer der bislang bestimmten Kreise diese Ecken berührt und gegebenenfalls entsprechende Teilwege durch derartige (in der Figur 5-3 strichpunktierte) Pfeile substituiert.
„Eliminiert" man nun die Wurzel – d. h. betrachtet man den durch $V-\{v\}$ induzierten Subgraphen G' von G bzw. T' von T –, so zerfällt der Wurzelbaum T in k Wurzelbäume $T_1, \ldots, T_k$ $(k \geq 1)$, seine schwachen Zusammenhangskomponenten. Jede starke Zusammenhangskomponente von G' ist Teilmenge der Eckenmenge eines dieser Wurzelbäume, wie man aus den Eigenschaften der „depth-first search" leicht ableitet.
Daher berührt jeder Kreis, der nicht die Wurzel v berührt, höchstens die Ecken eines dieser Wurzelbäume T_i. Für T_i können wir nun wieder eine „depth-first search" ausführen und mit Algorithmus A.5.3. die starken Zusammenhangskomponenten bestimmen (wobei die Informationen aus der „depth-first search" für G häufig zur Reduzierung des Aufwandes beitragen). Durch Wiederholung des Verfahrens können dann alle elementaren Kreise in G bestimmt werden.
Bemerkungen:

(1) Benutzt man „Matrixalgorithmen" (z. B. A.3.1. oder den durch Satz 3.6. und Korollar 3.7. nahegelegten Algorithmus), so sind mindestens $O(|V|^2)$ elementare Operationen notwendig, um die Existenz von Kreisen auszuschließen, oder auch, um den starken Zusammenhang zu zeigen (vgl. [6.3]).

(2) Numeriert man die Pfeile eines Graphen G, etwa $R=\{r_1, \ldots, r_m\}$ und repräsentiert man einen Kreis w durch einen Vektor $z(w)=(z_1, \ldots, z_m)$, wobei z_i die Anzahl wiedergibt, mit welcher der Pfeil r_i von w durchlaufen wird, so kann man nach der maximalen Menge linear unabhängiger Kreise fragen; eine Menge von Kreisen heißt dabei linear unabhängig, wenn die zugehörigen Vektoren im gewöhnlichen Sinne linear unabhängig sind.
Eine maximale Menge linear unabhängiger elementarer Kreise heißt eine *Basis* der Kreise.
Ein stark zusammenhängender Graph G hat eine Basis von genau $|R|-|V|+1$ elementaren Kreisen, die man durch Bestimmung eines spannenden Wurzelbaums T mit Wurzel v und eines spannenden Wurzelbaums T' in einem zu G inversen Graphen mit gleicher Wurzel leicht bestimmen kann (vgl. [6.5], siehe auch [6.2]).

(3) Auf die Begriffe Kreismatrix, Kokreismatrix, Matroid sowie auf zugehörige Dualitätsaussagen bei planaren Graphen, wie sie besonders beim Schaltkreisentwurf von Bedeutung sind, wird hier nicht eingegangen; der Leser sei auf die knappe, aber instruktive Einführung bei [6.7] sowie auf [6.8] verwiesen.

Die **Bestimmung aller Zyklen** in einem Graphen G gestaltet sich recht einfach. Mit Algorithmus A.4.1. bestimmen wir einen spannenden Wald T im Graphen G, der p schwache Zusammenhangskomponenten haben möge ($p \geq 1$). Nach Satz 4.1.e) ergibt jeder Pfeil $r \in \underline{G} - \underline{T}$ genau einen elementaren Zykel; die Menge dieser Zykel ist offenbar (im Sinne der Definition der voranstehenden Bemerkung 2) linear unabhängig. Wir haben also mindestens $|R| - |V| + p$ linear unabhängige Zyklen in G. Umgekehrt weist man leicht nach, daß für einen Graphen mit p schwachen Zusammenhangskomponenten die Zahl der linear unabhängigen Zyklen die *zyklomatische* Zahl $\nu(G) := |R| - |V| + p$ nicht übersteigen kann (vgl. [6.1, Kap. 4]). Damit aber erzeugt jeder spannende Wald T eine Basis der Zyklen in G.

Ist nun R_T die Pfeilmenge eines spannenden Waldes und ist $r \notin R_T$, so bestimmt man in dem durch $R_T \cup \{r\}$ induzierten Partialgraphen von G mit $O(|V|)$ elementaren Operationen den eindeutig bestimmten Zykel, wenn man den Algorithmus A.5.2. in der Weise modifiziert, daß man sich zu jeder neu erreichten Ecke jeweils den Vorgänger merkt. Eine Basis der Zyklen kann daher mit $O(|V| \cdot |R|)$ elementaren Operationen bestimmt werden.

7. Kürzeste Entfernungen und Wege

Wir haben bereits die Frage nach den zeitgünstigsten Verbindungen in einem Nahverkehrssystem aufgeworfen (vgl. Beispiel 3 S. 35). Die Bestimmung von „kürzesten Wegen" in bewerteten Graphen erweist sich als Basisproblem in außerordentlich vielen, unterschiedlichen Anwendungen, so daß wir es hier separat aufgreifen und lösen wollen.
Sei $B=(G, \beta, \mathbb{R})$ ein reell bewerteter Graph mit $G=(\underline{G}, \alpha, \omega)$.
Ist w ein Weg in G und $f(w)=(v_1, r_1, v_2, r_2, \ldots, r_m, v_{m+1})$ die zugehörige Folge, so bezeichnet

$$\beta(w) := \sum_{e \in f(w)} \beta(e) \text{ die } (\beta\text{-})\textit{Länge von } w\,.$$

Ist β eine Pfeilbewertung und $\beta|_V=0$, so ist $\beta(w)=\sum_{r \in w} \beta(r)$.
Ist ferner G ein Graph ohne parallele Pfeile, so läßt sich die Bewertung in Form der Bewertungsmatrix $C=C(B)=(c_{ij})$

$$\text{mit } c_{ij} := \begin{cases} \beta(v_i, v_j) & \text{, falls } (v_i, v_j) \in R \\ \infty & \phantom{\text{, falls }} (v_i, v_j) \notin R \end{cases}$$

festhalten; wir nennen C auch die *Kostenmatrix* von G (vgl. 2.5.)
Sei nun $W(v_i, v_j)$ die Menge aller Wege in G von v_i nach v_j; dann heißt $d_{ij} := \inf\{\beta(w) \mid w \in W(v_i, v_j)\}$ die $(\beta$-)*kürzeste Entfernung* von v_i nach v_j und ein Weg $w \in W(v_i, v_j)$ mit $\beta(w)=d_{ij}$ ein $(\beta$-)*kürzester Weg* von v_i nach v_j.
Ist dabei $W(v_i, v_j)$ leer, so setzen wir üblicherweise

$$d_{ij} = \begin{cases} \infty & \text{, falls } i \neq j \\ \beta(v_i) & \phantom{\text{, falls }} i = j\,. \end{cases}$$

Die Matrix $D=(d_{ij})$ heißt die $(\beta$-)*Entfernungsmatrix* von G.
Bemerkung: Die übliche Länge eines Weges (vgl. S. 28) ist ein Spezialfall der β-Länge, nämlich für $\beta|_R=1$, $\beta|_V=0$.

7.1. Matrixalgorithmen

Wir gehen von einem Graphen $G=(V, R)$ ohne parallele Pfeile aus und unterstellen, daß β eine reelle Pfeilbewertung darstellt. Die zugehörige Kosten-

matrix sei $C=C(B)$. Wir interessieren uns für die Bestimmung der Entfernungsmatrix D.
Augenscheinlich kann man bei Graphen mit parallelen Pfeilen jedes Bündel paralleler Pfeile durch jeweils einen Repräsentanten mit minimalem β-Wert ersetzen, ohne daß sich die Entfernungsmatrix ändert.
In naheliegender Verallgemeinerung des Algorithmus A.3.1. schildern wir zunächst den

Algorithmus 7.1.

Name: Tripelalgorithmus[1]

Voraussetzung: $B=(G, \beta, \mathbb{R})$ ist ein (pfeil-)bewerteter Graph ohne parallele Pfeile, dessen Bewertung durch eine $(n \times n)$-Matrix C (Kostenmatrix) gegeben sei;
Variable i, j, k;

Startbedingung: $i:=1$;

Iteration:
$c_{ii}:=\min\{0, c_{ii}\}$;
FOR $j:=1(1)n$ DO
FOR $k:=1(1)n$ DO
$c_{jk}:=\min\{c_{jk}, c_{ji}+c_{ik}\}^2$;
$i:=i+1$;

Abbruchbedingung: $i>n$;

Ergebnis: $D=C$, falls $c_{ii}=0$ für $i=1, \ldots, n$;
ist dagegen $J:=\{i \mid c_{ii}<0\}$ nicht leer, so führen wir noch folgenden Schritt aus ($N:=\{1, \ldots, n\}$):

Endroutine bei Kreisen mit negativer Länge:
FOR $i \in J$ DO
  FOR $j=1(1)n$ DO
    BEGIN IF $c_{ij}<\infty$ THEN $c_{ij}:=-\infty$;
      IF $c_{ji}<\infty$ THEN $c_{ji}:=-\infty$;
    END;
  FOR ($k \in J$ und $i, j \in N-J$) DO
  IF $c_{ij}+c_{kj}<\infty$ THEN $c_{ij}:=-\infty$;

Ergebnis: $D=C$.

Bemerkungen:

(1) Bei einer nichtnegativen Bewertung β folgt ohne Endroutine: $D=C$.

(2) Ist in der i-ten Iteration $c_{ji}=\infty$, so bleibt c_{jk} für $k=1, \ldots, n$ in dieser Iteration unverändert; ist $c_{ik}=\infty$, so bleibt c_{jk} für $j=1, \ldots, n$ unverändert.

[1] Vgl. [7.42], [7.15], [7.28], [7.19].

[2] Hierbei gelte $a+\infty=\infty+b=\infty+\infty=+\infty+(-\infty)=\infty$ für jedes $a, b \in \mathbb{R}$.

Bei Graphen mit relativ geringer Anzahl von Pfeilen (das bedeutet $|R|$ ist wesentlich kleiner als $|V|^2$) ist es daher empfehlenswert, die zur „Umwegecke" v_i gehörigen Zeilen- und Spaltenelemente und für jedes Element mit Wert ∞ die zugehörigen Werte der Laufvariablen zu überspringen.

(3) Der Tripelalgorithmus benötigt $2n^3 + c \cdot n$ ($c \in \mathbb{R}_+$) elementare Operationen (ohne Wertzuweisungen für Laufvariable) sowie n^2 Speicherplätze für reelle Zahlen, sofern keine Kreise mit negativer Länge existieren; im letzteren Fall sind höchstens $4n^3 + cn$ elementare Operationen erforderlich.

(4) Zum Beweis des behaupteten Resultats kann wie in Kapitel 3 wieder jeder Ecke $v_k \in V$ ein *Tripeloperator* T_{v_k} zugeordnet werden. Dieser Operator T_{v_k} ordnet jedem bewerteten Graphen $B = (G, \beta, \mathbb{R})$ mit $G = (V, R)$ und Kostenmatrix C den bewerteten Graphen $T_{v_k} \circ B := (G', \beta', \mathbb{R})$ mit Kostenmatrix C' zu mit folgenden Eigenschaften:

a) $G' := T_{v_k} \circ G$ (vgl. S. 49) und

b) $c_{ij} := \begin{cases} \min\{0, c_{kk}\} & \text{für } i = j = k, \\ \min\{c_{ij}, c_{ik} + c_{kj}\} & \text{sonst.} \end{cases}$

Eine Veranschaulichung zeigt die folgende Figur:

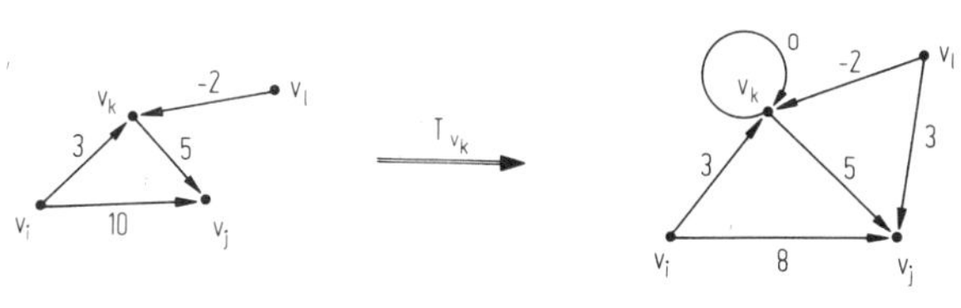

Figur 7-1

Es gilt: ist $\pi = (\pi_1 \ldots \pi_n)$ eine beliebige Permutation von $(1 \ldots n)$, so ist bei nichtnegativer Kostenmatrix C von G die Entfernungsmatrix D von G gleich der Kostenmatrix von $\prod_{i=1}^{n} T_{v_{\pi_i}} \circ G$.

Der Beweis kann in ähnlicher Weise wie bei den Sätzen 3.2. bis 3.4. geführt werden; das Ergebnis von A.7.1. wird auch implizit beim Beweis von Algorithmus A.7.2. gezeigt werden.

(5) Man erkennt leicht: in $B = (G, \beta, \mathbb{R})$ existiert ein Kreis w mit negativer Länge $\beta(w)$ genau dann wenn für mindestens ein $i \in \{1, \ldots, n\}$ gilt: $c_{ii} < \infty$. Der Algorithmus zeigt also simultan auch die Existenz von Kreisen

mit negativer Länge auf. Genau die Ecken $v_i \in V$, für die bei Abbruch des Verfahrens $c_{ii} < 0$ gilt, werden von Kreisen mit negativer Länge berührt.

Beispiel (vgl. S. 52; es sei $C^{(i)} := C\,(\prod_{j=1}^{i} T_{v_j} \circ G))$:

B:

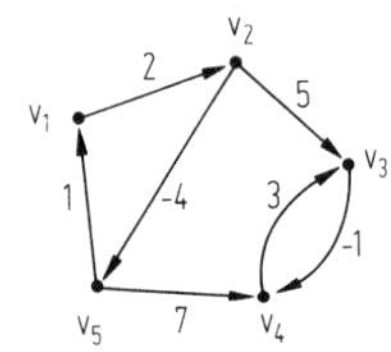

$$C(G) = \begin{pmatrix} \infty & 2 & \infty & \infty & \infty \\ \infty & \infty & 5 & \infty & -4 \\ \infty & \infty & \infty & -1 & \infty \\ \infty & \infty & 3 & \infty & \infty \\ 1 & \infty & \infty & 7 & \infty \end{pmatrix}$$

$$C^{(1)} = \begin{pmatrix} \textcircled{0} & 2 & \infty & \infty & \infty \\ \infty & \infty & 5 & \infty & -4 \\ \infty & \infty & \infty & -1 & \infty \\ \infty & \infty & 3 & \infty & \infty \\ 1 & \textcircled{3} & \infty & 7 & \infty \end{pmatrix} \qquad C^{(2)} = \begin{pmatrix} 0 & 2 & \textcircled{7} & \infty & \textcircled{-2} \\ \infty & \textcircled{0} & 5 & \infty & -4 \\ \infty & \infty & \infty & -1 & \infty \\ \infty & \infty & 3 & \infty & \infty \\ 1 & 3 & \textcircled{8} & 7 & \textcircled{-1} \end{pmatrix}$$

$$C^{(3)} = \begin{pmatrix} 0 & 2 & 7 & \textcircled{6} & -2 \\ \infty & 0 & 5 & \textcircled{4} & -4 \\ \infty & \infty & \textcircled{0} & -1 & \infty \\ \infty & \infty & 3 & \textcircled{2} & \infty \\ 1 & 3 & 8 & 7 & -1 \end{pmatrix} \qquad C^{(4)} = \begin{pmatrix} 0 & 2 & 7 & 6 & -2 \\ \infty & 0 & 5 & 4 & -4 \\ \infty & \infty & 0 & -1 & \infty \\ \infty & \infty & 3 & \textcircled{0} & \infty \\ 1 & 3 & 8 & 7 & -1 \end{pmatrix}$$

Wegen negativer Diagonalelemente ist die Endroutine erforderlich; sie ergibt:

$$C^{(5)} = \begin{pmatrix} \textcircled{-1} & \textcircled{1} & \textcircled{6} & \textcircled{5} & -2 \\ \textcircled{-3} & \textcircled{-1} & \textcircled{4} & \textcircled{3} & -4 \\ \infty & \infty & 0 & -1 & \infty \\ \infty & \infty & 3 & 0 & \infty \\ 1 & 3 & 8 & 7 & -1 \end{pmatrix} \qquad D = \begin{pmatrix} -\infty & -\infty & -\infty & -\infty & -\infty \\ -\infty & -\infty & -\infty & -\infty & -\infty \\ \infty & \infty & 0 & -1 & \infty \\ \infty & \infty & 3 & 0 & \infty \\ -\infty & -\infty & -\infty & -\infty & -\infty \end{pmatrix}$$

Ein weiterer Matrixalgorithmus, der auf Dantzig [7.10] zurückgeht, bestimmt zunächst die Entfernungen auf Subgraphen von G und vergrößert diese induktiv.

Es sei wieder $G = (V, R)$ ein Graph ohne parallele Pfeile mit $V = \{v_1, \ldots, v_n\}$; sei weiter β eine reelle Bewertung auf R und C die Kostenmatrix des bewerteten Graphen.

Ferner sei $V_m := \{v_1, \ldots, v_m\}$ $(1 \leq m \leq n)$, G_m der durch V_m induzierte Subgraph von G, $C_m := (c_{ij}^m)$ eine $(m \times m)$-Matrix und $D_m = (d_{ij}^m)$ die Entfernungsmatrix von G_m.

Die Grundidee des Verfahrens läßt sich dann folgendermaßen schildern.

Wir gehen davon aus, daß C_{m-1} bereits die Entfernungsmatrix von G_{m-1} darstellt und wollen die Entfernungsmatrix von G_m daraus bestimmen.

Dann gilt offenbar (vgl. auch Figur 7-2):

a) Ist $v_i \in V_{m-1}$ und w ein kürzester Weg von v_i nach v_m in G_m, so ist $w=(v_i, v_m)$ oder $w=w_1 * (v_k, v_m)$, wobei w_1 einen kürzesten Weg von v_i nach v_k in G_{m-1} darstellt.

b) Ist $v_i \in V_{m-1}$ und w ein kürzester Weg von v_m nach v_i in G_m, so ist $w=(v_m, v_i)$ oder $w=(v_m, v_k) * w_1$, wobei w_1 einen kürzesten Weg von v_k nach v_i in G_{m-1} darstellt.

c) Besitzt G_{m-1} keinen Kreis mit negativer Länge, so berührt jeder Kreis in G_m mit negativer Länge die Ecke v_m. Ist w ein solcher Kreis, etwa $w=[v_m, v_{i_1}, \ldots, v_{i_k}, v_m]$, so ist

$$d^m_{mi_1} + d^m_{i_1 m} \leq \beta(w) < 0 .$$

d) Ist w ein kürzester Weg in G_m von v_i nach v_j mit $v_i, v_j \in V_{m-1}$, so ist entweder w ein kürzester Weg in G_{m-1} oder es ist $w=w_1 * w_2$ mit $\omega(w_1)= =\alpha(w_2)=v_m$ und w_1 ist ein kürzester Weg in G_m von v_i nach v_m und w_2 ist ein kürzester Weg von v_m nach v_j.

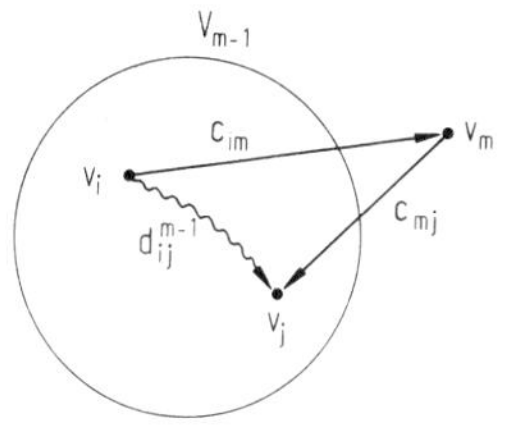

Figur 7-2

Diese Feststellungen führen zu folgendem

Algorithmus 7.2.

Name: Dantzig – Kürzeste Entfernungen

Voraussetzungen: wie bei A.7.1.; Variable m;

Startbedingung: $m:=1$;
IF $c_{11}<0$ THEN GO TO STOP
ELSE $c_{11}:=0$;

Iteration:
A FOR $i:=1(1)m-1$ DO
$c_{im} := \min_{1 \leq k < m} \{c_{ik}+c_{km}\}$;
B FOR $j:=1(1)m-1$ DO
$c_{mj} := \min_{1 \leq k < m} \{c_{mk}+c_{kj}\}$;

C FOR $i:=1(1)m$ DO
IF $c_{im}+c_{mi}<0$ THEN GO TO STOP;
$c_{mm}:=0$;
D FOR $i:=1(1)m-1$ DO
FOR $j:=1(1)m-1$ DO
$c_{ij}:=\min\{c_{ij}, c_{im}+c_{mj}\}$;
$m:=m+1$;

Abbruchbedingung: STOP oder
$m>n$;

Ergebnis: bei STOP ist eine Ecke v_i bestimmt, die von einem Kreis mit negativer Länge berührt wird; bricht das Verfahren mit $m>n$ ab, so gilt: $D=C$.

Bemerkungen:

(1) Besitzt der Graph keinen Kreis mit negativer Länge, so bestimmt der Algorithmus die Entfernungsmatrix; andernfalls bricht er mit der Feststellung, daß ein Kreis mit negativer Länge existiert, ab.

(2) Existiert kein Kreis mit negativer Länge, so benötigt der Algorithmus folgende elementare Operationen (ohne Wertzuweisungen der Laufvariablen):
in der m-ten Iteration für den Schritt A: $2\,(m-1)^2$, B: $2\,(m-1)^2$, C: m und D: $2\,(m-1)^2$, also insgesamt $6\,(m-1)^2+m$ elementare Operationen:
Das ergibt $\sum_{m=2}^{n}\left(6\,(m-1)^2+m\right)=n\,(n-1)\left(2n-\frac{1}{2}\right)$ elementare Operationen.

(3) Verfeinerungen des Verfahrens lassen sich u. a. auf folgende Weise vornehmen:

a) Wie beim Tripelalgorithmus bleiben Zeilen und Spalten unverändert, wenn c_{im} bzw. c_{mi} den Wert ∞ annimmt; die zugehörigen Werte der Laufvariablen können dann übersprungen werden (zur programmiertechnischen Realisierung sei auf Tabourier [7.41] verwiesen). Dabei ist zudem eine Numerierung der Ecken nach fallenden Graden vorteilhaft.

b) Bei nichtnegativer Pfeilbewertung kann durch Sortierung der Kosten c_{im} und entsprechendem Aufbau der Laufvariablenliste (mit monoton wachsenden Kosten) der Aufwand auf $4/3n^3+n^2\log_2 n$ elementare Operationen verringert werden (vgl. [7.38]).

Auf weniger effiziente Matrixalgorithmen zur Bestimmung der Entfernungsmatrix (vgl. [7.17], [7.27]) sei hier nur abschließend hingewiesen. Strukturuntersuchungen über Matrixalgorithmen findet der Leser bei Brucker [7.5].

7.2. Baumalgorithmen

Wir interessieren uns nun für die Frage, die kürzesten Entfernungen und kürzesten Wege von einer vorgegebenen Ecke – ohne Einschränkung v_1 – zu einer (bzw. allen) Ecke(n) des Graphen zu bestimmen.
Offensichtlich liefert der geschilderte Matrixalgorithmus A.7.1. die gewünschten Entfernungen in Gestalt der ersten Zeile der Entfernungsmatrix; es wird sich aber zeigen, daß für wichtige Fälle effizientere Verfahren existieren, die zudem die kürzesten Wege ohne wesentlichen Mehraufwand erkennen lassen.
Zur Vereinfachung der Schreibweise setzen wir noch in diesem Abschnitt $d_j := d_{1j}$ für $j = 1, \ldots, n$.
Zunächst beschränken wir uns auf den Fall einer nichtnegativen Pfeilbewertung und schildern den Algorithmus von Dijkstra.

Algorithmus 7.3.

Name: Dijkstra – Kürzeste Wege

Voraussetzung: $B = (G, \beta, \mathbb{R}_+)$ ist ein bewerteter Graph ohne parallele Pfeile mit nichtnegativer Pfeilbewertung, der durch eine eckenorientierte Listenspeicherung (vgl. 2.2. und 2.4.) gegeben sei;
N_i sei die Menge der Indizes der (direkten) Nachfolger der Ecke v_i;
v_1 sei eine ausgezeichnete Ecke;
D („Distanz"), V („Vorgänger") und C („Kandidaten") seien Felder der Länge n;
Variable i, j, k, d;

Startbedingung: $D[i] := C[i] := V[i] := \infty$ für $i = 2(1)n$;
$D[1] := C[1] := V[1] := 0$;

Iteration:

1 $d := \min \{D[j] \mid j \text{ mit } C[j] = 0\}$;
2 wähle $k \in \{j \mid C[j] = 0 \text{ und } D[j] = d\}$;
3 $C[k] := -\infty$;
4 FOR $j \in N_k$ DO
IF $C[j] = \infty$ THEN BEGIN $C[j] := 0$;
$D[j] := D[k] + \beta(v_k, v_j)$;
$V[j] := k$;
END

```
5  ELSE IF C [j]=0 THEN
6       BEGIN IF d:=D [k]+β(v_k, v_j)<D [j] THEN
                  BEGIN D [j]:=d;
                        V [j]:=k;
                  END;
        END;
```

Abbruchbedingung: die Kandidatenmenge $K := \{i \mid C[i]=0\}$ ist leer; wird nur die kürzeste Entfernung und ein kürzester Weg von v_1 zu einer anderen vorgegebenen Ecke v_p gesucht, so kann man vorzeitig abbrechen, wenn $C[p] := -\infty$ ist.

Ergebnis: $d_j = D[j]$ für $j=1, \ldots, n$
bzw. $d_p = D[p]$ bei vorzeitigem Abbruch.

Wir wollen den Algorithmus kurz erläutern.
Zunächst wird in der Startbedingung allen von v_1 verschiedenen Ecken die Entfernung ∞, der Ecke v_1 die Entfernung 0 zugeordnet und diese Ecke zum einzigen „Kandidaten" ($C[1] := 0$) gemacht.
In einer Iteration wird – wie die nachfolgende Figur veranschaulichen soll – dann zunächst unter den Kandidaten ein solcher (v_k) mit minimaler Entfernung ausgewählt (1 u. 2), dieser aus der Kandidatenmenge K eliminiert (3) – weil seine kürzeste Entfernung bereits bestimmt ist – und die Menge seiner (direkten) Nachfolger betrachtet (4). Ist eine dieser Ecken (v_j) bislang nicht erreicht worden ($C[j]=\infty$), so bestimmen wir die aktuell kürzeste Entfernung von v_1 nach v_j über v_k, d. h. $D[j]=D[k]+\beta(v_k, v_j)$, und merken uns den zugehörigen Vorgänger von v_j ($V[j]=k$). Ist dagegen eine Ecke (v_j) unter den Nachfolgern bereits erreicht, aber nicht eliminiert worden (5), so ist zu prüfen, ob der Weg über v_k die aktuell kürzeste Entfernung von v_1 nach v_j verringert, und gegebenenfalls ist die Ecke v_k als Vorgänger zu notieren (6).

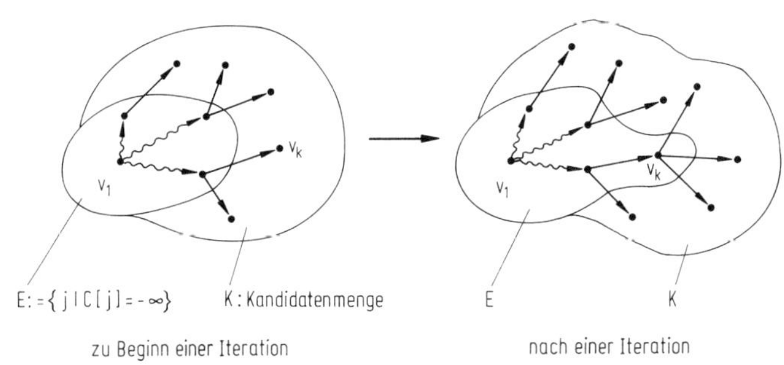

Figur 7-3

Bemerkungen:

(1) Der Beweis für das behauptete Ergebnis folgt wegen der Nichtnegativität der Pfeilbewertung leicht durch Induktion nach der Zahl der „eliminierten" Ecken (Ecken v_j mit $C[j] = -\infty$).

(2) Ist (v_k, v_j) ein Pfeil des Graphen, so wird dieser Pfeil nur dann betrachtet, wenn v_k der in Schritt 2 ausgewählte Kandidat ist. Da in Schritt 3 diese Ecke eliminiert wird und nicht wieder Kandidat werden kann, gibt jeder Pfeil höchstens einmal Veranlassung zur Ausführung der Schritte 4, 5, 6; das Verfahren bricht zudem spätestens nach $|V|$ Iterationen ab.
Der Dijkstra-Algorithmus benötigt daher größenordnungsmäßig $O(|V|^2, |R|)$ elementare Operationen; dies gilt auch für Graphen mit parallelen Pfeilen, für die sich der Algorithmus – in naheliegender Weise modifiziert – ebenfalls anwenden läßt.

(3) Zu jeder Ecke v_j existiert eine eindeutig bestimmte endliche Folge von Vorgängerindizes $V[j]$, $V[V[j]], \ldots, 1$, welche (in umgekehrter Reihenfolge) einen kürzesten Weg von v_1 nach v_j determiniert. Ist V_0 die Menge der von v_1 aus erreichbaren Ecken, also $V_0 := \{v_j \mid d_j < \infty\}$, so ist der durch die Pfeilmenge $\{(v_k, v_j) \mid k = V[j],\ j \in V_0\}$ induzierte Partialgraph T von G ein gerichteter Wurzelbaum mit Wurzel v_1, denn jede Ecke von T ist nach obiger Bemerkung von v_1 aus erreichbar und besitzt höchstens einen Vorgänger in T. Diese Eigenschaft war Veranlassung für die Überschrift dieses Abschnittes.

(4) Speichert man in den einzelnen Ecken zugeordneten Feldern $V_1, \ldots, V_n$ (mit jeweils maximal $|V|$ Speicherplätzen) jeweils alle optimalen Vorgänger, so lassen sich durch systematisches „backtracking" alle kürzesten Wege mit Anfangsecke v_1 bestimmen.

(5) Lassen wir negative Pfeilwerte zu, so ersetzen wir die Iterationsschritte 5 und 6 in folgender Weise (5'):

```
4    .
     .
     .
   END;
5' IF d:=D[k]+β(v_k, v_j)<D[j] THEN
         BEGIN  D[j]:=d;
                V[j]:=k;
                C[j]:=0;
         END;
```

Es ist leicht zu zeigen, daß der in dieser Weise modifizierte Algorithmus nach endlich vielen Schritten abbricht und die kürzesten Entfernungen von v_1 zu allen Ecken bestimmt, sofern der Graph keine Kreise mit negativer β-Länge aufweist.

Die erforderliche Rechenschrittzahl kann allerdings $c \cdot |V| \cdot 2^{|V|}$ Operationen ($c \in \mathbb{R}_+$) erreichen (vgl. [7.22]).

(6) Der Algorithmus ist für den Fall nichtnegativer Pfeilbewertungen ein 2-Markierungsalgorithmus, wobei eine Markierung einer Ecke höchstens zweimal (als Kandidat, als eliminierte Ecke), die Markierung eines Pfeiles höchstens einmal erfolgt.

Die Bemerkung 5 zeigt, daß der modifizierte Dijkstra-Algorithmus bei reeller Pfeilbewertung nur bedingt anwendbar ist, auch wenn keine Kreise mit nichtnegativer β-Länge auftreten.
In diesem Falle können wir auf A.7.1. zurückgreifen oder eine Modifikation des Ford-Algorithmus[3] (vgl. A.6.1.) verwenden.

Algorithmus 7.4.

Name: Ford – Kürzeste Wege

Voraussetzung: $B=(G, \beta, \mathbb{R})$ ist ein bewerteter Graph ohne parallele Pfeile mit reeller Pfeilbewertung β, aber ohne Kreise mit negativer Länge, der durch eine eckenorientierte Liste gegeben sei.
$N(v_j)$ sei die Menge der (direkten) Nachfolger von v_j;
v_1 ist eine ausgezeichnete Ecke;
Feld D der Länge n;
Feld V der Länge n;
Feld AKTUELL der Länge n;
Variable i, j, d;

Startbedingung: $D[1]:=0$; $D[i]:=\infty$ für $i=2(1)n$;
$V[1]:=0$; $V[i]:=\infty$ für $i=2(1)n$;
AKTUELL [1]:=1, AKTUELL $[i]:=0$ für $i=2(1)n$;

Iteration:
```
FOR v_i ∈ V und AKTUELL [i]=1 DO
    BEGIN FOR v_j ∈ N(v_i) DO
        IF D[j] > d := D[i] + β(v_i, v_j) THEN
            BEGIN D[j] := d;
                  AKTUELL [j] := 1;
                  V[j] := i;
            END;
        AKTUELL [i] := 0;
    END;
```

Abbruchbedingung: AKTUELL $[i]:=0$ für $i=1(1)n$;

Ergebnis: $d_j=D[j]$.

[3] Vgl. [7.16], [7.26].

Zum *Beweis* des behaupteten Ergebnisses bezeichnen wir die Werte von D und AKTUELL vor der k-ten Iteration mit D_k bzw. AKTUELL_k und setzen $V_k := \{v_i \in V \mid \text{AKTUELL}_k[i] = 1\}$.
Ist nun w ein elementarer kürzester Weg von v_1 nach v_i, etwa $w = [v_{j_0} = v_1, v_{j_1}, \ldots, v_{j_k} = v_i]$, so ist für jedes $p = 0, \ldots, k$:

$$D_p[j_p] = d_{j_p} \text{ und } v_{j_p} \notin V_q \text{ für jedes } q > p.$$

Die Behauptung ist offensichtlich richtig für $i = 0$; sie sei bereits bewiesen für $i = k-1$. Dann ist $D_{k-1}[j_{k-1}] = d_{j_{k-1}}$.
Sei nun $k_0 := \min\{p \mid D_p[j_{k-1}] = d_{jk-1}$, also $1 < k_0 \leqq k-1$.
Dann ist $v_{j_{k-1}} \in V_{k_0}$ und daher gilt wegen $v_i \in N(v_{j_{k-1}})$ nach der (k_0+1)-ten Iteration: $D_{k_0+1}[i] = d_i$.
Insbesondere ist dann $D_q[i] = d_i$ und $v_i \notin V_q$ für $q \geqq k_0 + 1$.

Bemerkungen:

(1) Aus dem Beweis folgt, daß der Algorithmus nach k Iterationen die kürzeste Entfernung von v_1 nach einer Ecke v bestimmt, wenn ein kürzester Weg von v_1 nach v genau k Pfeile enthält. A.7.4. bricht daher spätestens nach $|V|-1$ Iterationen ab. Da in jeder Iteration höchstens $5|R|$ elementare Operationen ausgeführt werden, benötigt der Algorithmus größenordnungsmäßig höchstens $O(|V| \cdot |R|)$ elementare Operationen, wobei noch nach Voraussetzung $|R| \leq |V|^2$ gilt.

(2) Häufig kann der Rechenaufwand erheblich gesenkt werden, wenn für $D[i]$ eine geeignete obere Schranke von d_i in der Startbedingung zugewiesen wird (z. B.: $D[i] := \beta(v_1, v_i)$, falls $(v_1, v_i) \in R$) und zugleich $\text{AKTUELL}[i] := 1$ für $i = 1(1)n$ gesetzt wird.
Dies läßt sich insbesondere dann ausnutzen, wenn nach erfolgter Anwendung des Algorithmus die kürzesten Entfernungen in einem bewerteten Obergraphen von B bestimmt werden sollen.

(3) Der Algorithmus A.7.4. kann auch auf beliebig reell bewertete Graphen angewendet werden, wenn man Vorsorge trifft, daß auch im Falle der Existenz von Kreisen mit negativer β-Länge der Abbruch gesichert ist. Dies kann in folgender Weise gewährleistet werden: reserviert man für jede Ecke $v_i \in V$ einen Zähler $Z(v_i)$, dessen Wert angibt, wie häufig diese Ecke „inaktiv“ (d. h. die Wertzuweisung $\text{AKTUELL}[i] := 0$ ausgeführt) wurde, so kann man diese Ecke eliminieren, sofern der Wert von $Z(v_i)$ $|V|$ erreicht. Dann nämlich ist

$$d_i = \begin{cases} -\infty & D[i] < \infty \\ & , \text{ falls} \\ \infty & D[i] = \infty\,. \end{cases}$$

(4) Verfahrenstechnische Verfeinerungen sind u. a. von Yen [7.45] vorgeschlagen worden.

7.3. Kreise mit negativer Länge

Wegen der verfahrenstechnischen Schwierigkeiten, die evtl. bei der Existenz von Kreisen mit negativer Länge auftreten, vor allen Dingen aber wegen der Bedeutung, die der Suche nach Kreisen mit negativer Länge zukommt (vgl. S. 129) sei dieses Problem nochmals kurz aufgegriffen.

Bei Verwendung von Matrixalgorithmen (A.7.1. und A.7.2.) wird die Existenz eines Kreises mit negativer Länge durch negative Diagonalelemente angezeigt. Die explizite Angabe eines derartigen Kreises (bzw. aller Kreise) kann man mit der in Kap. 6, S. 94 geschilderten Verfahrensweise bewerkstelligen, wobei man sich auf den von der Menge $V_\infty := \{v_i \in V \mid d_{ii} = -\infty\}$ induzierten Subgraphen beschränken wird.

Speichern wir bei Matrixalgorithmen für jede Iteration die Elemente, deren Wert sich in der Iteration ändert, so kann durch systematisches „backtracking" ebenfalls leicht ein Kreis negativer Länge bestimmt werden, sobald wir das Auftreten eines negativen Diagonalelements bemerken.

Bei Verwendung von Baumalgorithmen kann bei geeigneter Verfahrensmodifikation (vgl. Bemerkung 3 auf S. 107) zumindest die Menge $V_{1,\infty} := \{v_i \in V \mid d_{1i} = -\infty\}$ bestimmt werden, so daß die in Kap. 6, S. 94 geschilderte Vorgehensweise auf dem von $V_{1,\infty}$ induzierten Subgraphen Kreise negativer Länge ergibt. Eine weitere Möglichkeit besteht in der Kombination des Dijkstra-Verfahrens und der Lösungsidee für Algorithmus A.7.2., wie sie von Dantzig, Blattner und Rao geschildert wurde [7.11].

Die Grundidee, nämlich der Test auf Existenz von Kreisen negativer Länge, entspricht dabei den Schritten A, B, C der Iteration von Algorithmus A.7.2.; der Vorteil einer derartigen Kombination liegt in der Tatsache, daß im Gegensatz zum modifizierten Dijkstra-Algorithmus (vgl. Bemerkung 5 auf Seite 105) das Verfahren nach größenordnungsmäßig höchstens $O(|V|^3)$ elementaren Operationen abbricht und dabei die kürzesten Wege von v_1 nach allen anderen Ecken bestimmt, wenn kein Weg w mit Anfangsecke v_1 einen Kreis mit negativer Länge als Teilweg enthält.

7.4. Verallgemeinerungen und Anmerkungen

(1) Bei vielen praktischen Problemstellungen ist die Bestimmung kürzester Entfernungen und Wege in beliebig reell bewerteten Graphen erforderlich

(vgl. Beispiel 3 in Kap. 1.2.). Sind insbesondere die Ecken des Graphen nichttrivial bewertet, so stellt sich die Frage nach der **Einbeziehung der Eckenwerte** bei den vorgeschlagenen Algorithmen.

Eine grundsätzliche Möglichkeit ergibt das folgende Vorgehen. Ist v eine Ecke aus V und $\beta(v) \neq 0$, so „substituieren" wir die Ecke v durch einen Pfeil (v', v'') mit $\beta'(v', v'') := \beta(v)$, ferner jeden Pfeil r mit Endecke v durch einen Pfeil r' mit Endecke v' (mit gleicher Anfangsecke und Bewertung), jeden Pfeil r mit Anfangsecke v durch einen Pfeil r' mit Anfangsecke v'' (mit gleicher Endecke und Bewertung) und setzen $\beta'(v') := \beta'(v'') := 0$:

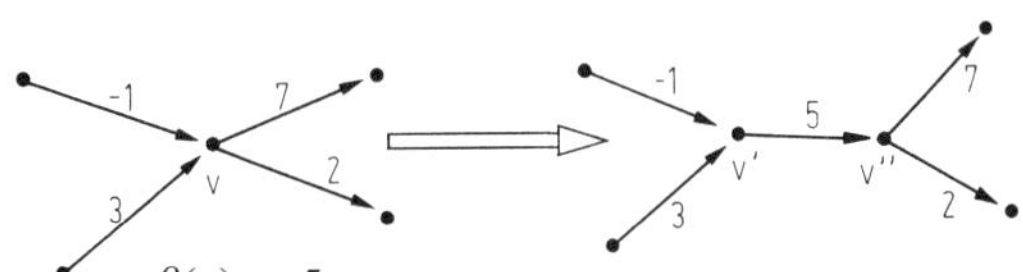

Figur 7-4 $\beta(v) = 5$

In dem auf diese Weise entstehenden Graphen G' mit einer reellen Pfeilbewertung β' lassen sich in üblicher Weise kürzeste Entfernungen und Wege bestimmen, die uns unmittelbar die gewünschten Resultate für $B = (G, \beta, \mathbb{R})$ liefern.

Der Nachteil dieser Konstruktion liegt offensichtlich in der Vergrößerung (maximal Verdoppelung) der Eckenmenge, so daß bei Anwendung der geschilderten Verfahren der Rechenaufwand bis zum 8fachen des Aufwands bei pfeilbewerteten Graphen gleicher Eckenanzahl anwachsen kann. Daher ist es in diesem Zusammenhang vorteilhafter, die vorgeschlagenen Verfahren in einer Weise zu modifizieren, wie wir es im folgenden beispielhaft für den Dijkstra-Algorithmus im Falle nichtnegativer Bewertungen skizzieren wollen (vgl. A.7.3.):

Startbedingung: ⋮

$D[1] := \beta(v_1);\ C[1] := V[1] := 0;$

Iteration:

in Schritt 4: ⋮

$D[j] := D[k] + \beta(v_k, v_j) + \beta(v_j);$

⋮

in Schritt 6: ⋮

IF $d := D[k] + \beta(v_k, v_j) + \beta(v_j) < D[j]$ THEN

⋮

Der erforderliche Mehraufwand beträgt dabei höchstens $|R|$ Additionen. Die vorgeschlagene Modifikation kann allgemeiner in der Weise verstanden werden, daß wir von dem bewerteten Graphen $B=(G, \beta, \mathbb{R})$ übergehen zu dem bewerteten Graphen $B'=(G, \beta', \mathbb{R})$ mit

$$\beta'(v_1) := \beta(v_1),\ \beta'(v) := 0 \text{ für } v \neq v_1\,,$$

$$\beta'(r) := \beta(r) + \beta(\omega(r)) \text{ für } r \in R\,.$$

(2) Bei speziell strukturierten Graphen $G=(V, R, \alpha, \omega)$ ist es naheliegend, die Struktur bei der Bestimmung kürzester Entfernungen und Wege zusätzlich auszunutzen. Dies ist insbesondere dann vorteilhaft, wenn die Eckenmenge V in k Teilmengen $V_1, \ldots, V_k$ vollständig zerlegt werden kann ($k>2$), so daß gilt: ist $r \in R$ und $\alpha(r) \in V_j$, so ist $\omega(r) \in V_j \cup V_{j+1}$ (hierbei sei $V_{k+1} := \emptyset$ oder $V_{k+1} := V_1$ (vgl. auch Umrüstbeispiel in Kap. 3)). Die Modifikation der geschilderten Verfahren zu **Dekompositionsverfahren** findet der Leser u. a. bei Hu [7.20], Hu und Torres [7.21], Yen [7.44], Land und Stairs [7.24], Brucker [7.8] sowie eine Übersicht bei Domschke [7.13].

(3) Für den Einsatz der vorgeschlagenen Algorithmen ist neben dem erforderlichen Rechen- und Speicheraufwand auch die „Flexibilität gegenüber Datenänderungen“ bei vielen praktischen Problemen ein entscheidendes Kriterium. Es stellt sich dort gewöhnlich die Frage, ob bei geringfügiger Änderung eines bewerteten Graphen (z. B. Änderung eines Pfeilwertes, Hinzufügen oder Eliminieren eines Pfeils u. ä.) die bei Anwendung eines Algorithmus für den ursprünglichen Graphen gewonnenen Informationen für den neuen bewerteten Graphen genutzt werden können. Einige im Rahmen einer solchen **Sensitivitätsanalyse** gewonnenen Ergebnisse zeigen die Arbeiten in [7.30], [7.31], [7.7] und [7.33]. Gleichermaßen interessant ist die Bestimmung eines **k-kürzesten Weges** ($k=1, 2, 3, \ldots$). In diesem Zusammenhang sei vornehmlich auf die Arbeit von Lawler [7.25] sowie auf [7.43], [7.2], [7.18], [7.35] verwiesen.

(4) Das Umrüstproblem in Kap. 3 zeigt, daß die Bestimmung kürzester Wege durch zusätzliche Nebenbedingungen erschwert werden kann. Insbesondere kann gefordert werden, daß ein Weg von einer Ecke v zu einer Ecke v' *eine Teilmenge V' der Eckenmenge V berühren muß;* diese Menge V' kann insbesondere leer sein – dann liegt das gewöhnliche Problem vor – oder es ist etwa $V'=V$; in diesem Fall ist ein kürzester „hamiltonscher Weg“ gesucht (vgl. Umrüstbeispiel in Kap. 3; Kap. 10.2.).
Verfahren, deren Effizienz mit derjenigen der vorgeschlagenen Algorithmen A.7.1. bis A.7.4. vergleichbar sind, sind für den allgemeinen Fall nicht bekannt. Vgl. [7.14].

(5) Das Problem, **längste Wege** in einem Graphen zu bestimmen, läßt sich durch Übergang von $B=(G, \beta, \mathbb{R})$ zu $B'=(G, -\beta, \mathbb{R})$ auf die Bestimmung kürzester Wege (in B') zurückführen. Von besonderer Bedeutung ist dabei die Bestimmung der längsten Wege in einem Netzplan (vgl. Kap. 11), so daß wir für diesen Fall eine Modifikation des Algorithmus A.6.3. schildern wollen. Vgl. [7.39, S. 167].

Algorithmus 7.5.

Name: Längste Wege – Topologische Sortierung

Voraussetzung: G ist ein kreisfreier Graph ohne parallele Pfeile, der durch eine Standardliste (oder eckenorientierte Liste) gegeben sei;
d sei eine reelle Pfeilbewertung von G;
n sei die Anzahl der Ecken;
v_1 ist eine ausgezeichnete Ecke mit Rang 0;
VORZAHL, DISTANZ, VATER sind Felder der Länge n;
$K_1, \ldots, K_n$ sind Keller mit maximal $n-1$ Elementen;
E ist ein Keller mit maximal n Elementen;
Variable i, j, d;

Startbedingung:
VORZAHL $[i]$: = VATER $[i]$: = 0 für $i=1(1)n$;
DISTANZ [1]: = 0, DISTANZ $[i]$: = ∞ für $i=2(1)n$;
FOR $r=(v_i, v_j)\in R$ DO
  BEGIN VORZAHL $[j]$: = VORZAHL $[j]+1$;
    $<K_i> := j$;
  END;
FOR $i=1(1)n$ DO IF VORZAHL $[i]$: = 0 THEN $<E> := i$;

Iteration:
$i := <E>$; entkellere i;
FOR $j\in K_i$ DO
  BEGIN VORZAHL $[j]$: = VORZAHL $[j]-1$;
    IF VORZAHL $[j]$: = 0 THEN $<E> := j$;
    IF DISTANZ $[j] < d$: = DISTANZ $[i]$ +
      $+ d(v_i, v_j)$
      THEN BEGIN DISTANZ $[j] := d$;
        VATER $[j] := i$;
      END;
  END;

Abbruchbedingung: E ist leer;

Ergebnis: DISTANZ $[i]$ stellt die längste Entfernung von v_1 nach v_i dar; die Folge $w=[1, \ldots,$ VATER [VATER $[i]$], VATER $[i]$, $i]$ repräsentiert einen längsten Weg von v_1 nach v_i.

Bemerkungen:

a) Der Algorithmus benötigt $O(|V|, |R|)$ elementare Operationen.

b) Ist d eine positive Pfeilbewertung, so kann auch bei einem Graphen mit Kreisen durch Kombination mit „depth-first search" die längste Entfernung von v_1 zu allen übrigen Ecken mit $O(|V|, |R|)$ elementaren Operationen bestimmt werden (vgl. [7.32]; siehe auch Satz 6.3.).

c) Der Algorithmus kann durch naheliegende Modifikation der Startbedingung (Beschränkung auf den Subgraphen, der durch die von v_1 erreichbaren Ecken induziert wird) für eine beliebig vorgegebene Ecke v_1 effizient eingesetzt werden.

(6) Das Zurückführen längster Wege in $(G, \beta, \mathbb{R})$ auf kürzeste Wege in $(G, -\beta, \mathbb{R})$ läßt sich natürlich auch direkt durch naheliegende Modifikation der Algorithmen erreichen.
Dabei erkennt man, daß die vorgeschlagenen Algorithmen bei entsprechender Verallgemeinerung ausschließlich bestimmte algebraische Eigenschaften der Grundmenge, auf der sie operieren, voraussetzen und daher umfangreiche Anwendungsmöglichkeiten bei sehr unterschiedlichen Problemstellungen bestehen (vgl. dazu [7.23], [7.6], [7.9], [7.5]).

(7) Abschließend sei hier noch auf Verfahren hingewiesen, die das Bellman'sche Optimalitätsprinzip und die zugehörige Funktionalgleichung zur Grundlage der Bestimmung kürzester Wege benutzen: offensichtlich ist jeder Teilweg eines kürzesten Weges selbst wieder kürzester Weg zwischen seiner Anfangs- und Endecke. Zu erwähnen sind dabei vornehmlich die Verfahren von Bellman [7.1] und von Pollatschek und Avi-Itzhak [7.37].

(8) Übersichten über die Fülle unterschiedlicher Verfahren und Verfahrensvarianten findet der interessierte Leser u. a. bei Bourgoin und Heurgon [7.3], Domschke [7.13], Dreyfus [7.14], Murchland [7.27], Pollack und Wiebenson [7.36], Roy [7.40], programmiertechnische Hinweise auf Verkettungstechniken und Listenspeicherung u. a. in [7.34], [7.4].

8. Strömungen

8.1. Definitionen

Sei $G=(\underline{G}, \alpha, \omega)$ ein endlicher Graph und $\beta:\underline{G}\to\mathbb{R}$ eine reelle Bewertung von G; dabei sei wie üblich V die Eckenmenge und R die Pfeilmenge von G. Die Bewertung β induziert folgende Eckenbewertungen $\beta^+:\underline{G}\to\mathbb{R}$ und $\beta^-:\underline{G}\to\mathbb{R}$:

$$\beta^+(v):=\sum_{r\in R:\alpha(r)=v}\beta(r), \qquad \beta^-(v):=\sum_{r\in R:\omega(r)=v}\beta(r) \quad \text{und}$$

$$\beta^+(r):=\beta^-(r):=0 \text{ für alle } r\in R.$$

β^+ bezeichnen wir als *Abfluß*, β^- als *Zufluß* bezüglich β auf der Eckenmenge V. Eine reelle Bewertung $\beta:\underline{G}\to\mathbb{R}$ heißt *Strömung* in G, falls

$$\beta^+-\beta^-=0|_{\underline{G}}\,.$$

Beispiel:

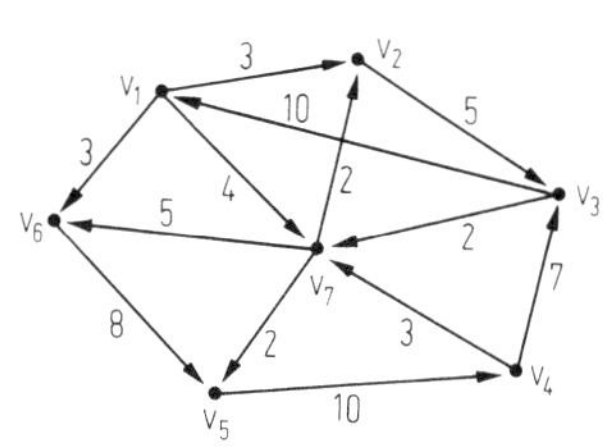

Figur 8-1

Ist $V=Q\cup S$ eine Zerlegung der Eckenmenge in zwei nichtleere disjunkte Eckenteilmengen Q und S, so seien

$$\sigma^+(Q):=\{+r\,|\,\alpha(r)\in Q,\ \omega(r)\in S\},$$

$$\sigma^-(Q):=\{-r\,|\,\alpha(r)\in S,\ \omega(r)\in Q\}, \quad \text{und}$$

$$\sigma(Q):=\sigma^+(Q)\cup\sigma^-(Q)\,.$$

$\sigma(Q)$ ist der durch Q erzeugte *Schnitt* in G, $\sigma^+(Q)$ sein *Vorwärtsteil*, $\sigma^-(Q)$ der zugehörige *Rückwärtsteil*.

Im Gegensatz zu dem von Q und S erzeugten Schnitt $\sigma(Q, S)$ (vgl. Kap. 4, S. 71) wollen wir also hier zusätzlich eine der beiden Mengen als „Quellenmenge" Q auszeichnen.

Sei nun β eine Strömung in G, $\sigma(Q)$ ein Schnitt in G und

$$\beta(\sigma(Q)) := \sum_{+r \in \sigma^+(Q)} \beta(r)^1 .$$

Dann gilt:

Satz 8.1.: Ist β eine Strömung in G und $Q \subset V$ mit $\phi \neq Q \neq V$, so ist $\beta(\sigma(Q)) = \beta(\sigma(V-Q))$.

Beweis: Es ist $\sum_{v \in Q} \beta^+(v) = \beta(\sigma(Q)) + \sum_{\substack{r:\alpha(r) \in Q \\ \omega(r) \in Q}} \beta(r)$ und

$$\sum_{v \in Q} \beta^-(v) = \beta(\sigma(V-Q)) + \sum_{\substack{r:\alpha(r) \in Q \\ \omega(r) \in Q}} \beta(r) .$$

Wegen $\beta^+ - \beta^- = 0$ ist $\sum_{v \in Q} \beta^+(v) - \sum_{v \in Q} \beta^-(v) = 0$,

also $\beta(\sigma(Q)) = \beta(\sigma(V-Q))$.

Wir betrachten im folgenden Strömungen, die vorgegebene obere und untere Kapazitätsschranken respektieren.

Sei $\gamma : \underline{G} \to \mathbb{R}_+$ eine nichtnegative reelle Bewertung; eine Strömung β heißt *zulässig* (bezüglich 0 und γ), falls gilt:

$$0 \leq \beta(r) \leq \gamma(r) \text{ für alle } r \in R ,$$

kurz: $0 \leq \beta \leq \gamma$.

Bei Beschränkung auf zulässige Strömungen entsteht das Problem, zu einem vorgegebenen Pfeil $r_0 \in R$ eine Strömung β^* zu finden, die unter allen zulässigen Strömungen einen maximalen Wert $\beta^*(r_0)$ aufweist. Eine derartige Strömung heißt *maximale Strömung* bezüglich γ und r_0.

Bezeichnet man noch zu vorgegebener Bewertung $\gamma : \underline{G} \to \mathbb{R}_+$, gegebenem Schnitt $\sigma(Q)$ und zulässiger Strömung β

$$\gamma(\sigma(Q)) := \sum_{+r \in \sigma^+(Q)} \gamma(r)$$ als *Kapazität des Schnittes* $\sigma(Q)$ bezüglich γ[2],

so folgt unmittelbar

Satz 8.2.: Ist β eine zulässige Strömung in G und $r \in R$, so gilt

$$\beta(r) \leq \min \{\gamma(\sigma(Q)) \mid \sigma(Q) : -r \in \sigma^-(Q)\} .$$

[1] Ist $\sigma^+(Q)$ leer, so sei $\beta(\sigma(Q)) = 0$.

[2] Ist $\sigma^+(Q)$ leer, so sei $\gamma(\sigma(Q)) = 0$.

Beweis: Sei $\sigma(Q)$ ein Schnitt in G mit $-r \in \sigma^-(Q)$. Dann ist $+r \in \sigma^+(V-Q)$ und $\beta(r) \leq \beta(\sigma(V-Q))$; da β Strömung ist, folgt mit Satz 8.1.: $\beta(r) \leq \beta(\sigma(Q))$.
Aus der Zulässigkeit von β folgt desweiteren: $\beta(\sigma(Q)) \leq \gamma(\sigma(Q))$.
Insgesamt ist daher $\beta(r) \leq \gamma(\sigma(Q))$ für jeden Schnitt mit $-r \in \sigma^-(Q)$.

8.2. Maximale Strömungen

Wir wollen zunächst das Problem, eine maximale Strömung in einem vorgegebenen Pfeil zu bestimmen, für ganzzahlige Kapazitätsschranken lösen.
Sei deshalb $\gamma: \underline{G} \to \mathbb{Z}_+$ eine nichtnegative ganzzahlige Bewertung und $r_0 \in R$ mit $\alpha(r_0) = s$ und $\omega(r_0) = q$ ein vorgegebener Pfeil. Im Falle $q = s$ ist β^* mit $\beta^*(r_0) := \gamma(r_0)$, $\beta^*(e) := 0$ für alle $e \in \underline{G} - \{r_0\}$ offenbar eine maximale Strömung. Desweiteren sei $q \neq s$.
Wir setzen die Kenntnis einer zulässigen ganzzahligen Strömung β_0 in G voraus – z. B. $\beta_0 = 0$ – und unterstellen, daß $\beta_0(r_0) < \gamma(r_0)$ ist; andernfalls wäre β_0 bereits maximal. Grundlegend für den zu schildernden Algorithmus ist der folgende Sachverhalt.
Ist $\kappa = (\delta_1 r_1, \ldots, \delta_k r_k)$ eine Kette in G mit folgenden Eigenschaften $(*)$:

$$\alpha(\kappa) = q, \quad \omega(\kappa) = s\,,$$

$$\beta_0(r_i) < \gamma(r_i) \qquad \text{für jedes } i \text{ mit } \delta_i = 1\,,$$

$$\beta_0(r_i) > 0 \qquad \text{für jedes } i \text{ mit } \delta_i = -1\,,$$

so ist für jedes $\varepsilon \in \mathbb{R}$ die Abbildung $\beta_\varepsilon: \underline{G} \to \mathbb{R}$ mit

$$\beta_\varepsilon(r_i) := \delta_i \varepsilon \quad \text{für } i = 1, \ldots, k\,,$$

$$\beta_\varepsilon(r_0) := \varepsilon, \quad \beta_\varepsilon(r) := 0 \quad \text{sonst}$$

offenbar eine Strömung in G.

Bezeichnen wir mit $\varepsilon' := \min\{\gamma(r_i) - \beta_0(r_i) \mid i : \delta_i = 1\}$,

$\varepsilon'' := \min\{\beta_0(r_i) \mid i : \delta_i = -1\}$ und

$\varepsilon_0 := \min\{\varepsilon', \varepsilon'', \gamma(r_0) - \beta_0(r_0)\}$, so ist für jedes $\varepsilon \in (0, \varepsilon_0)$

$\beta := \beta_0 + \beta_\varepsilon$ eine zulässige Strömung in G mit $\beta(r_0) > \beta_0(r_0)$.

Eine Kette κ mit den Eigenschaften $(*)$ heißt *strömungsvergrößernde Kette* (bezüglich γ, β_0 und f_0). β_ε heißt eine (zu κ gehörige) *Kettenströmung.*

β entsteht durch Addition (*„Superponierung“*) der Ausgangsströmung β_0 und der Kettenströmung β_ε.
Ein Beispiel wird durch die folgende Figur veranschaulicht:

$B=(G, \gamma, \mathbb{Z}_+)$ mit ausgezeichnetem Pfeil r_0 (die Eckenwerte sind unterdrückt):

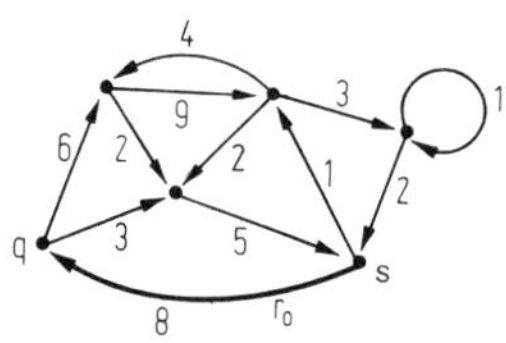

Ausgangsströmung β_0:

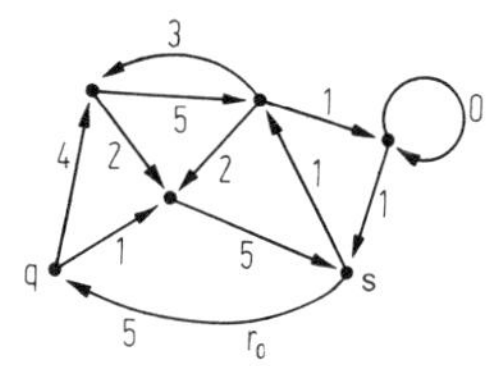

Strömungsvergrößernde Kette κ und maximale Kettenströmung β_{ε_0}:

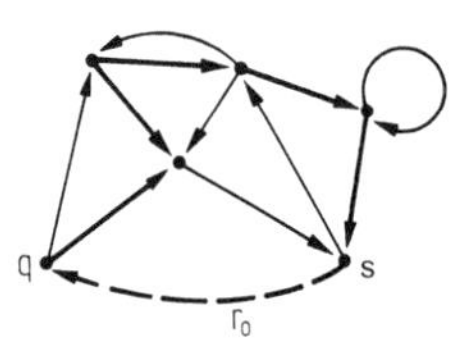

Superponierung von β_0 mit der Kettenströmung β_{ε_0}:

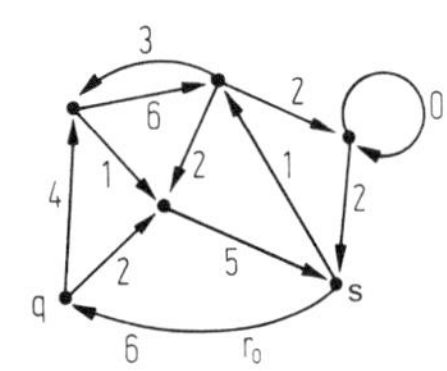

Figur 8-2 $\quad \varepsilon_0 = \min\{2, 2, 4, 2, 1, 3\} = 1$

Wir werden zeigen, daß es zur Bestimmung einer maximalen Strömung ausreicht, sukzessiv strömungsvergrößernde Ketten zu bestimmen und jeweils zugehörige Kettenströmungen mit einer bekannten Ausgangsströmung zu superponieren. Dazu formulieren wir zunächst in grober Form den auf Ford und Fulkerson [8.9] zurückgehenden

Algorithmus 8.1.

Name: Maximalströmungsalgorithmus

Voraussetzung: $G=(\underline{G}, \alpha, \omega)$ ist ein endlicher Graph, r_0 ein ausgezeichneter Pfeil;
γ eine nichtnegative Bewertung von G;

Startbedingung: wähle eine zulässige Ausgangsströmung β_0 (z. B. $\beta_0=0$) und setze $\beta^* := \beta_0$;

Iteration:
1. bestimme zu γ, β^* und r_0 eine strömungsvergrößernde Kette κ in G;
2. bestimme zu κ – wie geschildert – ε_0 sowie die Kettenströmung β_{ε_0} und setze $\beta^* := \beta^* + \beta_{\varepsilon_0}$;

Abbruchbedingung: es existiert keine strömungsvergrößernde Kette;
Ergebnis: β^* ist maximale Strömung in G bezüglich γ und r_0.

Bevor wir zur Frage der Endlichkeit des Verfahrens Stellung nehmen, muß der erste Schritt der Iteration („Bestimmung strömungsvergrößernder Ketten") näher erläutert werden. Man kann die Bestimmung strömungsvergrößernder Ketten auf die Bestimmung von Wegen zurückführen.

Definiert man nämlich den (einfachen) *Inkrementengraphen* (Zuwachsgraph) $I(G, \gamma, \beta) := (X, U)$ von G bezüglich γ und β durch

$$X := V \text{ und}$$

$$U := \{(x, x') \mid \exists\, r \in R \text{ mit } \alpha(r) = x,\ \omega(r) = x' \text{ und } \beta(r) < \gamma(r)\}$$

$$\cup \{(x, x') \mid \exists\, r \in R \text{ mit } \alpha(r) = x',\ \omega(r) = x \text{ und } \beta(r) > 0\},$$

so gilt offenbar:

jeder strömungsvergrößernden Kette κ in G kann (mittels ihrer Spur) genau ein Weg w in $I(G, \gamma, \beta)$ von q nach s mit $s(w) = s(\kappa)$ zugeordnet werden; jedem Weg w in $I(G, \gamma, \beta)$ von q nach s entspricht mindestens eine strömungsvergrößernde Kette in G.

Ist nämlich

$$w = [x_{i_0} = q,\ x_{i_1}, \ldots, x_{i_j},\ x_{i_{j+1}}, \ldots, x_{i_k} = s] \text{ ein Weg in } I(G, \gamma, \beta) \text{ von}$$

q nach s und für $j = 0, 1, \ldots, k-1$

$$R_j^+ := \{r \in R \mid \alpha(r) = x_{i_j},\ \omega(r) = x_{i_{j+1}},\ \beta(r) < \gamma(r)\},$$

$$R_j^- := \{r \in R \mid \alpha(r) = x_{i_{j+1}},\ \omega(r) = x_{i_j},\ \beta(r) > 0\},$$

so ist $R_j^+ \cup R_j^- \neq \emptyset$ für $j = 0, 1, \ldots, k-1$ und

jede Kette $\kappa = (\delta_1 r_1, \ldots, \delta_k r_k)$ strömungsvergrößernde Kette in G, für die gilt:

ist $\delta_j = 1$, so ist $r_j \in R_j^+$; ist $\delta_j = -1$, so ist $r_j \in R_j^-$.

Zur Bestimmung strömungsvergrößernder Ketten können daher die in naheliegender Weise modifizierten Algorithmen A.5.1., A.5.2., A.5.3. und A.5.4. sowie A.7.3. und A.7.4. Verwendung finden. Für die beiden letztgenannten Verfahren kann dabei eine Bewertung durch $\beta|_U = 1$ erfolgen.

Als besonders günstig hat sich der FIFO-Markierungsalgorithmus A.5.5. erwiesen; Edmonds und Karp [8.7] konnten zeigen, daß der Maximalströmungsalgorithmus A.8.1. nach höchstens $\frac{1}{4}(n^3 - n)$ Anwendungen des FIFO-Markierungsalgorithmus (zur Bestimmung strömungsvergrößernder Ketten) abbricht, wenn wir einen einfachen Graphen G mit n Ecken voraussetzen; diese Aussage gilt für beliebige nichtnegative reelle Bewertung von G.

Dabei ist allerdings zu beachten, daß die Kettenströmung β_{ε_0} in im allgemeinen etwas „günstigerer“ Weise aus der strömungsvergrößernden Kette $\kappa=(\delta_1 r_1, \ldots, \delta_k r_k)$ bestimmt wird, genauer:
ist r_i ein Pfeil der Kette κ mit $\delta_i=1$ und $r_i'\in R$ zu r_i invers, so setze man bei der Bestimmung von ε_0 statt $\gamma(r_i)-\beta_0(r_i)$ die Größe $\gamma(r_i)-\beta_0(r_i)+\beta_0(r_i')$ ein; ferner sei $\beta_{\varepsilon_0}(r_i):=\beta_0(r_i)+\min\{\varepsilon, \gamma(r_i)-\beta_0(r_i)\}$ und $\beta_{\varepsilon_0}(r_i'):=\beta_0(r_i')-$ $-\max\{0, \varepsilon_0-\gamma(r_i)+\beta_0(r_i)\}$, wie es die folgende Figur veranschaulicht:

Paar inverser Pfeile r_i und r_i' mit Bewertung (β_0, γ)

Superponierung von β_0 mit der Kettenströmung β_{ε_0} mit $\varepsilon_0=3$

Figur 8-3

Eine auf diese Weise gewonnene Kettenströmung β_{ε_0} kann als Superponierung von β_0 mit zu einer flußvergrößernden Kette gehörigen Kettenströmung β_ε – deren Summe allerdings die Zulässigkeitsbedingungen verletzt – und mit einer Kettenströmung β_i' zur Kette $\kappa_i':=(-r_i, -r_i')$ interpretiert werden. Sie läßt sich bei üblicher Vorgehensweise durch zwei sukzessive Superponierungen gewinnen.

Bemerkungen:

(1) Die Zerlegung ganzzahliger Strömungen in „konforme, elementare, geschlossene“ Kettenströmungen wird auf Seite 130 kurz skizziert; weitere Hinweise findet der Leser u. a. bei Busacker und Saaty [8.4, Kap. 7] und Weinberger [8.23].

(2) Die Bestimmung der Kettenströmung bei einem Graphen $G=(\underline{G}, \alpha, \omega)$ mit Parallelen läßt sich leicht auf den Fall eines einfachen Graphen zurückführen. Sei $G'=(V, R')$ ein einfacher Graph mit

$$R':=\{(v, v')\,|\,v\neq v', \exists\, r\in R \text{ mit } \alpha(r)=v, \omega(r)=v'\} \text{ und}$$

$$\gamma'(v, v'):=\sum_{r\in R:\, \alpha(r)=v,\ \omega(r)=v'} \gamma(r)\,.$$

Jeder (bezüglich γ) zulässigen Strömung β in G läßt sich offensichtlich eine (bezüglich γ') zulässige Strömung β' zuordnen; umgekehrt gibt es zu einer zulässigen Strömung β' in G' (mindestens) eine zulässige Strömung β in G, so daß gilt:

$$\sum_{\substack{r\in R:\, \alpha(r)=v\\ \omega(r)=v'}} \beta(r)=\beta'(v, v') \text{ für jedes } (v, v')\in R' \text{ und}$$

$$\beta(r_0):=\max\{\gamma(r_0), \beta'(s, q)\}\,.$$

Die Endlichkeit des Maximalströmungsalgorithmus folgt unmittelbar bei Ganzzahligkeit von β_0 und γ. ε_0 wird ausschließlich durch Subtraktionen bzw. Minimumbildung in $\mathbb{Z}$ gewonnen, ist also ganzzahlig und nach Definition positiv für eine strömungsvergrößernde Kette κ. Jede strömungsvergrößernde Kette κ erhöht daher den Wert der Strömung in r_0 um mindestens 1. Nach spätestens $\gamma(r_0)+1$ Iterationen ist daher das Verfahren mit einer *ganzzahligen* Strömung β^* beendet.

Der folgende Satz zeigt, daß bei Abbruch des Maximalströmungsalgorithmus eine maximale Strömung für r_0 vorliegt.

Satz 8.3.: Ist β^* eine Strömung in G, für die keine strömungsvergrößernde Kette von $\omega(r_0)$ nach $\alpha(r_0)$ existiert, so existiert ein Schnitt $\sigma(Q)$ in G mit $\omega(r_0)\in Q$, $\alpha(r_0)\notin Q$ und $\beta^*(r_0)=\gamma(\sigma(Q))$.

Beweis: Wir setzen ohne Einschränkung einen einfachen Graphen $G=(V, R)$ voraus und benutzen den FIFO-Markierungsalgorithmus A.5.5. für den Inkrementengraphen $I(G, \gamma, \beta^*)$. Sei Q die Menge der (nicht mit 0) markierten Ecken; augenscheinlich ist $q\in Q$ und – da keine strömungsvergrößernde Kette existiert – $s\notin Q$.

Ist nun $+r\in\sigma^+(Q)$, so gilt notwendig: r ist *gesättigt*, d. h. es ist $\beta^*(r)=\gamma(r)$; andernfalls wäre nämlich $(\alpha(r), \omega(r))\in \underline{I}(G, \gamma, \beta^*)$ und da $\alpha(r)\in Q$ – d. h. $\alpha(r)$ markiert ist –, würde auch $\omega(r)$ markiert werden. Ist ferner $-r\in\sigma^-(Q)$ und $r\neq r_0$, so folgt: $\beta^*(r)=0$. Andernfalls wäre $(\alpha(r), \omega(r))\in \underline{I}(G, \gamma, \beta^*)$ und daher würde wie oben folgen: $\alpha(r)\in Q$ im Widerspruch zur Voraussetzung.

Dann aber ist $\beta^*(\sigma(Q))=\gamma(\sigma(Q))$, ferner wegen $+r_0\in\sigma((V-Q))$ $\beta^*(\sigma(V-Q))=\beta^*(r_0)$ und nach Satz 8.1. folgt dann:

$$\beta^*(r_0)=\beta^*(\sigma(V-Q))=\beta^*(\sigma(Q))=\gamma(\sigma(Q)) .$$

Also ist mit Satz 8.2. β^* eine maximale Strömung und $\sigma(Q)$ ein Schnitt mit minimaler Kapazität (jeweils bezüglich γ und r_0).

Da der Maximalströmungsalgorithmus (in der von Edmonds und Karp geschilderten Version) nach endlich vielen Schritten abbricht – weil keine strömungsvergrößernde Kette von q nach s existiert –, erhalten wir unmittelbar das „MAXMIN-Theorem" für Strömungen:

Satz 8.4.: Sei $G=(\underline{G}, \alpha, \omega)$ ein endlicher Graph, γ eine nichtnegative reelle Bewertung von G und r_0 ein vorgegebener Pfeil mit $\alpha(r_0)\neq\omega(r_0)$. Dann gilt:

$$\max\{\beta(r_0)\,|\,\beta:0\leq\beta\leq\gamma\}=\min\{\gamma(\sigma(Q))\,|\,\sigma(Q):\alpha(r_0)\notin Q,\ \omega(r_0)\in Q\} .$$

Beispiel: In der folgenden Figur sind ein bewerteter Graph $B=(G, \gamma, \mathbb{Z}_+)$ und eine zulässige Ausgangsströmung β_0 sowie ein ausgezeichneter Pfeil

$r_0=(v_6, v_1)$ veranschaulicht (jeder Pfeil r mit $\beta_0(r)=0$ ist im rechten Teil der Figur unterdrückt).

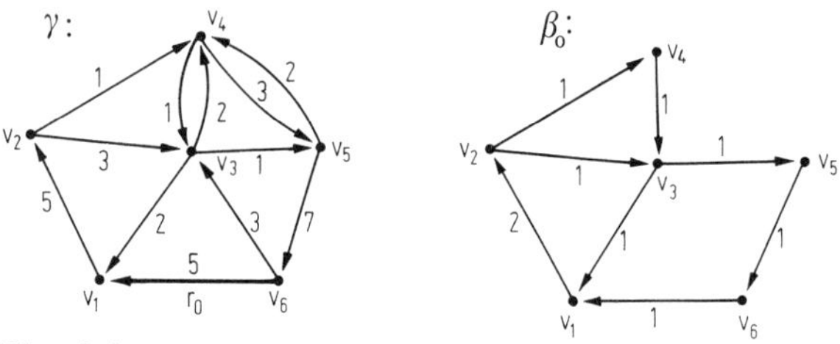

Figur 8-4

Wir benutzen den FIFO-Markierungsalgorithmus (mit Start in v_1) und die Modifikation zur Bestimmung der Kettenströmung von Edmonds und Karp. Damit ergeben sich sukzessiv als Spuren strömungsvergrößernder Ketten $s(\kappa)$ und zugehöriger maximaler „Strömungswerterhöhungen" $\varepsilon_0(\kappa)$ in r_0:

1. $s(\kappa_1)=(v_1, v_3, v_4, v_5, v_6)$ mit $\varepsilon_0(\kappa_1)=1$ und $\beta_1:=\beta_0+\beta_{\varepsilon_0}(\kappa_1)$:

2. $s(\kappa_2)=(v_1, v_2, v_3, v_4, v_5, v_6)$ mit $\varepsilon_0(\kappa_2)=\min\{3, 2, 2, 2, 5, 3\}=2$ und

$\beta_2:=\beta_1+\beta_{\varepsilon_0}(\kappa_2)$:

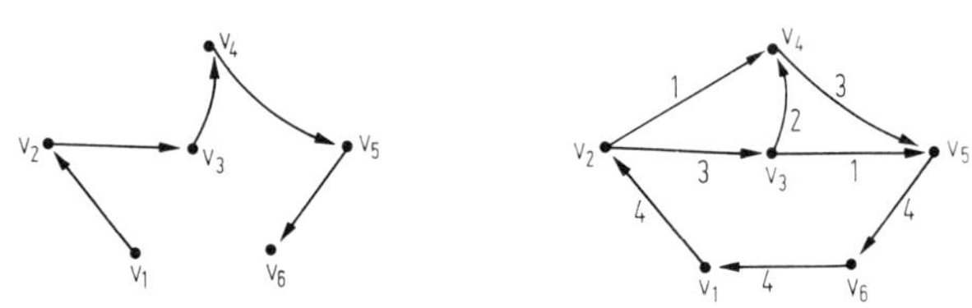

Figur 8-5

Bei Anwendung des FIFO-Markierungsalgorithmus (auf den zugehörigen Inkrementengraphen $I(G, \gamma, \beta_2)$) können nur v_1 und v_2 (von 0 verschieden) markiert werden; ein „Durchbruch" nach v_6 gelingt nicht.

Damit existiert keine strömungsvergrößernde Kette, β_2 ist eine (bezüglich γ und r_0) maximale Strömung und $Q:=\{v_1, v_2\}$ definiert einen Schnitt $\sigma(Q)=\{+(v_2, v_3), +(v_2, v_4), -(v_3, v_1)\}$ minimaler Kapazität, wobei offenbar gilt: $\beta_2(r_0)=\gamma(\sigma(Q))=4$.

Bemerkungen:

(1) Viele praktische Problemstellungen lassen sich auf die Bestimmung einer maximalen Strömung zurückführen; wir erinnern in diesem Zusammenhang insbesondere an das allgemeine Transportproblem (in Beispiel 9 auf S. 20) sowie an Beispiel 4 in Kap. 1.2. Seien Q und S zwei disjunkte Teilmengen der Eckenmenge V eines Graphen G (Q: „Quellenmenge", S: „Senkenmenge") und $T := V - (Q \cup S)$; dann heißt eine Bewertung $f: \underline{G} \to \mathbb{R}_+$ ein *Fluß in G* von der Quellenmenge Q zur Senkenmenge S, falls gilt:

$$f^+(v) - f^-(v) \quad \begin{array}{l} \geq 0 \text{ für jedes } v \in Q\,, \\ \leq 0 \text{ für jedes } v \in S\,, \\ = 0 \text{ für jedes } v \in T\,. \end{array}$$

f^+ und f^- bezeichnen hier wieder den Abfluß bzw. Zufluß bezüglich f auf der Eckenmenge V.

Mit $w(f) := \sum_{v \in Q} (f^+(v) - f^-(v))$ bezeichnen wir den *Flußwert von f*.

Ist wieder γ eine nichtnegative reelle Bewertung auf G („Kapazität"), so heißt f ein *zulässiger Fluß* bezüglich β, falls $f(r) \leq \gamma(r)$ für jedes $r \in R$ gilt. Als naheliegendes Problem ergibt sich damit die Bestimmung eines zulässigen Flusses (zur Quellenmenge Q und Senkenmenge S) mit maximalem Flußwert (*„maximaler Fluß"*).

Die Reduktion auf ein Maximalströmungsproblem geschieht durch Übergang von $B = (G, \gamma, \mathbb{R}_+)$ zu einem bewerteten Obergraphen $B' = (G', \gamma', \mathbb{R}_+)$, wie ihn die folgende Figur veranschaulicht; dabei werden eine „künstliche" Quelle q_0 und eine „künstliche" Senke s_0 sowie ein Pfeil r_0 von s_0 nach q_0, ferner jeweils Pfeile von q_0 zu jeder „Quelle" $q \in Q$ und von jeder „Senke" $s \in S$ nach s_0 mit geeigneter Bewertung eingeführt:

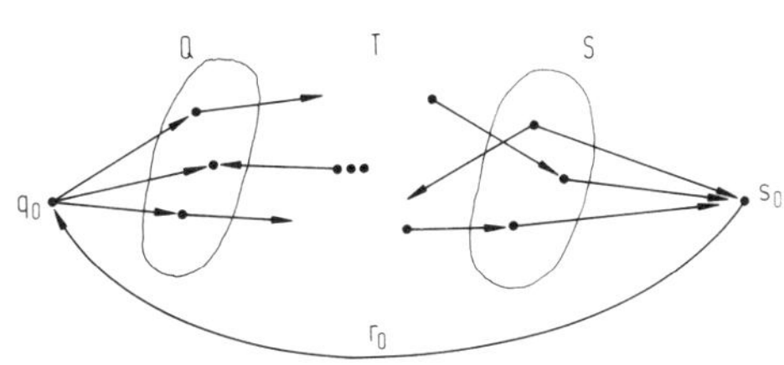

Figur 8-6

Es sei $\gamma' | \underline{G} = \gamma$ und $\gamma'(q_0, q) := \gamma'(s, s_0) := \gamma'(r_0) := M$ mit einer hinreichend großen Konstanten M, etwa $M \geq \gamma(\sigma(Q))$ (in G); ferner sei ohne Einschränkung $\gamma'(q_0) = \gamma'(s_0) = 0$.

Man erkennt, daß jedem zulässigen Fluß f in G eine zulässige Strömung β in G' in folgender Weise zugeordnet werden kann:

$$\beta|_G := f,\ \beta(q_0, q) := f^+(q) - f^-(q),\ \beta(s, s_0) := f^-(s) - f^+(s) \text{ und}$$

$$\beta(r_0) = w(f) .$$

Umgekehrt gibt die Einschränkung $\beta|_G$ einer zulässigen Strömung β auf G einen zulässigen Fluß in G von der Quellenmenge Q zur Senkenmenge S mit Flußwert $\beta(r_0)$.

Damit aber ist die Bestimmung eines maximalen Flusses in G (zu Q und S) äquivalent mit der Bestimmung einer maximalen Strömung in G' (bezüglich γ' und r_0).

(2) Häufig muß $\gamma(v)$ als Kapazität der Ecke v interpretiert werden; dann heißt eine Strömung β zulässig, wenn $\beta(e) \leq \gamma(e)$ für jedes $e \in \underline{G}$ gilt. Durch „Aufspalten" jeder Ecke v in zwei durch einen Pfeil r_v verbundene Ecken v' und v'' (vgl. Figur 7-4) und Bewertung von r_v mit $\gamma(v)$ kann das Problem auf den bisher betrachteten Fall zurückgeführt werden; dabei ist allerdings im allgemeinen eine erhebliche Vergrößerung der Pfeilzahl in Kauf zu nehmen.

Von Wollmer [8.24] ist eine Variante des Maximalströmungsalgorithmus veröffentlicht worden, welche diese „Vergrößerung" des Graphen vermeidet. Eine ähnliche Konstruktion kann erfolgen, wenn $\gamma(v)$ als obere Schranke für $\beta^+(v)$ bzw. für $\beta^-(v)$ betrachtet werden muß.

Bei Transportproblemen ist gewöhnlich an einzelnen Orten eine vorgegebene Mindestnachfrage zu befriedigen. Wird allgemeiner für eine Strömung β in einem Graphen G eine „Mindestströmung" $\underline{\gamma}$ verlangt, so ergibt sich folgendes allgemeines Problem:

$$\text{Maximiere } \beta(r_0) \text{ unter der Nebenbedingung: } \underline{\gamma} \leq \beta \leq \gamma .$$

Für $\underline{\gamma} = 0$ ergibt sich die bislang gelöste Problemstellung als Spezialfall. Beim allgemeineren Problem ist aber im Gegensatz zum Fall $\underline{\gamma} = 0$ die Existenz einer *zulässigen* Strömung β – d. h. eine Abbildung β mit $\underline{\gamma} \leq \beta \leq \gamma$ – nicht gesichert. Wir werden daher zunächst untersuchen, wann zulässige Strömungen existieren. Dabei wird sich zugleich ein konstruktives Vorgehen zur Bestimmung einer zulässigen Strömung ergeben, falls eine solche existiert.

Wir setzen in Kenntnis obiger Bemerkung 2 ohne Einschränkung voraus, daß $\underline{\gamma} | V = \gamma | V = 0$ gilt und betrachten desweiteren nur Strömungen β mit $\beta | V = 0$.

Sei also G ein vorgegebener Graph $G = (V, R)$, den wir ohne Einschränkung als einfach voraussetzen, und $(\underline{\gamma}, \gamma)$: $\underline{G} \to \mathbb{R}_+ \times \mathbb{R}_+$ eine Bewertung von G

mit $\underline{\gamma} \leq \gamma$. Dann wollen wir einen Obergraphen $G' = (V', R')$ von G betrachten, wie ihn die folgende Figur ausschnittweise verdeutlicht:

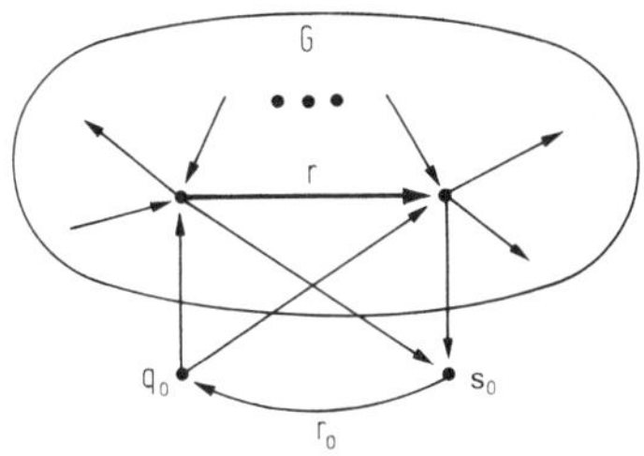

Figur 8-7

Wir führen also zusätzlich zwei Ecken q_0 und s_0 und Pfeile von q_0 zu jeder Ecke $v \in V$, Pfeile von jeder Ecke v nach s_0 sowie einen Pfeil r_0 von s_0 nach q_0 ein.
Zudem definieren wir eine Bewertung $\gamma': \underline{G'} \to \mathbb{R}_+$ in folgender Weise:

$$\gamma' \mid V' := 0\,,$$

$$\gamma'(r) := \gamma(r) - \underline{\gamma}(r) \text{ für jedes } r \in R \text{ (,,Kapazitätsdifferenz``)}\,,$$

$$\gamma'(q_0, v) := \sum_{r \in R:\, \omega(r) = v} \underline{\gamma}(r) \quad \text{für jedes } v \in V \text{ (,,Mindestzufluß in } v\text{'')}\,,$$

$$\gamma'(v, s_0) := \sum_{r \in R:\, \alpha(r) = v} \underline{\gamma}(r) \quad \text{für jedes } v \in V \text{ (,,Mindestabfluß aus } v\text{'') und}$$

$$\gamma'(s_0, q_0) := M \geq \sum_{r \in \underline{R}} \underline{\gamma}(r)\,, \quad \text{ohne Einschränkung etwa } M = \sum_{r \in \underline{R}} \underline{\gamma}(r)\,.$$

Man erkennt:

a) Für jede zulässige Strömung β' in G' (bezüglich γ') ist

$$\beta'(r_0) \leq \sum_{r \in \underline{R}} \underline{\gamma}(r), \text{ denn } \gamma'(\sigma(\{q_0\})) = \sum_{r \in \underline{R}} \underline{\gamma}(r)\,.$$

b) Zu jeder zulässigen Strömung β in G (bezüglich $\underline{\gamma}$ und γ) existiert eine zulässige Strömung β' in G' (bezüglich 0 und γ') mit

$$\beta' |_{\underline{G}} = \beta - \underline{\gamma} \quad \text{und} \quad \beta' |_{\underline{G'} - \underline{G}} = \gamma' |_{\underline{G'} - \underline{G}}\,;$$

die letzte Feststellung bedeutet, daß jeder nicht zu $\underline{G}$ gehörige Pfeil r' von G' *gesättigt* ist, d. h. $\beta'(r') = \gamma'(r')$ gilt. Offenbar ist dann β' eine maximale Strömung in G' (bezüglich γ' und r_0).

c) Ist umgekehrt β' eine maximale Strömung in G', welche alle nicht in $\underline{G}$ *enthaltenen Pfeile sättigt, so ist*

$$\beta := \beta' |_{\underline{G}} + \underline{\gamma} \text{ eine zulässige Strömung in } G.$$

Mit Satz 8.4. folgt daher die Existenz einer zulässigen Strömung β in G genau dann, wenn gilt:

$$(*) \quad \gamma'(\sigma(Q)) \geq \sum_{r \in R} \underline{\gamma}(r) \text{ für jedes } Q \subset V' \text{ mit } q_0 \in Q,\ s_0 \notin Q\,.$$

Nun ist $\sigma^+(Q) = \{+(q_0, v) \mid v \in V - Q\} \cup \{+(v, s_0) \mid v \in V \cap Q\} \cup \{+r \mid r \in R$ mit

$$\alpha(r) \in V \cap Q \text{ und } \omega(r) \in V - Q\}$$

und $\gamma'(\sigma(Q)) = \sum_{r:\omega(r) \in V - Q} \underline{\gamma}(r) + \sum_{r:\alpha(r) \in V \cap Q} \underline{\gamma}(r) + \gamma(\sigma(V \cap Q)) - \underline{\gamma}(\sigma(V \cap Q))$,

wobei die beiden letzten Terme Schnitte in G enthalten.

Man verifiziert dann leicht: $\gamma'(\sigma(Q)) = \sum_{r \in R} \underline{\gamma}(r) + \gamma(\sigma(V \cap Q)) - \underline{\gamma}(\sigma(V - Q))$.

Mit $(*)$ folgt daraus unmittelbar der Satz von Hoffman [8.13]:

Satz 8.5.: Seien G ein endlicher Graph mit Eckenmenge V und $\underline{\gamma}$, γ zwei nichtnegative reelle Bewertungen von G mit $\underline{\gamma} \leq \gamma$. Dann existiert eine zulässige Strömung in G genau dann wenn gilt:

$$\gamma(\sigma(Q)) \geq \underline{\gamma}(\sigma(V - Q)) \text{ für jedes } Q \subset V\,.$$

Der vorangestellte Beweis dieses Satzes zeigt unmittelbar eine Verfahrensweise auf, eine maximale Strömung zu bestimmen.

Zunächst bestimme man mit Algorithmus A.8.1. eine maximale Strömung β' in G' (bezüglich γ' und r_0); ist $\beta'(r_0) < \sum_{r \in R} \underline{\gamma}(r)$, so existiert keine zulässige Strömung in G.

Andernfalls benutze man β' als zulässige Ausgangsströmung in G und wende den Maximalströmungsalgorithmus an; damit die untere Kapazitätsgrenze $\underline{\gamma}$ nicht unterschritten wird, ist allerdings eine naheliegende *Modifikation des Inkrementengraphen* vorzunehmen. Es sei

$$I(G, \underline{\gamma}, \gamma, \beta) := (V, R') \text{ mit}$$

$$R' := \{(v, v') \mid \exists r \in R \text{ mit } \alpha(r) = v,\ \omega(r) = v' \text{ und } \beta(r) < \gamma(r)\}$$

$$\cup \{(v, v') \mid \exists r \in R \text{ mit } \alpha(r) = v,\ \omega(r) = v' \text{ und } \beta(r) > \underline{\gamma}(r)\}\,.$$

Ferner ist bei der Berechnung des maximalen Wertes $\varepsilon_0(\kappa)$ zu einer strömungsvergrößernden Kette κ zu beachten, daß die Minimumbildung über die Differenzen $\gamma(r) - \beta(r)$ bzw. $\beta(r) - \underline{\gamma}(r)$ erfolgt.

Mit diesen Modifikationen führt der Maximalströmungsalgorithmus für jede zulässige Ausgangsströmung β in der geschilderten Version nach endlich vielen Schritten zu einer maximalen Strömung in G. Sind dabei β', $\underline{\gamma}$ und γ ganzzahlig, so erhält man eine *ganzzahlige* maximale Strömung. Es gilt das MAXMIN-Theorem für allgemeine Strömungen:

Satz 8.6.: Seien G ein endlicher Graph mit Eckenmenge V und ausgezeichnetem Pfeil r_0 und $\underline{\gamma}$, γ zwei nichtnegative reelle Bewertungen von G mit $\underline{\gamma} \leq \gamma$. Dann gilt – sofern eine zulässige Strömung existiert –

$$\max \{\beta(r_0) \mid \underline{\gamma} \leq \beta \leq \gamma\} = \min \{\gamma(\sigma(Q)) - \underline{\gamma}(\sigma(V-Q)) \mid Q \text{ mit } \alpha(r_0) \notin Q,\ \omega(r_0) \in Q\}$$

und

$$\min \{\beta(r_0) \mid \underline{\gamma} \leq \beta \leq \gamma\} = \max \{\underline{\gamma}(\sigma(Q)) - \gamma(\sigma(V-Q)) \mid Q \text{ mit } \alpha(r_0) \notin Q,\ \omega(r_0) \in Q\}.$$

Bemerkungen:

(1) Die geschilderte Vorgehensweise hat den Nachteil, daß die Zahl der Pfeile beim Übergang von G zu G' um $2|V|+1$ wächst.
Von Clasen [8.6] ist ein Verfahren vorgeschlagen worden, das diese „Vergrößerung" des Graphen vermeidet.
Steckhahn [8.22] geht von einer Bewertung β von G aus, die zwar zulässig ist – also $\underline{\gamma} \leq \beta \leq \gamma$ erfüllt –, aber nicht die Strömungseigenschaften aufweist. Bezeichnet dabei Q die Menge aller Ecken mit „Überschuß", d.h.

$$Q := \{v \in V \mid \beta^+(v) - \beta^-(v) > 0\} \text{ und } S := \{v \in V \mid \beta^+(v) - \beta^-(v) < 0\}$$

die Menge der Ecken mit „Defizit", so bestimmt man Ketten in G, längs derer der Überschuß von Q nach S „abfließt". Auf diese Weise kann eine zulässige, danach in üblicher Weise eine maximale Strömung bestimmt werden.
Eine ähnliche Situation wird uns in Kap. 10.1. bei Reihenfolgeproblemen begegnen.

(2) Der Satz von Hoffman bietet den Ausgangspunkt, eine Fülle kombinatorischer Sätze abzuleiten. Wir wollen uns hier nur auf den Satz von Hall (vgl. Beispiel 9 in Kap. 1.1.) beschränken und verweisen auf detailliertere Darstellungen von Jacobs [8.15], Weinberger [8.23], Ford und Fulkerson [8.9], Berge [8.3] sowie auf klassische Ergebnisse von Menger [8.18], König [8.17], Egerváry [8.8] und Hall [8.11] (vgl. auch Kap. 9). Wir greifen das Heiratsproblem (Beispiel 9, Kap. 1.1.) auf und verallgemeinern den in Figur 1-14 dargestellten „ungerichteten" Graphen in folgender Weise, wobei wir im allgemeinen nicht die gleiche Anzahl von Damen und Herren voraussetzen wollen:

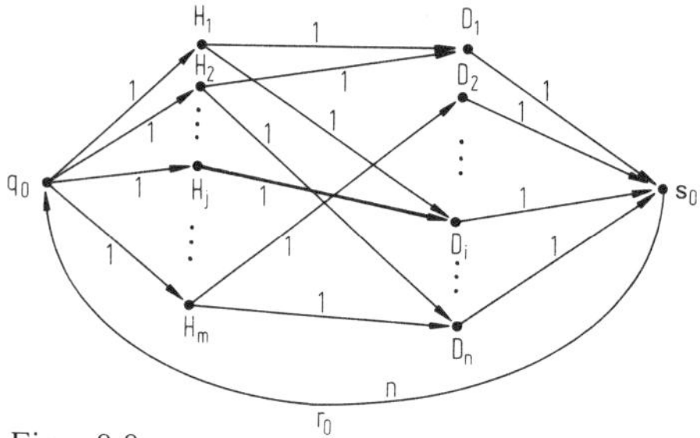

Figur 8-8

Der zu betrachtende Graph $G=(V, R)$ weist Pfeile jeweils von H_j nach D_i auf, falls der Herr H_j der Dame D_i gefällt, und Pfeile von der künstlichen Quelle q_0 zu allen Ecken, die Herren darstellen, sowie von allen Ecken, die Damen repräsentieren, zur künstlichen Senke s_0 auf; in üblicher Weise sei zudem ein Pfeil r_0 von s_0 nach q_0 mit oberer Kapazitätsgrenze n gegeben. Alle übrigen Pfeile weisen die obere Kapazitätsgrenze 1 auf.

Jeder ganzzahligen zulässigen Strömung β in G kann eine „Paarung" zugeordnet werden in folgender Weise:

Ist $\beta(H_j, D_i)=1$, so wird der Herr H_j der Dame D_i zugeordnet. Umgekehrt kann jeder Paarung eine ganzzahlige zulässige Strömung in G zugeordnet werden. Eine Paarung, die alle Damen erfaßt, kann dann bewerkstelligt werden, wenn eine zugehörige Strömung β mit $\beta(r_0)=n$ in G möglich ist; β ist dabei offensichtlich eine maximale Strömung, die wir ohne Einschränkung als ganzzahlig voraussetzen dürfen (vgl. S. 119). Führen wir jetzt noch durch $\underline{\gamma}(D_i, s_0)=1$ für $i=1, \ldots, n$ und $\underline{\gamma}(r)=0$ für alle übrigen Pfeile untere Kapazitätsgrenzen ein, so existiert eine Paarung, die alle Damen erfaßt, genau dann, wenn eine ganzzahlige zulässige Strömung in G (bezüglich $\underline{\gamma}$ und γ) existiert.

Ist nun $Q\subset V$ und $s_0\notin Q$, so ist $\underline{\gamma}(\sigma(V-Q))=0$. Ist $s_0\in Q$ und $D:=\{D_1, \ldots, D_n\}$ sowie $D_Q:=D\cap Q$, so ist $\underline{\gamma}(\sigma(V-Q))=n-|D_Q|$; ist ferner $q_0\notin Q$, so ist $\gamma(\sigma(Q))\geq n$ wegen $+r_0\in\sigma(Q)$. Sei also desweiteren mit Blick auf Satz 8.5. $s_0\in Q$ und $q_0\in Q$; ferner sei $H:=\{H_1, \ldots, H_m\}$, $D^*:=D-D_Q$ und $V(D^*)$ die *Vorgängermenge* von D^* in H, d. h. $V(D^*):=\bigcup_{D_j\in D^*} V(D_j)$.

Wir betrachten zunächst Spezialfälle für Q, etwa $Q=\{s_0, q_0\}\cup(D-D)^*\cup\cup(H-V(D^*))$. Es ist $\gamma(\sigma(Q))=|V(D^*)|$ und $\underline{\gamma}(\sigma(V-Q))=|D^*|$, so daß aus der Existenz einer Paarung, die alle Damen erfaßt, mit Satz 8.5. notwendig folgt:

$$(*)\quad |V(D^*)|\geq|D^*| \text{ für jedes } D^*\subset D\,.$$

Gilt umgekehrt $(*)$ und ist $Q=\{s_0, q_0\} \cup D_Q \cup H_Q$ mit $H_Q := H \cap Q$, so folgt: $\underline{\gamma}(\sigma(V-Q)) = |D^*|$ und

$$\gamma(\sigma(Q)) \geq |H - H_Q| + |V(D^*) \cap H_Q| \geq |V(D^*)|,$$

nach Voraussetzung also $\gamma(\sigma(Q)) \geq \underline{\gamma}(\sigma(V-Q))$.

Damit gilt der folgende Satz 8.7. von Hall; zur Verkürzung der Schreibweise vereinbaren wir noch: ein Graph $G=(V, R)$, dessen Eckenmenge V vollständig in zwei disjunkte Teilmengen H und D zerfällt und für den $R \subset H \times D$ gilt, heißt ein *bipartiter Graph;* eine Teilmenge M von R heißt eine *vollständige Zuordnung* für D, falls jede Ecke $v \in V$ mit höchstens einem Pfeil $r \in M$, jede Ecke $d \in D$ aber mit genau einem Pfeil aus M inzidiert.

Satz 8.7.: Ein bipartiter Graph $G=(V, R)$ mit $V = D \cup H$ $(H \cap D = \emptyset)$ und $R \subset H \times D$ besitzt eine vollständige Zuordnung für D genau dann, wenn gilt:

$$|V(D^*)| \geq |D^*| \text{ für jedes } D^* \subset D.$$

Eine ausführlichere Betrachtung von Zuordnungsproblemen erfolgt in Kap. 9.

(3) Eine Verallgemeinerung des MAXMIN-Theorems erfolgte durch A. J. Hoffman in [8.14].

8.3. Kostenminimale Strömungen

Häufig sind bei der Bestimmung zulässiger, insbesondere maximaler Strömungen mit der Strömung verbundene *Kosten* nicht zu vernachlässigen.

Seien deshalb $G=(\underline{G}, \alpha, \omega)$ ein endlicher Graph und $\gamma: \underline{G} \to \mathbb{R}_+$ (Kapazität) sowie $k: \underline{G} \to \mathbb{R}_+$ (Kosten) zwei nichtnegative reelle Bewertungen von G. Ist β eine Strömung in G, so sind

$$k(\beta) := \sum_{r \in R} k(r) \cdot \beta(r) \text{ die } \textit{Strömungskosten} \text{ von } \beta \text{ (bzgl. } k).$$

Wir wollen zunächst folgendes Problem betrachten: vorgegeben seien G, γ, k und $r_0 \in R$ mit $\alpha(r_0) = v_n$, $\omega(r_0) = v_1$ sowie eine reelle Zahl $w \in \mathbb{R}_+$; man bestimme eine zulässige Strömung β^* mit $\beta^*(r_0) = w$ und minimalen Strömungskosten, kurz:

Minimiere $k(\beta)$ unter den Nebenbedingungen:

$$0 \leq \beta \leq \gamma,$$

$$\beta(r_0) = w.$$

Falls eine zulässige Strömung β mit $\beta(r_0)=w$ existiert, ist wegen der linearen Zielfunktion und der Kompaktheit der Menge der zulässigen Lösungen $\{\beta \mid 0 \leq \beta \leq \gamma, \beta(r_0)=w\}$ auch die Existenz einer *kostenminimalen Strömung* β^* zum Strömungswert w gesichert.

Im Gegensatz zum Maximalströmungsproblem können wir die Betrachtungen nicht von vornherein auf einfache Graphen beschränken, da parallele Pfeile unterschiedliche Kostenwerte aufweisen können.

Sei desweiteren $B_{v,v'} := \{r \in R \mid \alpha(r)=v,\ \omega(r)=v'\}$ für $v,\ v' \in V$ (Parallelenbündel), β eine zulässige Strömung in G zu vorgegebenem w (also $\beta(r_0)=w$) und $\beta(B_{v,v'}) := \sum_{r \in B_{v,v'}} \beta(r)$ sowie $\gamma(B_{v,v'}) := \sum_{r \in B_{v,v'}} \gamma(r)$.[3]

Zur Vereinfachung der Darstellung setzen wir ohne wesentliche Einschränkung voraus, daß für den ausgezeichneten Pfeil r_0 kein paralleler Pfeil und kein inverser Pfeil in G existiert. Andernfalls „zerteilen" wir diese Pfeile durch Einfügen jeweils einer weiteren Ecke, wie es die folgende Figur nahelegt, und „halbieren" die Kostenwerte (Bewertung: (γ, k)):

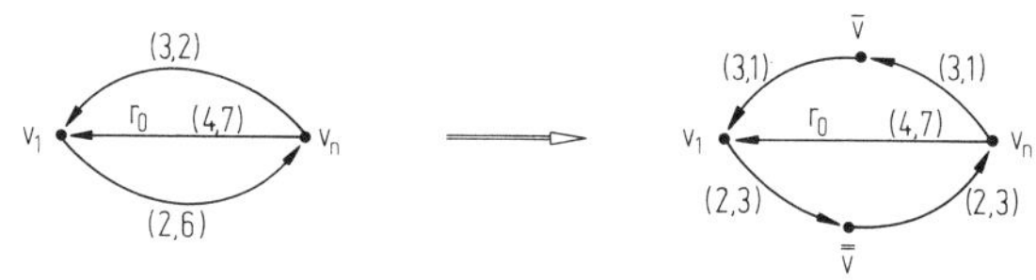

Figur 8-9

Wir betrachten nun folgenden einfachen Graphen – den *Inkrementengraphen* von G bezüglich γ, β, w (und r_0) –

$$I(G, \gamma, \beta, w) := (X, U) \text{ mit}$$

$$X := V \text{ und } U := U_1 \cup U_2 \text{ mit}$$

$$U_1 := \{(v, v') \neq (v_n, v_1) \mid \beta(B_{v,v'}) < \gamma(B_{v,v'}) \text{ und } \beta(B_{v',v}) = 0;\ v \neq v'\},$$

$$U_2 := \{(v, v') \neq (v_1, v_n) \mid \beta(B_{v',v}) > 0;\ v \neq v'\}$$

und bewerten die Pfeilmenge des Inkrementengraphen durch

$$d((v, v')) := \begin{cases} \min\limits_{r \in B_{v,v'}:\ \beta(r) < \gamma(r)} k(r) & \text{, falls } (v, v') \in U_1 \\[2ex] \min\limits_{r \in B_{v',v}:\ \beta(r) > 0} -k(r) & \text{, falls } (v, v') \in U_2\,. \end{cases}$$

[3] Es sei wieder $\beta(\emptyset) = \gamma(\emptyset) = 0$.

Der bewertete Graph $B' := (I, d, \mathbb{R})$ zeigt offenbar die marginalen Kosten bei zulässigen Strömungsänderungen an.

Beispiel:

$B = (G, (\gamma, \beta, k), \mathbb{R}_+^3)$: $\qquad$ $B' = (I(G, \gamma, \beta, w), d, \mathbb{R})$:

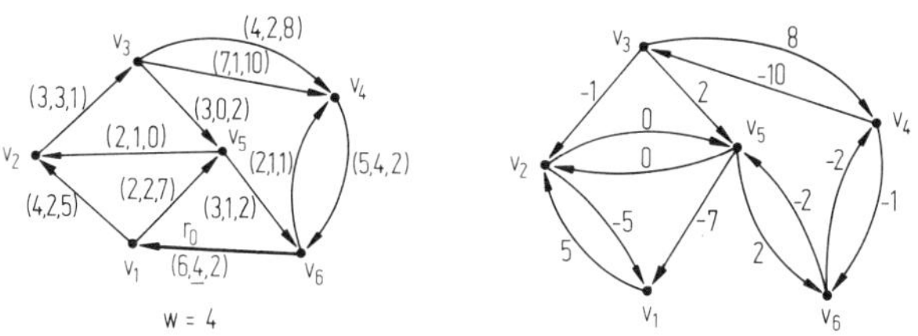

Figur 8-10

Mit dem Inkrementengraphen kann die Frage nach der Kostenminimalität der Strömung β (zum Wert w) leicht beantwortet werden. Es gilt der folgende

Satz 8.8.: Eine zulässige Strömung β ist kostenminimale Strömung zum Strömungswert $w = \beta(r_0)$ genau dann wenn es keinen Kreis z in $I(G, \gamma, \beta, w)$ mit negativer Länge $d(z)$ gibt.

Beweis: 1. Sei β eine zulässige Strömung in G, $\beta(r_0) = w$ und z ein Kreis in $I(G, \gamma, \beta, w)$ mit $d(z) < 0$.

Ist die Spur $s(z) = (v_{i_0}, v_{i_1}, \ldots, v_{i_k} = v_{i_0})$ $(k > 1)$ und zur Vereinfachung der Schreibweise

$B_j := Bv_{i_j}, v_{i_{j+1}}$ sowie $B'_j := Bv_{i_{j+1}}, v_{i_j}$, so wähle jeweils ein

$$r^{(j)} \in B_j \text{ mit } k(r^{(j)}) = \min\{k(r) \mid r \in B_j \text{ und } \beta(r) < \gamma(r)\}, \text{ falls } d(v_{i_j}, v_{i_{j+1}}) > 0,$$

$$r^{(j)} \in B'_j \text{ mit } k(r^{(j)}) = \min\{-k(r) \mid r \in B'_j \text{ und } \beta(r) > 0\}, \text{ falls } d(v_{i_j}, v_{i_{j+1}}) < 0,$$

$$r^{(j)} \in B_j \cup B'_j \text{ mit } k(r^{(j)}) = 0 \text{ sonst.}$$

Dann ist offenbar $\kappa := (\delta_1 r^{(1)}, \ldots, \delta_k r^{(k)})$ eine geschlossene Kette in G, wenn $\delta_j = 1$ für $r^{(j)} \in B_j$ und $\delta_j = -1$ für $r^{(j)} \in B'_j$ gilt.

Ist ferner $\varepsilon := \min\{\gamma(r^{(j)}) - \beta(r^{(j)}) \mid j \text{ mit } \delta_j = 1\}$ und

$$\varepsilon' := \min\{\beta(r^{(j)}) \mid j \text{ mit } \delta_j = -1\} \text{ und}$$

$$\varepsilon_0 := \min\{\varepsilon, \varepsilon'\}, \text{ so ist}$$

$\beta' := \beta + \beta_\varepsilon(\kappa)$ eine zulässige Strömung in G mit $\beta'(r_0) = w$ für jedes $\varepsilon \in [0, \varepsilon_0]$. Andererseits ist $k(\beta') = k(\beta) + \varepsilon \cdot z(d) < k(\beta)$, also β nicht kostenminimal zum Wert w.

2. Den Beweis für die umgekehrte Richtung wollen wir nur für den Fall ganzzahliger Bewertungen γ und Strömungen β skizzieren. Dazu benötigen wir noch folgendes Lemma, das konstruktiv mit dem Maximalströmungsalgorithmus nachweisbar ist (vgl. [8.4, §7.5, Theorem 7-2, S. 335]).

Lemma 8.9.: Ist β eine ganzzahlige Strömung in G mit $\beta(r_0)=w\in\mathbb{R}_+$, so existieren w elementare geschlossene Ketten $\kappa_1, \ldots, \kappa_w$ mit $+r_0\in\kappa_j$ für $j=1,\ldots,w$, ferner p elementare geschlossene Ketten $\kappa_{w+1}, \ldots, \kappa_{w+p}$ $(p\geq 0)$, die weder $+r_0$ noch $-r_0$ enthalten, so daß gilt:

$$\beta=\sum_{j=1}^{w+p}\beta_1(\kappa_j) \qquad \text{(„Zerlegung von } \beta\text{") und}$$

$$\beta_1(\kappa_i)\cdot\beta_1(\kappa_j)\geq 0 \text{ („Konformität")}$$

für jedes Paar (i,j) mit $i,j\in\{1,\ldots,w+p\}$.

Sei nun β_0 eine zulässige ganzzahlige Strömung in G mit $\beta_0(r_0)=w$, γ ganzzahlig und $d(z)\geq 0$ für jeden Kreis z in $I(G,\gamma,\beta_0,w)$. Ist β_0 nicht kostenminimale ganzzahlige Strömung zum Wert w, so existiert eine zulässige ganzzahlige Strömung β' in G mit $\beta'(r_0)=w$ und $k(\beta')<k(\beta_0)$.

Mit Lemma 8.9. folgt: zu $\beta'-\beta_0$ mit $(\beta'-\beta_0)(r_0)=0$ existieren p geschlossene Ketten $\kappa_1,\ldots,\kappa_p$ $(p\geq 1)$, die weder $+r_0$ noch $-r_0$ enthalten, so daß gilt:

$$\beta'=\beta_0+\sum_{i=1}^{p}\beta_1(\kappa_i) \text{ und } \beta_1(\kappa_i)\cdot\beta_1(\kappa_j)\geq 0 \text{ für beliebige } i \text{ und } j.$$

Wegen der Konformität der Kettenströmungen existiert ein Kreis z_1 in $I_0:=I(G,\gamma,\beta_0,w)$ mit $s(z_1)=s(\kappa_1)$ und $k(\beta+\beta_1(\kappa_1))\geq$ $\geq k(\beta)+d_0(z_1)\geq k(\beta)$ nach Voraussetzung über I_0.

Wir betrachten nun $I_1:=I(G,\gamma,\beta_0+\beta_1,w)$ mit zugehöriger Bewertung d_1; man verifiziert leicht, daß $d_1(v,v')\geq d_0(v,v')$ für jedes $(v,v')\in\underline{I}_1$ gilt, sofern (v',v) nicht in z_1 enthalten ist. Wegen der Konformität folgt dann aber:

$$k(\beta+\beta_1(\kappa_1)+\beta_2(\kappa_2))\geq k(\beta)+d_0(z_1)+d_1(z_2)\geq k(\beta) \text{ usw.},$$

insgesamt also $k(\beta')\geq k(\beta)$ im Widerspruch zur Annahme.

Mit Satz 8.8. liegt ein Verfahren zur Bestimmung kostenminimaler Strömungen nahe, das auf Klein [8.16] zurückgeht.

Algorithmus 8.2.

Name: Klein – Kostenminimale Strömung

Voraussetzung: G ist ein endlicher Graph mit ausgezeichnetem Pfeil r_0, für den kein paralleler oder inverser Pfeil in G existiert; γ (Kapazität) und k (Kosten) sind nichtnegative reelle Bewertungen von G;
$w \in \mathbb{R}_+$ ist ein vorgegebener Strömungswert für r_0;

Startbedingung: β_0 ist eine zulässige Strömung in G mit $\beta_0(r_0) = w$;
setze $\beta^* := \beta_0$;

Iteration:
1. bestimme in $I(G, \gamma, \beta^*, w)$ einen Kreis z mit negativer Länge $d(z)$;
2. bestimme zu z eine Kette κ mit $s(\kappa) = s(z)$ und $k(\beta_1(\kappa)) = d(z)$ und ein (maximales) ε_0, so daß $\beta^* := \beta^* + \beta_{\varepsilon_0}(\kappa_1)$ zulässig bleibt.

Abbruchbedingung: es existiert kein Kreis z in $I(G, \gamma, \beta^*, w)$ mit negativer Länge;

Ergebnis: β^* ist eine kostenminimale Strömung mit $\beta^*(r_0) = w$.

Bemerkungen:

(1) Eine zulässige Ausgangsströmung – falls überhaupt vorhanden – kann mittels Algorithmus A.8.1. bestimmt werden, wenn wir $\gamma(r_0) := w$ setzen.

(2) Die Bestimmung von Kreisen negativer Länge im Inkrementengraphen kann mittels der in Kap. 7.3. geschilderten Verfahren erfolgen. Eine in Anlehnung an den „out-of-kilter"-Algorithmus (Fulkerson, [8.10]; vgl. S. 137) von Edmonds und Karp [8.7] vorgeschlagene Variante kommt durch Einbeziehung einer geeigneten Eckenbewertung („duale Lösung", vgl. S. 137) mit nichtnegativ bewerteten Inkrementengraphen und mit effizienteren Algorithmen zur Bestimmung kürzester Wege (vgl. Kap. 7.2.) aus.
Ein von Bennington [8.2] vorgeschlagenes Verfahren nutzt einen Zusammenhang von spannenden Wurzelbäumen in G und in $I(G, \gamma, \beta^*, w)$ aus und profitiert insbesondere von der Möglichkeit, die in einer Iteration gewonnenen Informationen in der nächsten Iteration bei der Suche nach Kreisen mit negativer Länge weitgehendst ausschöpfen zu können. Vergleiche mit dem „out-of-kilter"-Algorithmus fielen positiv aus.

(3) Für ganzzahliges γ, k und β_0 erfolgt der Abbruch nach endlich vielen Schritten, da in jeder Iteration die Strömungskosten um mindestens 1 vermindert werden, andererseits nach unten beschränkt sind. Für belie-

bige Bewertungen sind wie bei A.8.1. zusätzliche Regeln bei der Bestimmung einer Kette κ zu beachten, um den Abbruch zu gewährleisten.

Sind insbesondere z_1 und z_2 zwei Kreise in $I(G, \gamma, \beta, w)$ mit negativer Länge, die keinen Pfeil gemeinsam durchlaufen, und κ_1 die zu z_1 gehörige Kette in G, so ist z_2 ein Kreis in $I(G, \gamma, \beta+\beta_{\varepsilon_0}(\kappa_1), w)$ mit negativer Länge, so daß wir in einer Iteration unmittelbar zu $\beta^* := = \beta+\beta_{\varepsilon_0}(\kappa_1)+\beta_{\varepsilon'_0}(\kappa_2)$ übergehen können.

Beispiel: Wir greifen das in Figur 8-10 veranschaulichte Beispiel auf und bestimmen zunächst einige elementare Kreise mit negativer Länge in $I(G, \gamma, \beta, w)$:

$$z_1 = [v_1, v_2, v_5, v_1] \text{ mit } d(z_1) = -2 \text{ und } \varepsilon_0 = \min\{2, 1, 2\} = 1 ,$$

$$z_2 = [v_3, v_4, v_3] \quad \text{mit } d(z_2) = -2 \text{ und } \varepsilon_0 = \min\{2, 1\} = 1 ,$$

$$z_3 = [v_4, v_6, v_4] \quad \text{mit } d(z_3) = -3 \text{ und } \varepsilon_0 = \min\{4, 1\} = 1 .$$

Dann betrachten wir die zugehörigen Ketten κ_1, κ_2 und κ_3 und $\beta^* = \beta+\beta_1(\kappa_1)+\beta_2(\kappa_2)+\beta_3(\kappa_3)$ sowie $I(G, \gamma, \beta^*, w)$:

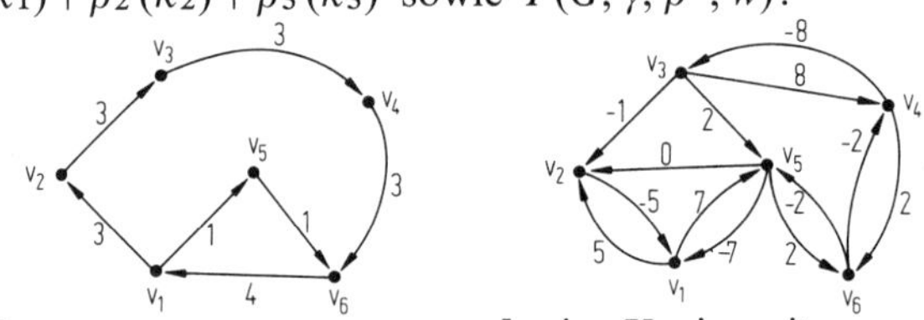

Es ist $z_4 = [v_1, v_5, v_6, v_4, v_3, v_2, v_1]$ ein Kreis mit negativer Länge in $I(G, \gamma, \beta^*, w)$ und $\varepsilon_0 = \min\{1, 2, 3, 3, 3, 3\} = 1$ der zugehörige Kettenströmungswert. Wir erhalten:

$$\beta^* := \beta^* + \beta_1(\kappa) \quad \text{sowie} \quad I(G, \gamma, \beta^*, w):$$

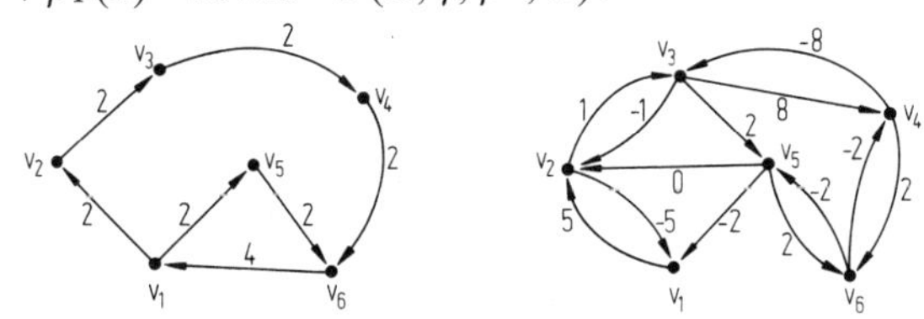

Es ist $z_5 = [v_6, v_4, v_3, v_5, v_6]$ ein Kreis mit negativer Länge und $\varepsilon_0 = \min\{2, 2, 3, 1\} = 1$;
das ergibt $\beta^* := \beta^* + \beta_1(\kappa)$ und $I(G, \gamma, \beta^*, w)$:

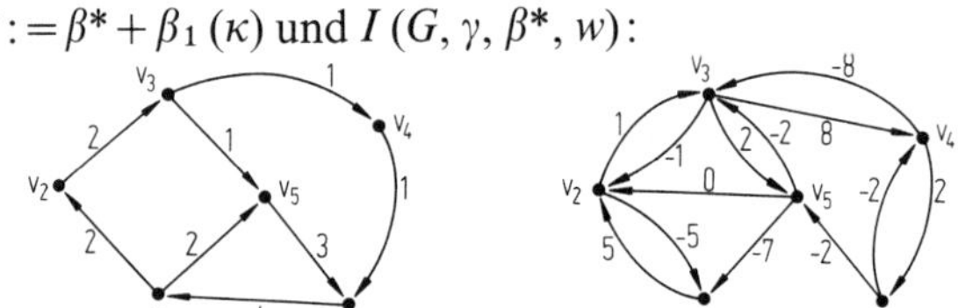

Figur 8-11

Dieser Inkrementengraph enthält keinen Kreis mit negativer Länge, also ist die zuletzt bestimmte Strömung β^* eine kostenminimale Strömung zu $\beta^*(r_0)=4$.

Wie bei der Bestimmung maximaler Strömungen reicht eine einfache Modifikation des Inkrementengraphen aus, um auch *untere Kapazitätsschranken* berücksichtigen zu können. Seien $\underline{\gamma}$, γ und k nichtnegative reelle Bewertungen von G mit $\underline{\gamma}\leq\gamma$. Ist β eine (bezüglich $\underline{\gamma}$ und γ) zulässige Strömung mit $\beta(r_0)=w$ für einen vorgegebenen Pfeil r_0 und Wert $w\in\mathbb{R}_+$, so sei der Inkrementengraph $I(G,\underline{\gamma},\gamma,\beta,w):=(V,U)$ in folgender Weise definiert:

$$U:=U_1\cup U_2 \text{ mit}$$

$$U_1:=\{(v,v')\neq(v_n,v_1)\,|\,\beta(B_{v,v'})<\gamma(B_{v,v'}) \text{ und } \beta(B_{v',v})=\underline{\gamma}(B_{v',v});\ v\neq v'\},$$

$$U_2:=\{(v,v')\neq(v_1,v_n)\,|\,\beta(B_{v',v})>\underline{\gamma}(B_{v',v});\ v\neq v'\}; \text{ ferner sei}$$

$$d((v,v')):=\begin{cases}\min\limits_{r\in B_{v,v'}:\beta(r)<\gamma(r)} k(r) & \text{, falls } (v,v')\in U_1,\\ \min\limits_{r\in B_{v',v}:\beta(r)>\underline{\gamma}(r)} k(r) & \text{, falls } (v,v')\in U_2.\end{cases}$$

Hat man einen Kreis z mit negativer Länge $d(z)$ im Inkrementengraphen und ist κ die zugehörige Kette in G, so ist bei der Berechnung von ε_0 (vgl. S. 129) $\varepsilon':=\min\{\beta(r^{(j)})-\underline{\gamma}(r^{(j)})\,|\,j \text{ mit } \delta_j=-1\}$ zu setzen. Mit diesen Modifikationen kann der Algorithmus A.8.2. Anwendung finden; das Abbruchkriterium (Satz 8.8.) gilt auch für diesen allgemeineren Fall.

Bemerkungen:

(1) Eine zulässige Ausgangsströmung β_0 kann – falls überhaupt eine solche existiert – in der auf Seite 124 und 125 geschilderten Weise bestimmt werden, wobei man etwa $\gamma(r_0)=w$ setzt.

(2) Hat man eine zulässige Strömung β mit $\beta_0(r_0)>w\geq\underline{\gamma}(r_0)$, so kann durch Erweiterung des Inkrementengraphen $I(G,\underline{\gamma},\gamma,\beta,\beta(r_0))$ um den Pfeil (v_1,v_n) mit

$$d((v_1,v_n)):=\begin{cases}-k(r_0) & \beta(r_0)>w\\ & \text{, falls}\\ \infty & \beta(r_0)\leq w\end{cases}$$

der Algorithmus von Klein zur simultanen Senkung des Strömungswertes auf w und Bestimmung der zugehörigen kostenminimalen Strömung benutzt werden. Es ist natürlich bei der Bestimmung von ε_0 für eine Kette κ Vorsorge zu treffen, daß $\beta^*(r_0)$ den vorgegebenen Wert w nicht unterschreitet.

(3) Wird unter den (bezüglich $\underline{\gamma}$, γ und r_0) maximalen Strömungen eine kostenminimale Strömung β^* gesucht, so verwenden wir zunächst den Maximalströmungsalgorithmus bis zur Bestimmung einer maximalen Strömung β_0. Ist $\sigma(Q)$ der durch den letzten Markierungsversuch gegebene Schnitt minimaler Kapazität und $+r \in \sigma^+(Q)$ mit $\alpha(r)=v$ und $\omega(r)=v'$, so ist wegen

$$\beta_0(\sigma(Q))=\gamma(\sigma(Q)) \text{ und } \beta_0(\sigma(V-Q))=\underline{\gamma}(\sigma(V-Q))$$

der Pfeil (v, v') nicht in $I(G, \underline{\gamma}, \gamma, \beta_0, \beta_0(r_0))$ enthalten. Jeder Kreis im Inkrementengraphen hat daher eine Spur, die entweder nur Elemente aus Q oder nur aus $V-Q$ aufweist, so daß eine entsprechende Dekomposition des Problems naheliegt.

Eine im Falle $\underline{\gamma}=0$ häufig vorteilhafte Vorgehensweise bietet der Algorithmus von Busacker und Gowen [8.4, Kap. 7.6.].

Algorithmus 8.3.

Name:	Busacker und Gowen – Kostenminimale Strömung
Voraussetzung:	G ist ein endlicher Graph mit ausgezeichnetem Pfeil r_0, dessen Anfangsecke v_n und dessen Endecke v_1 ist; γ (Kapazität) ist eine nichtnegative ganzzahlige Bewertung von G, k (Kosten) ist eine nichtnegative Bewertung von G;
Startbedingung:	setze $w^*:=0$ und $\beta^*:=0$;
Iteration:	1. bestimme in $I(G, \gamma, \beta^*, w^*)$ einen kürzesten Weg w von v_1 nach v_n (bezüglich d); 2. bestimme zu w (wie bei Algorithmus A.8.2.) eine Kette κ in G mit $s(\kappa)=s(w)$, „schließe“ die Kette durch Hinzunahme von $+r_0$ zu $\bar{\kappa}$ und bestimme die Kettenströmung $\beta_1(\bar{\kappa})$; 3. setze $w^*:=w^*+1$ und $\beta^*:=\beta^*+\beta_1(\bar{\kappa})$;
Abbruchbedingung:	es existiert kein Weg w von v_1 nach v_n in $I(G, \gamma, \beta^*, w^*)$;
Ergebnis:	zu Beginn jeder Iteration ist β^* eine kostenminimale (ganzzahlige) Strömung zum Wert $\beta^*(r_0)=w^*$; bei Abbruch ist insbesondere eine kostenminimale (ganzzahlige) Strömung zum maximalen Strömungswert bestimmt.

Das behauptete Ergebnis folgt unmittelbar aus der Tatsache, daß $I(G, \gamma, \beta^*, w^*)$ keinen Kreis mit negativer Länge aufweist. Den Beweis führt man leicht durch Induktion nach w^* mit Lemma 8.9.

Insbesondere folgt aus dieser Tatsache, daß bei der Verwendung von Algorithmen zur Bestimmung kürzester Wege (vgl. Kap. 7.2.) im ersten Iterationsteil keine besonderen Vorsichtsmaßnahmen zu treffen sind, wie sie bei der Gefahr von Kreisen mit negativer Länge sonst erforderlich sind.

Bemerkung: Wollen wir eine kostenminimale Strömung zum Strömungswert $w < \max \{\beta(r_0) \mid 0 \leq \beta \leq \gamma\}$ bestimmen, so können wir den Algorithmus abbrechen, sobald dieser Wert von einer Strömung β^* mindestens erreicht wird. Definiert man nämlich für beliebiges reelles $w \in [0, \max \{\beta(r_0) \mid 0 \leq \beta \leq \gamma\}]$ $\beta^*_w := \beta^*_{[w]} + (w - [w]) \cdot (\beta^*_{[w]+1} - \beta^*_{[w]})$, wobei $[w]$ die größte ganze Zahl kleiner gleich w und $\beta^*_{[w]}$ die zugehörige kostenminimale Strömung seien, so zeigt man unmittelbar:

$$k(\beta^*_w) := \min \{k(\beta) \mid 0 \leq \beta \leq \gamma, \beta(r_0) = w\} .$$

Die Abbildung $k^* : [0, \max \{\beta(r_0) \mid 0 \leq \beta \leq \gamma\}] \to \mathbb{R}_+$ mit $k^*_{(w)} = k(\beta^*_w)$ nennen wir die *Kostenfunktion* (des bewerteten Graphen $B = (G, (\gamma, k), (\mathbb{Z}_+, \mathbb{R}_+)))$; sie ist eine stückweise lineare konvexe Funktion.

Beispiel: In der folgenden Figur ist ein bewerteter Graph $B = (G, (\gamma, k), \mathbb{Z}^2_+)$ mit ausgezeichnetem Pfeil $r_0 = (v_5, v_1)$ veranschaulicht; es soll eine kostenminimale Strömung zum Wert $w^* = 3$ bestimmt werden.

$B = (G, (\gamma, k), \mathbb{Z}^2_+)$:

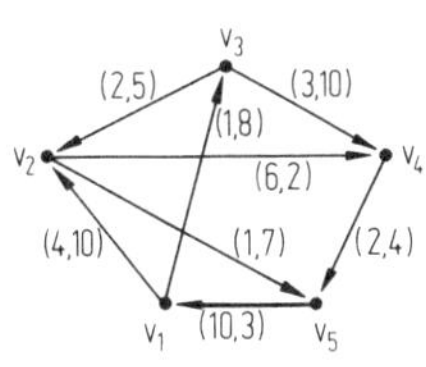

$I_0 := I(G, \gamma, \beta^* = 0, w^* = 0)$:

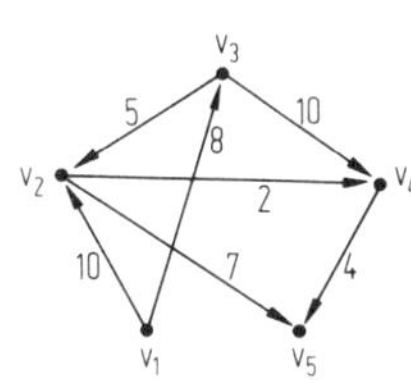

Kürzester Weg w_0 in I_0 von v_1 nach v_5:

$w_0 = [v_1, v_2, v_4, v_5]$ mit $d_0(w_0) = 16$; längs dieses Weges

(einschließlich r_0) können maximal $\varepsilon_0(\bar{\kappa}_0) = 2$ Strömungseinheiten fließen. Das ergibt:

$\beta^*_2 := \beta^*_0 + \beta_2(\bar{\kappa}_0)$ sowie $I_2 := I(G, \gamma, \beta^*_2, w^* = 2)$:

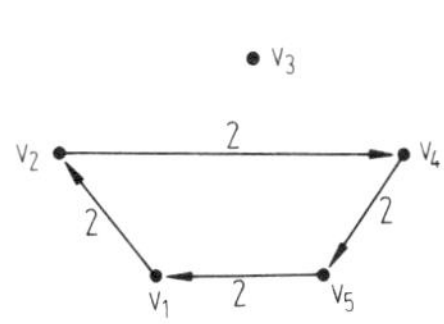

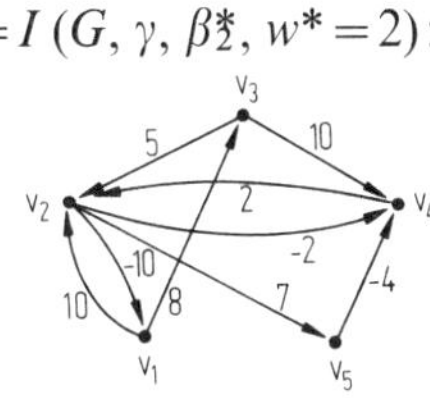

$$k\,(\beta_2^*)=k\,(\beta_0^*)+2\,(k\,(r_0)+d_0\,(w_0))=38\;.$$

Kürzester Weg w_2 in I_2 von v_1 nach v_5:
$w_2=[v_1, v_2, v_5]$ mit $d_2\,(w_2)=17$ und $\varepsilon_0\,(\bar{\kappa}_2)=1$. Das ergibt:

$$\beta_3^*:=\beta_2^*+\beta_1\,(\bar{\kappa}_2) \qquad \text{sowie} \qquad I_3:=I\,(G, \gamma, \beta_3^*, w^*=3):$$

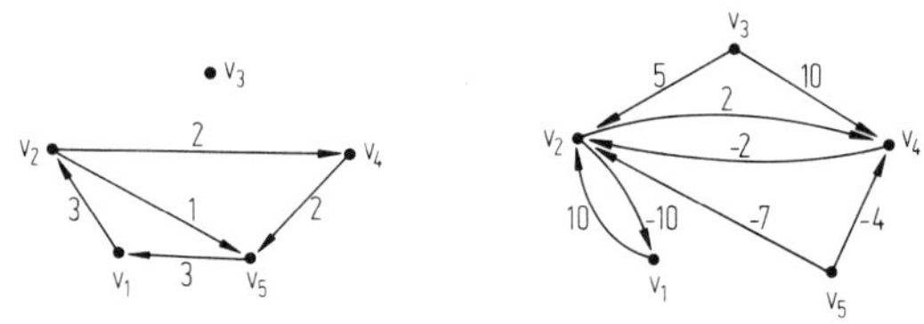

$$k\,(\beta_3^*)=k\,(\beta_2^*)+(k\,(r_0)+d_2\,(w_2))=58.$$

β_3^* ist eine gewünschte *kostenminimale* Strömung zum Strömungswert 3; sie ist überdies *maximal*, da der Inkrementengraph I_3 keinen Weg von v_1 nach v_5 aufweist. Die *Kostenfunktion* ist folgendermaßen veranschaulichbar:

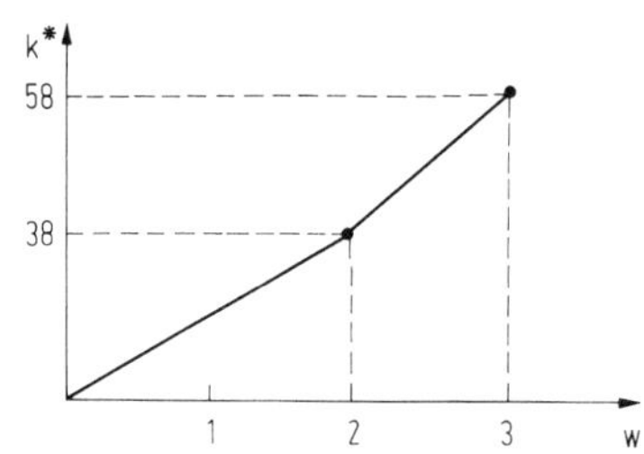

Figur 8-12

Den graphentheoretisch orientierten Lösungsvorschlägen zur Bestimmung kostenminimaler Strömungen steht eine Reihe von Verfahren gegenüber, die ihren Ursprung in der *Dualitätstheorie linearer Programme* haben und daher hier nur kurz erwähnt werden sollen.
Formulieren wir unser Problem in folgender Weise:

$$\min \sum_{r\in R} k\,(r)\,\beta\,(r) \quad \text{unter den Nebenbedingungen}$$

$$(P)\qquad \sum_{r:\,\alpha(r)=v} \beta\,(r)-\sum_{r:\,\omega(r)=v} \beta\,(r)=0 \quad \text{für jedes } v\in V\,, \qquad (1)$$

$$\beta\,(r)\leq\gamma\,(r) \quad \text{für jedes } r\in R\,, \qquad (2)$$

$$\beta\,(r)\geq\underline{\gamma}\,(r) \quad \text{für jedes } r\in R\,, \qquad (3)$$

$$\beta\,(r)\geq 0 \quad \text{für jedes } r\in R\,, \qquad (4)$$

so ergibt sich als duales Problem nach Einführen von

im Vorzeichen unbeschränkten dualen Variablen $\pi(v)$ für jede Restriktion in (1) („Eckenvariable"),
im Vorzeichen beschränkten dualen Variablen $u(r)$ für jede Restriktion in (2),
im Vorzeichen beschränkten dualen Variablen $v(r)$ für jede Restriktion in (3):

$$(P_D)\quad \max \sum_{r\in R} (\underline{\gamma}(r)\, u(r) - \gamma(r)\, v(r)) \text{ unter den Nebenbedingungen}$$

$$\pi(\omega(r)) - \pi(\alpha(r)) + u(r) - v(r) \le k(r) \text{ für jedes } r \in R\,, \tag{1'}$$

$$u(r) \ge 0,\ v(r) \ge 0 \text{ für jedes } r \in R\,. \tag{2'}$$

Aus dem Optimalitätskriterium (Satz vom komplementären Schlupf; vgl. [8.21]) folgt dann:
Eine zulässige Strömung β^* ist optimale Lösung von (P) genau dann wenn es eine zulässige Lösung (π^*, u^*, v^*) von (P_D) gibt mit

$$(*)\quad \begin{aligned} & u^*(r) > 0 \rightarrow \beta^*(r) = \underline{\gamma}(r)\,, \\ & v^*(r) > 0 \rightarrow \beta^*(r) = \gamma(r), \text{ und} \\ & \beta^*(r) > 0 \rightarrow \pi^*(\omega(r)) - \pi^*(\alpha(r)) + u^*(r) - v^*(r) = k(r)\,. \end{aligned}$$

Hat man also eine Bewertung β auf G und eine im Vorzeichen unbeschränkte Eckenbewertung π sowie zwei nichtnegative Pfeilbewertungen u und v, so können die obigen Bedingungen für β, π, u, v überprüft werden und – falls einige Bedingungen verletzt sind – folgende Typen von Pfeilzuständen unterschieden werden (mit $y(r) := k(r) + u(r) - v(r)$ als „Opportunitätskosten"):
a) ein Pfeil $r \in R$ erfüllt $(*)$ *(„in-kilter"-Pfeil)*;
b) ein Pfeil $r \in R$ erfüllt *nicht* $(*)$ *(„out-of-kilter"-Pfeil)*, genauer:
1. $y(r) > 0$ und $\beta(r) < \underline{\gamma}(r)$ oder
2. $y(r) > 0$ und $\beta(r) > \underline{\gamma}(r)$ oder
3. $y(r) < 0$ und $\beta(r) < \gamma(r)$ oder
4. $y(r) < 0$ und $\beta(r) > \gamma(r)$ oder
5. $y(r) = 0$ und $\beta(r) < \underline{\gamma}(r)$ oder
6. $y(r) = 0$ und $\beta(r) > \gamma(r)$.

Bei den Zuständen 1, 4, 5, 6 sind die primalen Zulässigkeitsbedingungen, bei den Zuständen 2 und 3 die dualen Zulässigkeitsbedingungen verletzt.
Alle vorgeschlagenen Verfahren versuchen nun, ein Quadrupel (β, π, u, v), das die Optimalitätsbedingungen $(*)$ verletzt, sukzessiv in ein optimales $(\beta^*, \pi^*, u^*, v^*)$ – soweit vorhanden – zu überführen, indem „out-of-kilter"-Pfeile in „in-kilter"-Pfeile verwandelt werden. Als klassische Version ist dabei der **„out-of-kilter"**-*Algorithmus* von Fulkerson [8.10] zu nennen.

Unterschiedliche Varianten entstehen dadurch, daß verschiedene Strategien bei der Auswahl des zu eliminierenden „out-of-kilter"-Pfeils benutzt werden. Während eine bevorzugte Auswahl der Pfeile in den Zuständen 2 und 3 dem Vorgehen der primal-dualen Simplexmethode [8.21, Kap. 6] nahekommt, ergibt die bevorzugte Wahl der Pfeile in Zuständen 1, 4, 5 oder 6 möglichst rasch eine zulässige Strömung und danach durch Elimination der „out-of-kilter"-Pfeile mit Zuständen 2 und 3 eine kostenminimale Strömung; bei dieser Strategienwahl kommt der „out-of-kilter"-Algorithmus dem von Steckhahn [8.22] vorgeschlagenen Verfahren nahe (vgl. auch Bemerkung 1 auf S. 125). Vorteilhaft ist der Einsatz dieser Verfahren zweifellos dann, wenn geringfügige Datenänderungen zur Unzulässigkeit bekannter Ausgangsströmungen führen.

Erhebliche verfahrenstechnische Verbesserungen der historischen Version von Ford und Fulkerson gehen u. a. auf Barr, Glover und Klingman [8.1] zurück; Verallgemeinerungen sind u. a. von Hässig [8.12] vorgenommen worden.

Bemerkung: Die in Kap. 8.3. geschilderten Verfahren lassen sich unschwer für den Fall konvexer Kostenfunktionen $k_r(\beta(r))$ modifizieren.

8.4. Anwendungen

(1) Ein allgemeines **Transportproblem** (Verteilungsproblem) ist ein Problem des folgenden Typs:

Zur Produktion eines Gutes stehen m Produktionsstätten $Q_1, \ldots, Q_m$ ($m \in \mathbb{N}$) mit einer Kapazität von $a_1, \ldots, a_m$ Mengeneinheiten pro Zeiteinheit (ME/ZE) zur Verfügung; die Nachfrage nach dem Gut konzentriert sich auf n Großstädte (Regionen) $S_1, \ldots, S_n$ ($n \in \mathbb{N}$) und betrage bzw. $b_1, \ldots, b_n$ ME/ZE; es seien $a_i, b_j \in \mathbb{R}_+$ für $i=1, \ldots, m, j=1, \ldots, n$. Zum Transport des Gutes steht ein „Transportsystem", d. h. ein bewerteter endlicher Graph $(G, \gamma, \mathbb{R}_+)$ zur Verfügung, wobei die Produktionsstätten und Großstädte wie in Figur 1-15 durch Ecken repräsentiert sind und γ die Transportkapazität angibt. Ferner stelle $k: R \to \mathbb{R}_+$ die Transportkosten (pro ME) dar. Es gilt dann, einen kostenminimalen Transportplan zu bestimmen, der die Nachfrage jeder Großstadt befriedigt und die Produktionskapazitäten nicht überschreitet.

Wir haben also für einen Graphen G mit zwei o. E. disjunkten, nichtleeren Teilmengen $Q := \{Q_1, \ldots, Q_m\}$ und $S := \{S_1, \ldots, S_n\}$ von V und zugehörigen Bewertungen $a: Q \to \mathbb{R}_+$, $b: S \to \mathbb{R}_+$ sowie zwei nichtnegativen reellen Bewertungen γ und k von G das Problem

$$T_a: \quad \begin{aligned} &\text{minimiere } \sum_{r \in R} k(r) \cdot \beta(r) \text{ unter den Nebenbedingungen} \\ &\beta^+(v) - \beta^-(v) \leq a(v) && \text{für jedes } v \in Q, \\ &\beta^+(v) - \beta^-(v) \leq -b(v) && \text{für jedes } v \in S, \\ &\beta^+(v) - \beta^-(v) = 0 && \text{sonst und} \\ &0 \leq \beta \leq \gamma . \end{aligned}$$

Durch Einführen einer „künstlichen“ Quelle q_0 und „künstlichen“ Senke s_0 (vgl. Bemerkung 1 auf Seite 121) und zugehörigen „künstlichen“ Pfeilen mit Kapazitätsgrenzen

$$\begin{aligned} &\underline{\gamma}(q_0, Q_i) := 0, \ \gamma(q_0, Q_i) := a_i \text{ für } Q_i \in Q, \\ &\underline{\gamma}(S_j, s_0) := b_j, \ \gamma(S_j, s_0) := M \text{ für } S_j \in S \text{ mit } M \geq \sum_{i=1}^{m} a_i, \\ &\underline{\gamma}(s_0, q_0) := \sum_{j=1}^{n} b_j, \ \gamma(s_0, q_0) := M \end{aligned}$$

und verschwindenden Kosten kann das Problem T_a unmittelbar auf ein Problem der Bestimmung kostenminimaler Strömungen zurückgeführt werden; dabei gelte natürlich: $\underline{\gamma}(r) = 0$ für jedes $r \in R$. Ist insbesondere β^* eine kostenminimale Strömung in diesem Graphen bezüglich $\underline{\gamma}$, γ und $r_0 = (s_0, q_0)$ (vgl. auch Bemerkung 1 auf Seite 133), so ist $\beta|_G$ ein optimaler Transportplan und $\beta(q_0, Q_i)$ $(i = 1, \ldots, m)$ gibt den zugehörigen Produktionsplan an.

(2) Wollen wir zusätzlich Produktionskosten k_i (pro ME) an der Produktionsstätte Q_i einbeziehen, so ergibt sich mit $k(q_0, Q_i) := k_i$ $(i = 1, \ldots, m)$ unmittelbar ein Transport- und Produktionsplan mit minimaler Kostensumme aus Produktions- und Transportkosten. Entstehen ferner Transportkosten $k(r)$ in einer Ecke $v \in V$, so läßt sich – wie in Bemerkung 2 auf Seite 122 geschildert – diese Eckenbewertung einbeziehen.

(3) Eine weitere Lösungsmöglichkeit von T_a ergibt sich aufgrund der folgenden Überlegung.

Ist $r := \sum_{i=1}^{m} a_i - \sum_{j=1}^{n} b_j < 0$, so existiert offenbar keine zulässige Strömung; in diesem Fall wird man die Problemstellung gewöhnlich so modifizieren, daß eine kostenminimale Strömung zum maximalen Strömungswert in r_0 ohne Beachtung von unteren Kapazitätsschranken zu bestimmen ist, so daß der Algorithmus A.8.3. anwendbar wird. Gleiches aber gilt auch für den Fall, daß eine zulässige Strömung existiert. Da in diesem Fall

insbesondere $r \geq 0$ ist, führen wir einen *fiktiven Verbraucher* S_0 mit der Nachfrage $b_0 := r$ ein und künstliche Pfeile (Q_i, S_0) mit $\gamma(Q_i, S_0) := M$, $k(Q_i, S_0) := K \in \mathbb{R}_+$ und einen Pfeil (S_0, s_0) mit $k(S_0, s_0) = 0$ ein.
Setzen wir nun $\gamma'(S_j, s_0) := b_j$ für $j = 0, 1, \ldots, n$ – ansonsten $\gamma'(r) := \gamma(r)$ –, so haben wir einen bewerteten Graphen $B' := (G', (\gamma', k), \mathbb{R}_+^2)$ und man erkennt unmittelbar wegen $\sum_{i=1}^{n} a_i = \sum_{j=0}^{n} b_j$: eine Strömung β in $B = (G, (\underline{\gamma}, \gamma, k), \mathbb{R}_+^3)$ ist zulässig (bezüglich $\underline{\gamma}$ und γ) genau dann wenn es eine Strömung β' in B' gibt mit

a) $\beta' | \underline{G} = \beta$ und

b) β' ist maximale Strömung in G' (bezüglich γ' und r_0) mit

$$\beta'(r_0) = \sum_{i=1}^{m} a_i .$$

Daher kann das Problem durch Bestimmung einer kostenminimalen Strömung zum maximalen Strömungswert w^* und daher mit Algorithmus A.8.3. gelöst werden.

(4) Häufig wird die Problemstellung in der Weise vereinfacht, daß in dem „Transportsystem" (G, γ, R_+) für jedes Paar (Q_i, S_j) die Länge k_{ij} eines k-kürzesten Weges w_{ij} von Q_i nach S_j in G bestimmt und eine Transportkapazität γ_{ij} von Q_i nach S_j festgesetzt wird (z. B. $\gamma_{ij} := \min\{\gamma(r) | r \in w_{ij}\}$). Man erhält dann folgendes **kapazitiertes Transportproblem** T_γ:

$$T_\gamma: \quad \begin{aligned} &\text{minimiere } \sum_{i,j} k_{ij} \cdot \beta_{ij} \text{ unter den Nebenbedingungen:} \\ &\sum_j \beta_{ij} \leq a_i \text{ für jedes } i = 1, \ldots, m , \\ &\sum_i \beta_{ij} \geq b_j \text{ für jedes } j = 1, \ldots, n , \\ &0 \leq \beta_{ij} \leq \gamma_{ij} \text{ für } i = 1, \ldots, m \text{ und } j = 1, \ldots, n . \end{aligned}$$

Offenbar läßt sich zu T_γ ein „Transportsystem" $(G', \gamma, \mathbb{R}_+)$ definieren mit bipartitem Graphen G':

$$G' := (X, U) \text{ mit } X := Q \cup S,\ U := \{(v_i, v_j) | v_i \in Q,\ v_j \in S,\ \gamma_{ij} > 0\} ,$$

$$\gamma : X \cup U \to \mathbb{R}_+ \text{ mit } \gamma|_X = 0,\ \gamma((v_i, v_j)) := \gamma_{ij} \text{ für } (v_i, v_j) \in U .$$

Mit $(G', \gamma, \mathbb{R}_+)$ kann dann wie beim allgemeinen Transportproblem die Rückführung auf ein Problem einer kostenminimalen Strömung erfolgen. Weitere Vereinfachungen der Problemstellung ergeben sich bei Vernachlässigung aller Kapazitätsschranken. Dann erhält man das (gewöhnliche) *Transportproblem T*:

$$T: \quad \begin{array}{ll} \text{minimiere } \sum_{i,j} \beta_{ij} \cdot k_{ij} & \text{unter den Nebenbedingungen} \\ \sum_j \beta_{ij} \leq a_i & \text{für jedes } i = 1, \ldots, m, \\ \sum_i \beta_{ij} \geq b_j & \text{für jedes } j = 1, \ldots, n, \\ 0 \leq \beta_{ij} & \text{für } i = 1, \ldots, m, j = 1, \ldots, n. \end{array}$$

Ist zudem $a_i = b_j = 1$ für jedes i und j, so haben wir ein *kontinuierliches Zuordnungsproblem* vor uns, dessen ganzzahlige Lösungen wir im folgenden Kapitel näher betrachten wollen.

Bemerkung: Die zur Lösung von T_γ bzw. T häufig eingesetzte *stepping-stone-Methode* (vgl. [8.19]) bestimmt sukzessiv – wie der Algorithmus von Klein – Kreise mit negativer Länge und vollzieht längs dieser Kreise Basisaustauschschritte. Der Unterschied zum Verfahren von Klein liegt im folgenden:

(1) die stepping-stone-Methode setzt Basislösungen („Ecken") voraus, während das Verfahren von Klein auf beliebige zulässige Strömungen anwendbar ist.

(2) die stepping-stone-Methode berechnet die Opportunitätskosten mittels Eckenbewertung π („duale Werte"; vgl. Restriktion (1') bei (P_D) auf Seite 137), das Verfahren von Klein die marginalen Kosten direkt im bewerteten Inkrementengraphen.

(5) Bei vielen Transportproblemen sind zeitliche Gesichtspunkte (Transportzeiten, Lagerzeiten u. ä.) solange nicht zu vernachlässigen, wie keine „stationären" Bedingungen vorliegen; dies gilt insbesondere bei endlichem Planungshorizont, wenn die „Anlaufphase" nicht zu vernachlässigen ist. Sei deshalb $(G, \gamma, \mathbb{R}_+)$ ein bewerteter Graph („Transportsystem") mit einer Quelle v_1 und Senke $v_n \in V$, $\bar{t} \in \mathbb{R}_+$ ein vorgegebener Planungshorizont und $t: R \to \mathbb{R}_+$ ohne Einschränkung eine Pfeilbewertung von G („Transportdauer") sowie $a: V \to \mathbb{R}_+$ eine Eckenbewertung von G („Güterausstattung zur Zeit $t = 0$").

Wir interpretieren die Transportdauer $t(r)$ eines Pfeils in der Weise, daß eine zum Zeitpunkt t_1 in $\alpha(r)$ längs r gestartete Einheit (des zu transportierenden Gutes, etwa ein „Container") genau zum Zeitpunkt $t_1 + t(r)$ in $\omega(r)$ ankommt; $\gamma(r)$ sei dabei die Transportkapazität pro Zeiteinheit. Sind für die Ecken Kapazitätsgrenzen (z. B. Lagerkapazitäten) vorgegeben, so führen wir diesen Fall gemäß Bemerkung 2 auf Seite 122 oder durch Einführen einer Schlinge mit entsprechender Kapazität auf den Fall der „Inkompressibilität" (d. h. $\gamma|_V = 0$) zurück. Es gilt nun einen „Transportplan" $\beta: R \times [0, \bar{t}] \to \mathbb{R}_+$ aufzustellen, so daß die „Flußwertsumme" über das Intervall $[0, \bar{t}]$ maximal wird. Zur Vereinfachung setzen wir ganzzahlige Bewertungen und ganzzahliges $\bar{t}$ voraus und betrachten $\sum_{i=1}^{\bar{t}} \beta^-(v_n, i)$ als zu maximierende Größe; ferner sei o. E. $G=(V, R)$ ein Graph ohne parallele Pfeile.

Das Problem läßt sich auf ein gewöhnliches Maximalflußproblem zurückführen [8.9]. Wir definieren dazu den Graphen $G'=(V', R')$ mit

$$\begin{aligned} V' &:= \{(v,t) \mid v \in V, t \in \{0, 1, \ldots, \bar{t}\}\} \cup \{q_0, s_0\}, \\ R' &:= \{((v,t),(v',t')) \mid (v,v') \in R \text{ und } t'-t=t(v,v')\} \\ &\quad \cup \{((v,t),(v,t+1)) \mid v \neq v_n, t<\bar{t}\} \cup \{(q_0,(v,0)) \mid v \in V\} \\ &\quad \cup \{((v_n,t),s_0) \mid t=0,1,\ldots,\bar{t}\} \end{aligned}$$

und bewerten R' durch $\gamma'((v,t),(v',t')) := \begin{cases} \gamma(v,v') & v \neq v' \\ M & v=v' \end{cases}$, falls mit hinreichend großem $M \in \mathbb{R}_+$ sowie

$$\gamma'(q_0,(v,0)) := a(v) \text{ und } \gamma((v_n,t),s_0) := M.$$

Dann definiert jeder maximale Fluß in G' von s_0 nach q_0 einen gesuchten optimalen „dynamischen" Fluß.

Beispiel:

$B=(G,(\gamma,t;a),\mathbb{Z}_+^3); \bar{t}=3$:

Die Eckenbewertung a ist durch ○ gekennzeichnet.

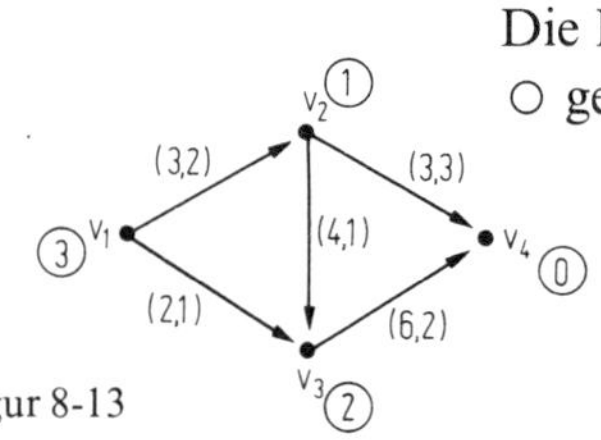

Figur 8-13

$B'=(G',\gamma',\mathbb{Z}_+)$; hierbei sei zur Vereinfachung $v_{ij} := (v_i, j)$ und $a_i := a(v_i)$:

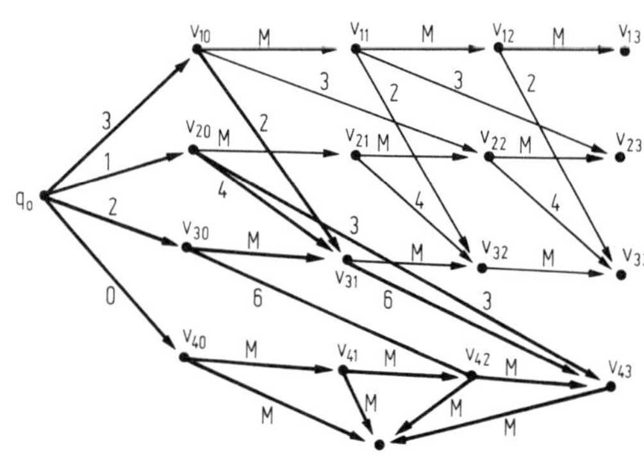

Figur 8-14

In dem vorgegebenen Zeitraum sind augenscheinlich nur Gütertransporte relevant, die in dem stark hervorgehobenen Teilgraphen repräsentiert sind; diesen Teilgraphen wird man zunächst bestimmen, um nicht bei dem Markierungsschritt des Maximalströmungsalgorithmus unnötig in „Sackgassen" zu gelangen. Eine Möglichkeit dazu bietet der Algorithmus A.5.1., wenn wir ihn in s_0 starten und auf den inversen Graphen G'^{-1} anwenden, ohne diesen vorher explizit vollständig angeben zu müssen. Eine verfahrenstechnische Ausprägung findet man bei [8.9, Kap. III. 9] und [8.20, Kap. 4.7].

(6) Das erstmals von A. S. Cahn [8.5] formulierte **Warenhausproblem** sei abschließend als Spezialfall eines dynamischen Minimalkostenströmungsproblems skizziert.

Wir betrachten ein Einproduktlager und Planungsperioden $P_1, P_2, \ldots, P_n$ $(n > 1)$; der Anfangsbestand des Lagers sei k_0, der vorgegebene Mindestendbestand $\bar{k}$. In der Planungsperiode P_i sei die Lagerkapazität k_i (Stücke), der Verkaufspreis p_i, der Beschaffungspreis q_i und die Lagerkosten r_i (pro Stück); ferner seien maximal a_i Stücke beschaffbar und nicht mehr als b_i Stücke verkaufbar. Wir haben einen realisierbaren Ein- und Verkaufsplan so zu bestimmen, daß die Lagerkapazität nicht überschritten, der Mindestendbestand nicht unterschritten wird und minimale Kosten (Beschaffungskosten + Lagerkosten − Erlöse) entstehen. Wir betrachten dazu folgenden bewerteten Graphen $B = (G, (\underline{\gamma}, \gamma, k), \mathbb{R}_+^2 \times \mathbb{R})$; E stellt dabei die „Einkaufsquelle", V die „Verkaufssenke" und L_i, L_i' zwei Lagerzustände in der Planungsperiode P_i dar $(i = 1, \ldots, n)$; M sei eine hinreichend große Konstante:

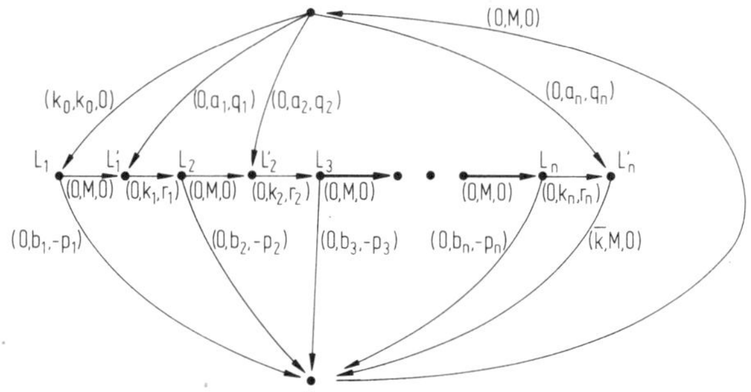

Figur 8-15

Man erkennt leicht, daß eine kostenminimale (zulässige) Strömung (bezüglich $\underline{\gamma}$, γ und $r_0 := (V, E)$) einen optimalen Ein- und Verkaufsplan unter den gegebenen Restriktionen bestimmt. Zusätzlich vorgegebene Mindestzahlen für Ein- und Verkäufe pro Periode lassen sich durch entsprechende Änderung von $\underline{\gamma}$ berücksichtigen.

9. Zuordnungen und Überdeckungen

9.1. Zuordnungen („matchings“)

In einer Fabrikationsstätte sind n Arbeitsplätze $P_1, \ldots, P_n$ zu besetzen; in die engere Wahl kommen n Arbeiter $A_1, \ldots, A_n$, welche die einzelnen Stellen mehr oder weniger gut ausfüllen können. Die Effizienz des Arbeiters A_i am Arbeitsplatz P_j sei durch $c_{ij} \in \mathbb{R}_+$ gekennzeichnet.

Problem 1: Existiert eine eineindeutige Zuordnung von Arbeitern zu Arbeitsplätzen, so daß jeder Arbeitsplatz besetzt ist und jeder Arbeiter mit positiver Effizienz tätig wird?

Die Antwort zu dieser Frage liefert der Satz 8.7. von Hall (vgl. S. 127). Die Frage ist genau dann zu bejahen, wenn für jede vorgegebene Teilmenge $A \subset \{A_1, \ldots, A_n\}$ gilt:

$$|\{P_j \mid c_{ij} > 0 \text{ für ein } i \text{ mit } A_i \in A\}| \geq |A| \,.$$

Problem 2: Bestimme eine (eineindeutige) Zuordnung von Arbeitern zu Arbeitsplätzen mit maximaler Effizienz.

Hierbei fordern wir, daß jedem Arbeitsplatz genau ein Arbeiter zugeordnet wird.

Bezeichnen wir zunächst mit x_{ij} den Bruchteil der Arbeitskraft des Arbeiters A_i, den er am Arbeitsplatz P_j einsetzt, so führt das letztgenannte Problem zu folgendem *Zuordnungsproblem:*

Maximiere $\sum_{i,j}^{n} c_{ij} x_{ij}$ unter den Nebenbedingungen:

(Z)

$$\sum_{j=1}^{n} x_{ij} = 1 \qquad \text{für jedes } i = 1, \ldots, n \,, \qquad (1)$$

$$\sum_{i=1}^{n} x_{ij} = 1 \qquad \text{für jedes } j = 1, \ldots, n \,, \qquad (2)$$

$$0 \leq x_{ij} \leq 1, \; x_{ij} \text{ ganzzahlig für } i = 1, \ldots, n; j = 1, \ldots, n \,.$$

Zur Veranschaulichung von Problem 1 betrachten wir wieder folgenden bipartiten Graphen $G = (X, U)$ mit

$$X := X_1 \cup X_2 \text{ und } X_1 := \{A_1, \ldots, A_n\}, \; X_2 := \{P_1, \ldots, P_n\},$$

$$\text{sowie } U := \{(A_i, P_j) \mid c_{ij} > 0\} \,.$$

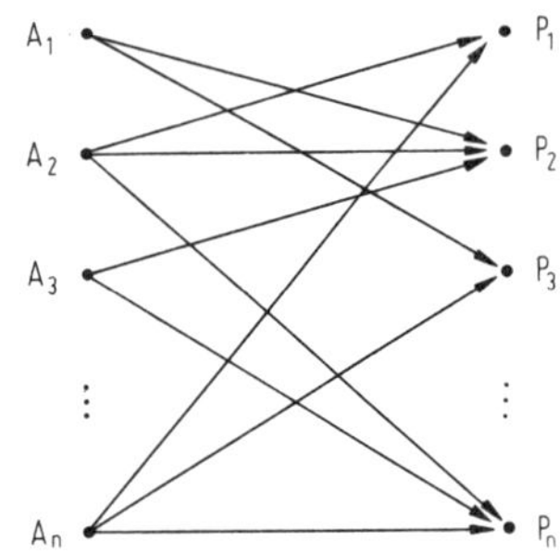

Figur 9-1

Eine Teilmenge $M \subset U$ heißt eine **Zuordnung** („matching“) in G genau dann, wenn gilt: Sind $m_1, m_2 \in M$ und $m_1 \neq m_2$, so sind m_1 und m_2 nicht inzident. Zwei Pfeile einer Zuordnung M besitzen also keine gemeinsame Ecke.
Eine Zuordnung M_0 (in G) heißt *voll*, falls für jede Zuordnung M in G gilt:

$$|M| \leq |M_0|;$$

sie heißt *vollständig*, wenn $|M_0| = n$ ist.
Problem 1 ist dann offenbar äquivalent mit der Frage nach der Existenz einer vollständigen Zuordnung in G.
Zur Veranschaulichung von Problem 2 betrachten wir den „vollständigen“ bipartiten Graphen $G = (X, U)$ mit $X = X_1 \cup X_2$ (s. o.) und

$$U := \{(A_i, P_j) \mid i = 1, \ldots, n;\ j = 1, \ldots, n\}$$

und definieren eine Pfeilbewertung $\bar{k}: U \to \mathbb{R}_+$ durch

$$\bar{k}((A_i, P_j)) := c_{ij}\,.$$

Problem 2 ist dann offenbar folgendermaßen zu formulieren: Bestimme in G eine vollständige Zuordnung M mit maximaler Bewertungssumme $\bar{k}(M) := \sum_{u \in M} \bar{k}(u)$.
Setzen wir noch $c_0 := \max_{i,j} c_{ij}$ und

$$k(u) := c_0 - \bar{k}(u) \quad \text{für jedes } u \in U\,,$$

so ist eine vollständige Zuordnung M in G bezüglich der Bewertung $\bar{k}$ genau dann maximal, wenn M bezüglich der Bewertung k minimal ist. Wir beschränken uns daher desweiteren auf die Bestimmung *k-minimaler voller Zuordnungen* in nichtnegativ bewerteten bipartiten Graphen.

Häufig werden wie in Problem 1 gewisse Zuordnungen von Arbeitern zu Arbeitsplätzen von vornherein ausgeschlossen. Wir berücksichtigen diese Nebenbedingungen durch geeignet große Bewertung $k(u) := K$ des betroffenen

Pfeils u; ist K größer als die Summe der Bewertungen aller zulässigen Pfeile, so ist für jede zulässige volle Zuordnung M $k(M)<K$ und daher $u \notin M$, andererseits enthält eine k-minimale volle Zuordnung M mit $k(M) \geq K$ mindestens einen auszuschließenden Pfeil.

Sei deshalb $G=(X, U)$ mit $X=X_1 \cup X_2$ und $U \subset X_1 \times X_2$ – wie in Figur 9-1 dargestellt – ein bipartiter Graph mit einer nichtnegativen Pfeilbewertung k; wir erweitern G durch Einfügen einer „künstlichen" Quelle q_0 und Senke s_0 sowie „künstlicher" Pfeile in folgender Weise zu einem Obergraphen G' mit Bewertung (γ, k):

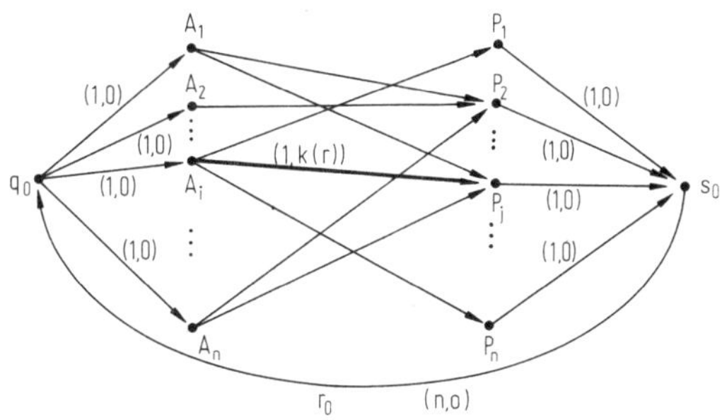

Figur 9-2

Wir erkennen:

(1) Jede ganzzahlige (zulässige) Strömung β in G' induziert eine Zuordnung $M := \{(A_i, P_j) \mid \beta(A_i, P_j)=1\}$ mit $|M| = \beta(r_0)$.

(2) Jede Zuordnung M in G induziert eine ganzzahlige (zulässige) Strömung β in G' mit $\beta(r_0) = |M|$.

(3) Jede kostenminimale ganzzahlige Strömung in G' zum Strömungswert w in r_0 induziert eine k-minimale Zuordnung zu vorgegebener Mächtigkeit w.

Insbesondere folgt daher:

Jede k-minimale vollständige Zuordnung M in G induziert eine ganzzahlige kostenminimale Strömung zum Strömungswert $w^* = n$;

jede ganzzahlige kostenminimale Strömung zum Strömungswert n induziert eine k-minimale vollständige Zuordnung M in G.

Zur Lösung des Zuordnungsproblems kann daher der Algorithmus A.8.3. von Busacker-Gowen verwendet werden oder – falls eine vollständige Zuordnung M_0 bekannt ist – der Algorithmus von Klein.

Wir wollen den Einsatz von A.8.3. auf ein Zuordnungsproblem genauer betrachten. Ist $\beta_0=0$, β_1, β_2, ..., β_k die Folge der kostenminimalen Strömungen zu den Strömungswerten 0, 1, ..., k in r_0 $(k \leq n)$, so zeigt man für den (kreisfreien) Inkrementengraphen $I_k := I(G, \gamma, \beta_k, k)$ leicht:

(1) Es existieren in dem durch X induzierten Subgraphen von I_k genau k Pfeile mit Anfangsecke in X_2 und Endecke in X_1.

(2) Jeder elementare Pfeilweg von q_0 nach s_0 in I_k durchläuft höchstens $2k+3$ Pfeile, so daß bei Einsatz des Ford-Algorithmus A.7.4. nach höchstens $2k+3$ Iterationen ein kürzester Weg von q_0 nach s_0 in I_k bestimmt ist. Da I_k $m+2n$ Pfeile aufweist (m: Pfeilanzahl von G), benötigt A.7.4. höchstens $c \cdot k\,(m+n)$ elementare Operationen zur Bestimmung eines kürzesten Weges.

Insgesamt benötigt man daher zur Bestimmung einer k-minimalen vollen Zuordnung höchstens $\sum_{k=1}^{n} c \cdot k\,(m+n)$, also höchstens $O\,(n^3,\ m \cdot n^2)$ und wegen $m \leq n^2$ jedenfalls höchstens $O\,(n^4)$ elementare Operationen.

Eine Verringerung des Rechenaufwandes ergibt sich gewöhnlich durch folgende vorbereitende Schritte *(„Bewertungsreduktion")*; es sei wieder $G=(X, U)$ mit $X=X_1 \cup X_2$, $U \subset X_1 \times X_2$ und $k: U \to \mathbb{R}_+$.

(1) *Quellenreduktion* („Zeilenreduktion"):
Sei $v \in X_1$ mit Pfeilbüschel $B^+(v) \neq \emptyset$ (vgl. Kap. 1.2.);
dann sei $k\,(v) := \min\,\{k\,(u) \mid u \in B^+(v)\}$ und
$k_*(u) := k\,(u) - k(\alpha\,(u))$ für jedes $u \in U$.

(2) *Senkenreduktion* („Spaltenreduktion"):
Sei $v \in X_2$ mit $B^-(v) \neq \emptyset$;
dann sei $k\,(v) := \min\,\{k_*(u) \mid u \in B^-(v)\}$ und
$k^*(u) := k_*(u) - k\,(\omega\,(u))$ für jedes $u \in U$.

Insgesamt gilt also: $k^*(u) = k\,(u) - k\,(\alpha\,(u)) - k\,(\omega\,(u))$ für jedes $u \in U$.
Jede k-minimale vollständige Zuordnung M in G ist dann aber auch k^*-minimale vollständige Zuordnung in G und umgekehrt, weil

$$k^*(M) := k\,(M) - \sum_{v \in X_1} k\,(v) - \sum_{v \in X_2} k\,(v) \text{ ist .}$$

Der Vorteil der Bewertungsreduktion liegt auf der Hand:
In jedem nichtleeren Pfeilbündel $B^+(v)$ für $v \in X_1$ bzw. $B^-(v)$ für $v \in X_2$ existiert ein Pfeil u mit $k^*(u)=0$. Wir können daher mit dem Verfahren von Busacker-Gowen (oder mit Algorithmus A.8.1.) zunächst eine *maximale* (ganzzahlige) Strömung β_{k_0} in dem durch $U_0 := \{u \in U \mid k^*(u)=0\}$ induzierten Partialgraphen G_0 bestimmen; die zugehörigen Inkrementengraphen sind *nichtnegativ* bewertet, so daß wir mit $O\,(n^2)$ elementaren Operationen jeweils einen kürzesten Weg von s_0 nach q_0 bestimmen können (vgl. A.7.3., Seite 103).

Beispiel:

Arbeiter: $A_1, \ldots, A_5$
Plätze: $P_1, \ldots, P_5$.

Die Werte $k(u)$ sind an den Pfeilen der nachfolgenden Figur notiert und im allgemeinen beliebig reell:

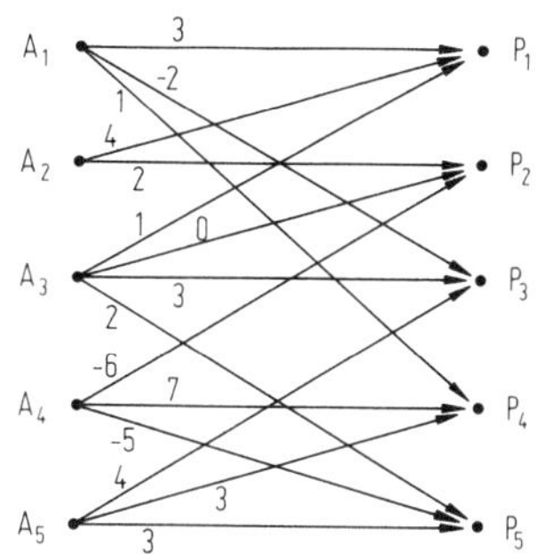

Bewertungsreduktion:

(1) Quellenreduktion: (2) Senkenreduktion:

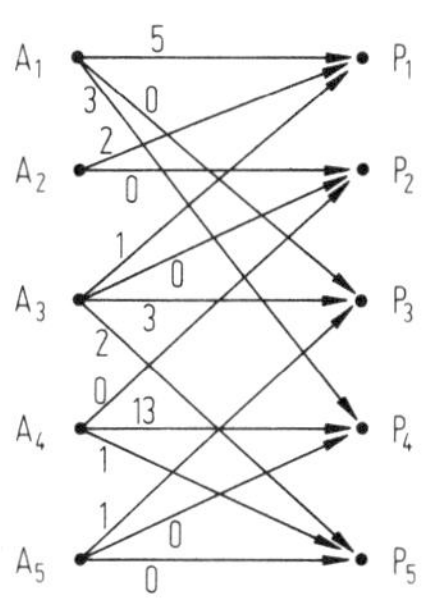

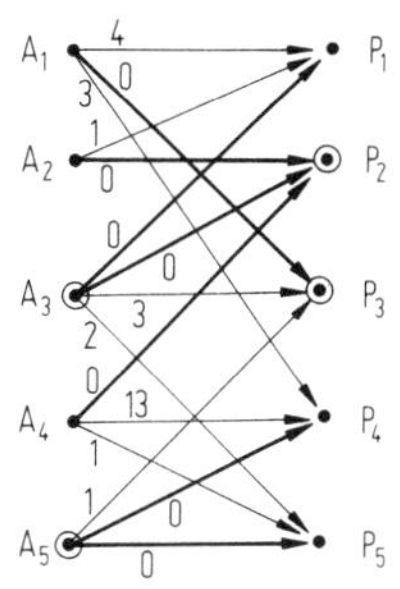

die Pfeile aus U_0 sind stark hervorgehoben, ferner die Eckenmenge $V = \{A_3, A_5, P_2, P_3\}$ (vgl. Seite 151).

Maximale Strömung β_{k_0} in G_0:

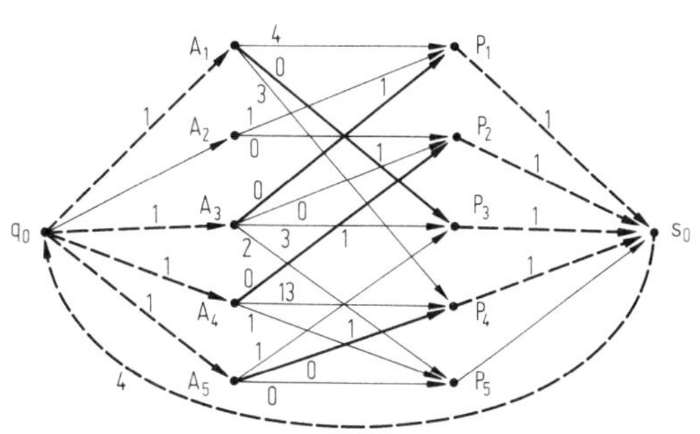

Figur 9-3

Bewerteter Inkrementengraph $B=(I(G, \gamma, \beta_{k_0}, w^*=4), d, \mathbb{R}_+)$:

Kürzester Weg von q_0 nach s_0:

$$w=(q_0, A_2, P_2, A_4, P_5, s_0):$$

$$d(w)=1 .$$

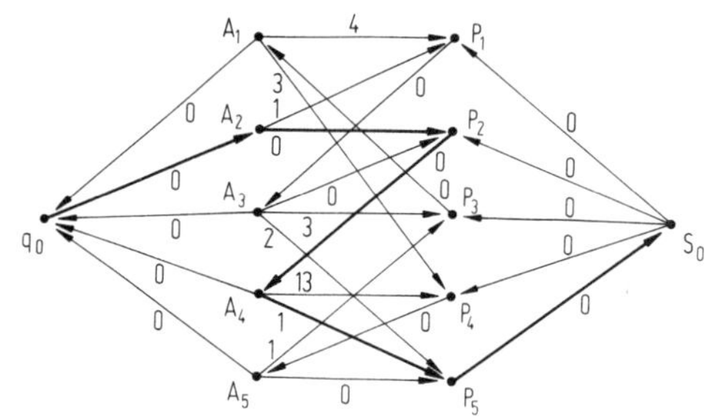

Kostenminimale Strömung zum (maximalen) Strömungswert $w^*=5$:

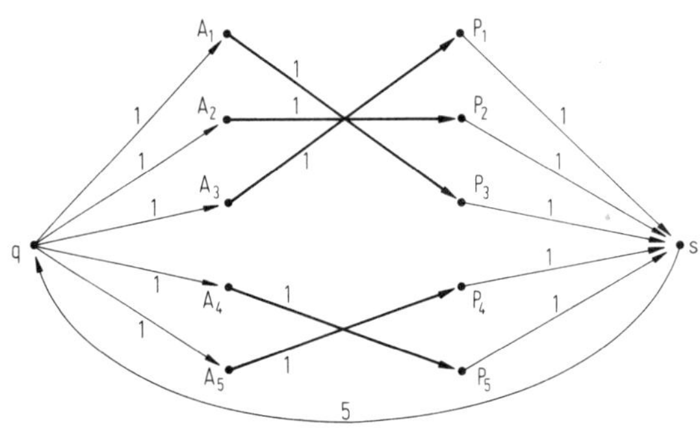

Figur 9-4

Eine k-minimale vollständige Zuordnung M in G ist in obiger Figur stark hervorgehoben; es ist $k(M) = -1$.

Bemerkungen:

(1) Zu $G=(X, U)$ mit $X=X_1 \cup X_2$ und $X_1:=\{v_1, \ldots, v_n\}$, $X_2:=\{v'_1, \ldots, v'_n\}$ und der Pfeilbewertung k^* definieren wir folgende Kostenmatrix $C=(c_{ij})$:

$$c_{ij}:=\begin{cases} k^*(u) & , \text{ falls } u=(v_i, v'_j)\in U \\ \infty & \text{sonst} . \end{cases}$$

In unserem Beispiel ergibt sich dann

$$
\begin{array}{cccccccc}
 & & P_2 & P_3 & & & & \\
 & 4 & \infty & \textcircled{0} & 3 & \infty & & \\
 & 1 & 0 & \infty & \infty & \infty & & \\
C= & \textcircled{0} & 0 & 3 & \infty & 2 & & A_3 \\
 & \infty & \textcircled{0} & \infty & 13 & 1 & & \\
 & \infty & \infty & 1 & \textcircled{0} & 0 & & A_5
\end{array}
$$

Alle verschwindenden Elemente lassen sich offenbar durch die vier eingezeichneten Linien „überdecken“; das bedeutet aus graphentheoretischer Sicht, daß jeder Pfeil $r \in U_0$ mit mindestens einer der vier Ecken A_3, A_5, P_2, P_3 inzidiert[1]. Jede Teilmenge $V_0 \subset X_1 \cup X_2$ mit weniger als vier Elementen aber hat diese Eigenschaft offensichtlich nicht. Die eingezeichneten Linien bilden daher ein „minimales Überdeckungssystem der verschwindenden Elemente“; ihre Anzahl entspricht genau dem maximalen Strömungswert in G_0. Diese Feststellung ist allgemein richtig; es gilt der Satz von *König* [9.25].

Satz 9.1.: Ist $G=(X, U)$ ein bipartiter Graph mit $X=X_1 \cup X_2$, so gilt: $\max\{|M| \mid M$ ist Zuordnung in $G\} = \min\{|V| \mid V \subset X$; jedes $u \in U$ inzidiert mit $V\}$.

Beweis: Nach den Bemerkungen auf Seite 147 ist der Strömungswert w^* einer maximalen Strömung β in dem erweiterten Graphen G' gleich der Mächtigkeit einer vollen Zuordnung in G, genauer: $M := \{u \in U \mid \beta(u) = 1\}$ ist eine volle Zuordnung mit $|M| = w^*$. Jede Eckenteilmenge V, mit der $m \in M$ inzidiert, enthält entweder $\alpha(m)$ oder $\omega(m)$; da die Pfeile aus M paarweise nicht inzidieren, sind aber bereits mindestens w^* Ecken notwendig, um zu gewährleisten, daß jeder Pfeil aus M mit V inzidiert. Sei umgekehrt V^* eine Eckenteilmenge minimaler Mächtigkeit, mit der jeder Pfeil $u \in U$ inzidiert. Wir haben zu zeigen, daß es eine Strömung in G gibt mit $\beta(r_0) \geq |V^*|$.

Sei $V_1 \subset X_1$ und $N(V_1) := \bigcup_{v \in V_1} N(v)$ die Nachfolgermenge von V_1;

[1] Wir sagen auch kurz: jedes $r \in U_0$ inzidiert mit $V := \{A_3, A_5, P_2, P_3\}$.

ist nun V eine Eckenteilmenge, mit der jeder Pfeil $u \in U$ inzidiert, und $V_1 := V \cap X_1$, $V_2 := V \cap X_2$, so muß offenbar gelten: $N(X_1 - V_1) \subset V_2$.
Also ist $|V| = |V_1| + |V_2| \geq |V_1| + |N(X_1 - V_1)|$ und V^* genau dann von minimaler Mächtigkeit wenn gilt:

$$(*) \quad \begin{aligned} &V_2^* = N(X_1 - V_1^*) \text{ und} \\ &|V_1^*| + |N(X_1 - V_1^*)| = \min \{|V_1| + |N(X_1 - V_1)| \,|\, V_1 \subset X_1\} . \end{aligned}$$

Betrachten wir nun einen beliebigen Schnitt $\sigma(Q)$ in G mit $q_0 \in Q$, $s_0 \notin Q$, wie er etwa in der folgenden Figur veranschaulicht ist,

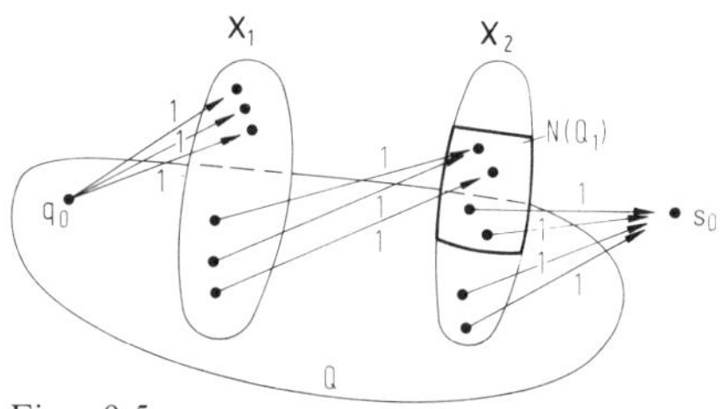

$Q_1 := Q \cap X_1$,

$Q_2 := Q \cap X_2$

Figur 9-5

so ist $\gamma(\sigma(Q)) \geq |X_1 - Q_1| + |N(Q_1) - Q_2| + |N(Q_1) \cap Q_2| + |Q_2 - N(Q_1)|$ und wegen $|N(Q_1) - Q_2| + |N(Q_1) \cap Q_2| = |N(Q_1)|$ folgt:

$$\gamma(\sigma(Q)) \geq |X_1 - Q_1| + |N(Q_1)| .$$

Mit dem MAXMIN-Theorem 8.4. folgt daher für eine maximale Strömung β:

$$\beta(r_0) \geq \min \{|X_1 - Q_1| + |N(Q_1)| \,|\, Q_1 \subset X_1\} = |V^*| \text{ wegen } (*).$$

Haben wir also ein minimales Überdeckungssystem und wählen wir in jeder Linie des Systems genau ein verschwindendes Element (in der Kostenmatrix mit ○ gekennzeichnet), so ergeben die zugehörigen Pfeile eine volle Überdeckung in dem durch X und U_0 induzierten partiellen Subgraphen von G und induzieren eine maximale Strömung in G_0. Von Kuhn [9.26] ist ein Verfahren – **die Ungarische Methode** – entwickelt worden, das die zuletzt gegebene Interpretation unseres Verfahrens zentral benutzt und im wesentlichen mit der von uns vorgeschlagenen Verfahrensweise übereinstimmt.

(2) Die Ganzzahligkeit der Lösung des Zuordnungsproblems (Z) ergibt sich zwangsläufig bei ganzzahliger Ausgangsströmung β_0 und ganzzahliger Bewertung γ. Wegen der Unimodularität der Koeffizientenmatrix von (Z)

gilt diese Bemerkung auch bei Anwendung der Simplexmethode. Vgl. [9.22].

(3) Von H. J. Schmid [9.39] ist ein interessanter Vergleich zwischen der Ungarischen Methode und dem Simplexverfahren angestellt worden. Während die Ungarische Methode sich mit jedem Schritt in Richtung des steilsten Anstiegs aller zulässigen, normierten Richtungen bewegt, gilt dies bei der bekannten Variante der Simplexmethode nur bezüglich aller zulässigen Kantenrichtungen (vgl. dazu auch die Bemerkung auf S. 141 sowie Bemerkung 4 auf Seite 187).

Wir wollen noch auf eine Anwendung hinweisen, bei der nicht unmittelbar ein Zuordnungsproblem sichtbar wird.

Bei der *Standortwahl* für Auslieferungslager, etwa Depots einer Brauerei, von denen aus eine Region mit n Städten beliefert werden soll, kann zunächst nach einer Menge von elementaren Kreisen gefragt werden, welche jede Stadt berühren und minimale Gesamtlänge aufweisen.

Zur Präzisierung der Fragestellung sei $G=(V, R)$ ein Graph ohne parallele Pfeile und β eine nichtnegative Pfeilbewertung von G („Länge", „Fahrtkosten" o. ä.).

Eine Menge $F=\{z_1, \ldots, z_p\}$ von elementaren Kreisen z_i $(i=1, \ldots, p)$ heißt ein (1-)**Faktor**[2] *in* G, wenn gilt:

Ist $s(z_i)$ die Spur von z_i und $S_i := \{v \in s(z_i)\}$ die von z_i berührte Eckenmenge, so ist $S_i \cap S_j = \emptyset$ für $i \neq j$, $\bigcup_{i=1}^{p} S_i = V$.

Ein Faktor F^* heißt ein *β-minimaler Faktor*, wenn $\beta(F^*) := \sum_{i=1}^{p} \sum_{r \in z_i} \beta(r)$ unter allen Faktoren von G minimal ist.

Beispiel:

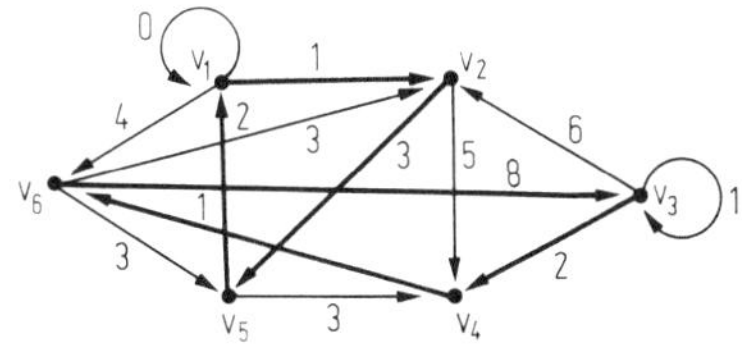

Figur 9-6

Offenbar ist $F=\{z_1, z_2\}$ mit $s(z_1)=[v_1, v_2, v_5, v_1]$ und $s(z_2)=[v_3, v_4, v_6, v_3]$ ein Faktor mit $\beta(F)=6+11=17$.

Ist F β-minimaler Faktor?

[2] Ein (1-)Faktor ist offenbar ein Partialgraph von G, dessen Ecken den Außengrad und Innengrad 1 aufweisen. Ein *h-Faktor* ist allgemeiner ein Partialgraph, dessen Ecken den Außengrad und Innengrad h aufweisen. Ein Graph heißt *regulär*, wenn er ein h-Faktor ist für ein $h \in \mathbb{N} \cup \{0\}$.

Zur Lösung dieses Problems konstruieren wir folgenden bipartiten Graphen $G'=(X, U)$ mit $X=\{v_1, \ldots, v_n\} \cup \{v'_1, \ldots, v'_n\}$ und $U:=\{(v_i, v'_j) \mid (v_i, v_j) \in R\}$ und bewerten U gemäß $\beta'(v_i, v'_j):=\beta(v_i, v_j)$ für alle $(v_i, v'_j) \in U$:

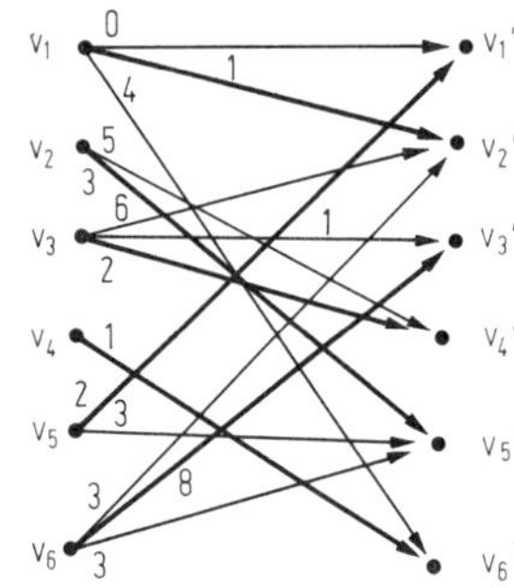

Figur 9-7

Wir erkennen: Jedem elementaren Kreis z_j in G entspricht eine Zuordnung M_j in G'. Ist nämlich $s(z_j)=(v_{i_1}, v_{i_2}, \ldots, v_{i_k}, v_{i_1})$, so ist $M_j:=\{(v_{i_1}, v'_{i_2}), (v_{i_2}, v'_{i_3}), \ldots, (v_{i_k}, v'_{i_1})\}$ eine Zuordnung in G'; jedem Faktor F entspricht daher eine vollständige Zuordnung M_F in G'; einem β-minimalen Faktor F^* entspricht daher eine β'-minimale vollständige Zuordnung in G'.

Zugleich haben wir mit dem Satz 8.7. von Hall den folgenden Existenzsatz:

Satz 9.2.: Ein Graph $G=(V, R)$ besitzt einen Faktor F genau dann wenn für jede Teilmenge $V_0 \subset V$ gilt: $|V_0| \leq |N(V_0)|$.

Bemerkung: Einen Faktor F, der nur aus einem Kreis besteht, nennen wir einen *hamiltonschen Kreis*. Bei der Bestimmung β-minimaler hamiltonscher Kreise werden wir obiges Zuordnungsproblem nutzbringend verwenden (vgl. Kap. 10.2.; Methode von Eastman), indem wir sukzessiv versuchen, eine Folge von Faktoren mit streng monoton fallender Zahl elementarer Kreise zu bestimmen. Ein umgekehrtes Verfahren kann erforderlich werden, wenn eine Mindestanzahl von Kreisen und/oder maximale β-Längen für zulässige Kreise zusätzlich vorgegeben werden.

Wir wollen nun den Begriff der Zuordnung (matching) auf beliebige Graphen übertragen. Sei $G=(\underline{G}, \alpha, \omega)$ ein endlicher Graph mit Eckenmenge V und Pfeilmenge R. Eine Teilmenge $M \subset R$ ist eine *Zuordnung* in G, wenn gilt: Sind $m_1, m_2 \in M$ und $m_1 \neq m_2$, so sind m_1 und m_2 nicht inzident.

Eine Zuordnung M_0 heißt wieder *voll*, falls $|M| \leq |M_0|$ gilt für jede Zuordnung M in G; sie heißt *vollständig (perfekt)*, wenn alle Ecken von G „überdeckt" werden: zu jedem $v \in V$ existiert ein $m \in M$, welches mit v inzidiert. Ist M eine Zuordnung in G und v eine Ecke, die mit keinem Pfeil aus M inzidiert, so heißt v eine *unsaturierte* Ecke.

Beispiel:

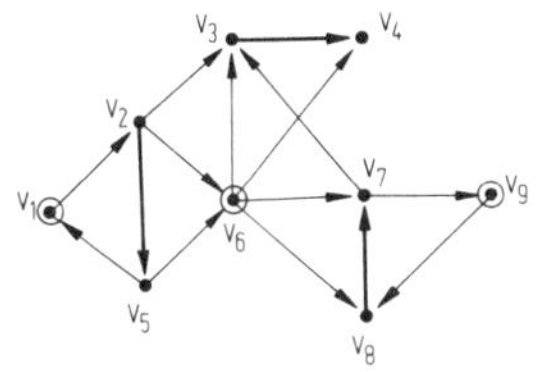

Die stark hervorgehobenen Pfeile bilden eine Zuordnung M; die unsaturierten Ecken sind markiert.

Figur 9-8

Eine Kette $\kappa=(\delta_1 r_1, \delta_2 r_2, \ldots, \delta_{2k+1} r_{2k+1})$ heißt eine *M-alternierende Kette* in G, wenn $r_{2i+1} \notin M$ für $i=0, \ldots, k$ und $r_{2i} \in M$ für $i=1, \ldots, k$ gilt $(k \geq 0)$.
Sind zudem $\alpha(\kappa)$ und $\omega(\kappa)$ unsaturiert, so ist
$M_\kappa := (M \cup \{r_{2i+1} \mid i=0, \ldots, k\}) - \{r_{2i} \mid i=1, \ldots, k\}$ eine Zuordnung in G mit $|M_\kappa| = |M| + 1$.
In obigem Beispiel ist κ mit Spur $s(\kappa)=(v_6, v_7, v_8, v_9)$ eine M-alternierende Kette mit unsaturierter Anfangs- und Endecke; die zugehörige Zuordnung M_κ zeigt die folgende Figur:

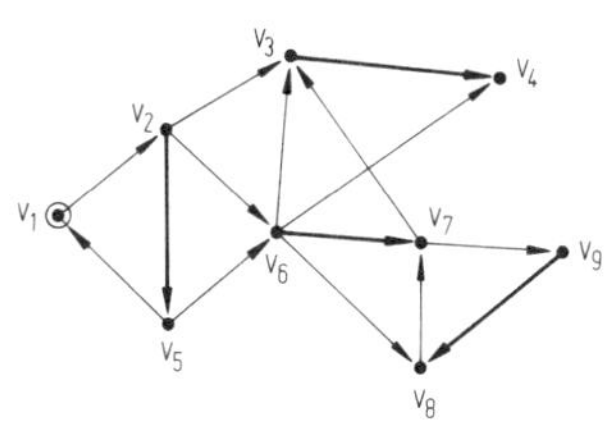

Figur 9-9

Offenbar ist M_κ eine volle Zuordnung in G. Edmonds [9.12], [9.13] entwickelte ein Verfahren, das durch sukzessives Aufsuchen M-alternierender Ketten in einem Graphen G eine volle Zuordnung bestimmt; ist zudem k eine reelle Pfeilbewertung von G, so liefert der Algorithmus mit höchstens $O(|V|^4)$ elementaren Operationen eine *k-minimale volle Zuordnung*. Das Verfahren ist eine Verallgemeinerung der Ungarischen Methode, denn ein kürzester Weg w mit Spur $s(w)=(q_0, v_{i_1}, \ldots, v_{i_r}, s_0)$ im Inkrementengraph definiert eine M-alternierende Kette κ mit $s(\kappa)=(v_{i_1}, \ldots, v_{i_r})$ in G (vgl. Figur 9-4). Die sukzessive Bestimmung von M-alternierenden Ketten in G bricht wegen $|M_\kappa| = |M| + 1$ spätestens nach $1/2|V|$ Schritten ab; die zuletzt bestimmte Zuordnung M ist eine volle Zuordnung. Es gilt nämlich (Berge [9.7], Norman u. Rabin [9.32]).

Satz 9.3.: M ist eine volle Zuordnung in G genau dann, wenn keine M-alternierende Kette in G existiert.

Beweis: Wir haben den Fall $k|_R=1$ vor uns; eine M-alternierende Kette κ in G mit Spur $s(\kappa)$ existiert offenbar genau dann, wenn es einen Weg $w=[q_0, s(\kappa), s_0]$ im Inkrementengraphen $I(G, \gamma, \beta, k^*)$ gibt, wobei β die zu M gehörige ganzzahlige Strömung in G' ist mit $\beta(r_0)=k^*=|M|$ (vgl. S. 147). Daher folgt die Behauptung unmittelbar aus der Abbruch- und Optimalitätsbedingung des Verfahrens von Busacker und Gowen.

Obiges Beispiel lehrt, daß eine volle Zuordnung nicht vollständig sein muß. Die Existenz vollständiger Zuordnungen bzw. die Mächtigkeit voller Zuordnungen beschreibt der folgende Satz von Tutte [9.40] und Berge [9.6] (vgl. auch [9.27]).

Satz 9.4.: Sei G ein schwach zusammenhängender Graph mit Eckenmenge V und S eine Teilmenge von V; der durch $V-S$ induzierte Subgraph habe $p(S)$ schwache Zusammenhangskomponenten mit ungerader Eckenzahl. Dann ist die Zahl s der unsaturierten Ecken bei einer vollen Zuordnung M in G

$$s=\max\{p(S)-|S| \mid S\subset V\} \text{ und daher } |M|=1/2\,(|V|-s)\,.$$

Bemerkung: Eine Modifikation des Edmonds-Algorithmus ist in [9.42] geschildert.

9.2 Überdeckungen („coverings“)

Zur Realisierung eines Projektes (Expedition; Wartung eines technischen Systems; Erstellen eines „integrierten Gesamtplans“ etc.) sind m Fähigkeiten $F_1, \ldots, F_m$ unabdingbar. Es stehen n „Bewerber“ $B_1, \ldots, B_n$ zur Diskussion, von denen jeder eine Teilmenge $F(B_i)$ der Menge $F:=\{F_1, \ldots, F_m\}$ aller erforderlichen Fähigkeiten besitzt ($i=1, \ldots, n$). Es gilt, unter den Bewerbern eine Auswahl zu treffen, d. h. eine Teilmenge B_0 von $B:=\{B_1, \ldots, B_n\}$ zu bestimmen, so daß jede nachgefragte Fähigkeit bei mindestens einem der Bewerber aus B_0 vorliegt, also B_0 die Menge F „überdeckt“:

$$\bigcup_{B_i\in B_0} F(B_i)=F\,.$$

Sind noch Personalkosten g_i der Bewerber B_i ($i=1, \ldots, n$) vorgegeben, so wird man häufig die Frage nach einer *kostenminimalen Überdeckung* B_0 stellen; wir haben damit das (gewichtete) Überdeckungsproblem:

$$(\dot{U})\quad \text{Minimiere } g(B_0):=\sum_{i:\,B_i\in B_0} g_i \text{ unter der Nebenbedingung:}\qquad \bigcup_{B_i\in B_0} F(B_i)=F\,.$$

Ist insbesondere $g_i=1$ für $i=1,\ldots,n$, so haben wir eine Überdeckung B_0 mit minimaler Mächtigkeit zu bestimmen.
Stellt $A=(a_{ij})$ mit

$$a_{ij}:=\begin{cases}1 & B_j \text{ die Fähigkeit } F_i \text{ besitzt}\\ & ,\text{ falls}\\ 0 & \text{sonst}\end{cases}$$

die „Fähigkeitsmatrix“ dar, so kann das Überdeckungsproblem analytisch folgendermaßen formuliert werden:

$$\text{Minimiere } \sum_{j=1}^{n} g_j x_j \text{ unter den Nebenbedingungen:}$$

$$\sum_{j=1}^{n} a_{ij}x_j \geq 1 \text{ für jedes } i=1,\ldots,m\,,$$

$$0\leq x_j\leq 1,\ x_j \text{ ganz für } j=1,\ldots,m$$

oder kurz mit $g:=(g_1,\ldots,g_n)$ und $\underline{1}:=(1,\ldots,1)\in\mathbb{R}^m$:

$$\begin{aligned}&\min\ gx\\ (*)\quad &Ax\geq\underline{1}\\ &0\leq x\leq 1,\ \text{ganz.}\end{aligned}$$

Weitere typische Bereiche, in denen Überdeckungsprobleme auftreten, sind: Routenplanung, Bandabgleichung bei Fließfertigung, strategische Planung zum Schutz von bzw. bei Angriff auf Nachschubsysteme, Schaltkreisentwurf, Marktsegmentierung, „information retrieval“, Entwurf von Kommunikationsstrukturen etc. (vgl. [9.4], [9.30]. [9.28]). Zur Veranschaulichung des Sachverhalts betrachten wir folgenden bipartiten Graphen $G=(V,R)$ mit $V:=F\cup B$, $R:=\{(F_i, B_j)\,|\,B_j$ besitzt die Fähigkeit F_i, also $a_{ij}=1\}$; ferner sei g eine Eckenbewertung mit $g(B_i):=g_i$:

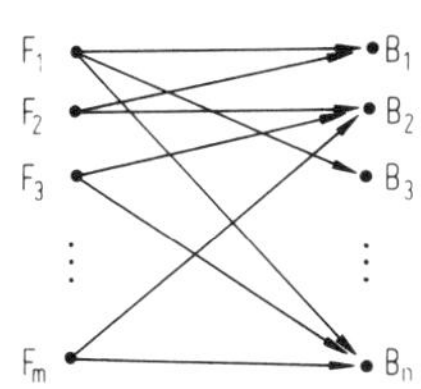

Figur 9-10

Eine Überdeckung B_0 ist offenbar eine Teilmenge von B, so daß jede Ecke $F_i \in F$ mit mindestens einer Ecke aus B_0 benachbart ist. Eine g-minimale Überdeckung hat zudem unter allen Überdeckungen minimale Bewertungssumme $g(B_0)$.

Zur Lösung des Problems empfehlen sich zunächst einige vorbereitende Schritte [9.30], [9.31], [9.15, Kap. 8.3.].

Zerfällt die Menge der Bewerber und die Menge der Fähigkeiten in jeweils zwei (oder mehr als zwei) nichtleere Klassen $B^{(1)}$, $B^{(2)}$ bzw. $F^{(1)}$, $F^{(2)}$, so daß Bewerber der Klasse $B^{(1)}$ nur Fähigkeiten der Klasse $F^{(1)}$, Bewerber der Klasse $B^{(2)}$ nur Fähigkeiten der Klasse $F^{(2)}$ besitzen, so zerfällt die Fähigkeitsmatrix A bei geeigneter Numerierung der Fähigkeiten und Bewerber in folgender Weise:

$$A = \left(\begin{array}{c|c} A_1 & 0 \\ \hline 0 & A_2 \end{array}\right)$$

Die Lösung des Überdeckungsproblems mit Fähigkeitsmatrix A setzt sich dann offenbar direkt zusammen aus den Lösungen der Teilprobleme mit Fähigkeitsmatrizen A_1 bzw. A_2.

Wie erhält man nun die Zerfällung der Koeffizientenmatrix? Man erkennt unmittelbar: die Teilmatrizen A_i werden eindeutig (bis auf Reihenfolge) determiniert durch die schwachen Zusammenhangskomponenten von G. Man wird daher zunächst die schwachen Zusammenhangskomponenten von G bestimmen (vgl. A.5.2.) und anschließend für jede schwache Zusammenhangskomponente das induzierte Überdeckungsproblem lösen.

Sei nun ohne Einschränkung $G=(V, R)$ schwach zusammenhängend.

Ist die Nachfolgermenge $N(F_i)=\emptyset$ für ein i, so existiert keine Überdeckung; ist $N(F_i)=\{B_j\}$, so enthält jede Überdeckung B_j, so daß wir dieses Element als „triviales Element" aussondern und uns auf den von $V-\{B_j, F_i\}$ induzierten Subgraphen beschränken können.

Ist ferner die Vorgängermenge $V(B_i) \subset V(B_j)$ und $g(B_i) \geq g(B_j)$, so kann in jeder Überdeckung B_0, die B_i enthält, dieses Element durch B_j ersetzt werden, ohne daß die Überdeckungseigenschaft verlorengeht und ein größerer Überdeckungswert entsteht. Wir können daher B_i eliminieren.

Analog können wir im Falle $N(F_i) \subset N(F_j)$ die Fähigkeit F_j eliminieren.

Im einfachsten Falle, nämlich $g_j=1$ für $j=1, \ldots, n$, kann die Frage nach *allen* optimalen Überdeckungen folgendermaßen gelöst werden.

Sei $W := \prod_{i=1}^{m} \sum_{B_j \in N(F_i)} B_j$; wir reduzieren dieses Produkt unter Ausnutzen der „Idempotenzgesetze“ ($B_i + B_i = B_i$; $B_i \cdot B_i = B_i$) und des „Absorptionsgesetzes“ ($B_i + B_i \cdot B_j = B_i + B_j \cdot B_i = B_i$) zu einer Summe $W = \sum_{i=1}^{k} \prod_{\nu \in J_i} B_{j_\nu}$, wobei die bit-weise Speicherung der Daten (Wertebereich: $\{0, 1\}$) und die Verwendung der (bitbezogenen) logischen Operationen eines Rechners ausgenutzt werden sollten.

Genau die „irreduziblen“ Summanden (Primimplikanten) $\prod_{\nu \in J_i} B_{j_\nu}$ mit minimaler Faktorzahl ergeben die gesuchten Lösungen. Das Verfahren entspricht der Bestimmung einer minimalen „extern stabilen“ Eckenmenge in einem beliebigen Graphen (vgl. [9.5, S. 40, 43]).

Interessiert man sich nur für eine optimale Lösung oder liegt keine spezielle (reelle) Eckenbewertung g vor, so wird man mit „Branch-and-Bound“-Verfahren [9.30], [9.1], [9.15, Kap. 8.7.] oder geeigneten Schnittebenenverfahren [9.4], [9.2] eine Lösung bestimmen.

Einige interessante, zum Teil wesentlich leichter lösbare Probleme ergeben sich durch Spezialisierung der Fähigkeitsmatrix A.

(1) Ist $G = (\underline{G}, \alpha, \omega)$ ein beliebiger endlicher Graph, β eine reelle Pfeilbewertung und $I(G)$ die Inzidenzmatrix von G, setzen wir ferner $A := (a_{kl}) := (|i_{kl}|)$, so läßt sich das zugehörige Problem $(*)$ folgendermaßen interpretieren:

(1) Man bestimme eine Teilmenge R_0 der Pfeilmenge von G mit minimalem Wert $\beta(R_0)$, so daß jede Ecke von G mit einem Pfeil aus R_0 inzidiert *(„β-minimale Überdeckung der Eckenmenge“)*.

Dieses Problem hängt unmittelbar zusammen mit dem allgemeinen Zuordnungsproblem und kann mit dem Verfahren von Edmonds (oder im Falle $\beta = 1$ mit dem Verfahren von Norman und Rabin [32]) effizient gelöst werden; statt M-alternierender Ketten betrachtet man *L-reduzierende Ketten* in G: ist L eine Teilmenge von R, die V „überdeckt“, so heißt eine Kette $\kappa = (\delta_1 r_1, \ldots, \delta_{2k+1} r_{2k+1})$ L-reduzierend in G, falls

$$r_{2i+1} \in L \text{ für } i = 0, 1, \ldots, k,$$
$$r_{2i} \notin L \text{ für } i = 1, \ldots, k \text{ und}$$

$\alpha(\kappa)$ sowie $\omega(\kappa)$ mit Pfeilen aus L inzidieren, die nicht in κ enthalten sind. Man erkennt wie bei Satz 9.3.: R_0 ist minimale Überdeckung von V genau dann wenn es keine R_0-reduzierende Kette in G gibt.

(2) Ist $G = (\underline{G}, \alpha, \omega)$ ein beliebiger endlicher Graph, β eine reelle Eckenbewertung von G und $I(G)$ wieder die Inzidenzmatrix von G, so setzen wir $A := (a_{kl}) := (|i_{lk}|)$ und interpretieren $(*)$ wie folgt:

(2) Man bestimme eine Teilmenge V_0 der Eckenmenge V von G mit minimalem Wert $\beta(V_0)$, so daß jeder Pfeil von G mit einer Ecke aus V_0 inzidiert *(„β-minimale Überdeckung der Pfeilmenge")*.

(3) Im Bereich des „industrial design" ergibt sich folgendes Problem: ein Unternehmen will ein neues Produkt P, das sich aus n Komponenten $P_1, \ldots, P_n$ zusammensetzt, auf den Markt bringen. Für die Produktkomponente P_j $(j=1, \ldots, n)$ stehen die Alternativen $P_{j1}, \ldots, P_{jn_j}$ zur Auswahl $(n_j \geq 1, N := \sum_{j=1}^{n} n_j)$.

Allerdings lassen sich aus technologischen, markt- oder kostenbezogenen Gründen nicht alle Alternativen-n-tupel $(P_{1i_1}, \ldots, P_{ni_n})$ realisieren. Die „Verträglichkeit" von Komponenten kann im einfachsten Falle durch eine binäre Relation gegeben sein, die wir in folgendem „Verträglichkeitsgraphen"

$$G=(V, R) \text{ mit } V:=\{P_{jk} \mid k=1, \ldots, n_j; j=1, \ldots, n\} \text{ und}$$

$$R:=\{(P_{ji}, P_{j'i'}) \mid j \neq j' \text{ und } P_{ji} \text{ und } P_{j'i'} \text{ sind verträglich, d. h. gemeinsam realisierbar)}\} \text{ festhalten.}$$

Ein verträgliches, d. h. realisierbares Alternativen-n-tupel stellt offenbar einen *vollständigen Partialgraphen* G^* von G dar.

Die folgende Figur zeigt ein Beispiel; wegen der Symmetrie von G sind Paare inverser Pfeile zu einer ungerichteten Linie zusammengefaßt worden; ein vollständiger Partialgraph ist stark hervorgehoben:

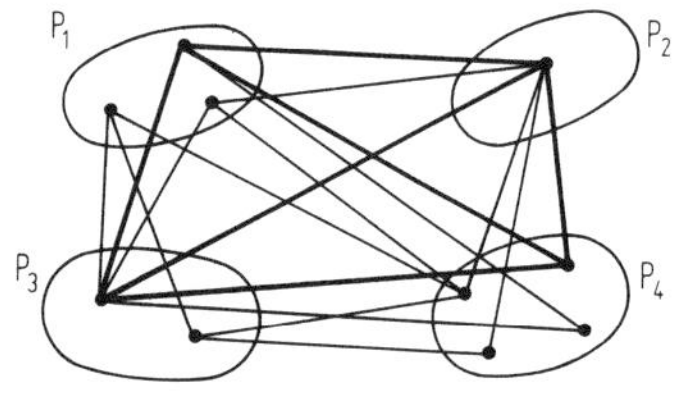

Figur 9-11

Kann ferner den einzelnen Komponentenalternativen P_{jk} sowie den Paaren von Komponentenalternativen $(P_{ji}, P_{j'i'})$ jeweils ein reeller Wert $\beta(\cdot)$ (z. B. „Marktwert" oder „Anpassungskosten", „Montagekosten", ggf. mit $\beta(P_{ji}, P_{j'i'})=0$ für $j>j'$) zugewiesen werden, so haben wir allgemein folgendes Problem:

(3) Man bestimme zu vorgegebenem $m \in \mathbb{N}$ in G einen vollständigen Teilgraphen G^* mit m Ecken und maximalem (bzw. minimalem) Wert $\beta(G^*) := \sum_{e \in \underline{G}^*} \beta(e)$.

Betrachten wir noch neben G den *zu G komplementären Graphen* $\overline{G}:=(V, \overline{R})$ mit $\overline{R}:=(V\times V)-R$, so ist G_0 ein vollständiger Teilgraph von G mit Eckenmenge V_0 genau dann wenn alle Eckenpaare aus V_0 in $\overline{G}$ nicht benachbart sind. Daher ist (3) im Falle einer Eckenbewertung β äquivalent mit

(3′) Man bestimme zu vorgegebenem $m\in\mathbb{N}$ in $\overline{G}$ eine Teilmenge V_0 von paarweise nicht benachbarten Ecken mit $|V_0|=m$ und maximalem Wert $\beta(V_0)$.

Zur Lösung von (3) betrachten wir wieder die Inzidenzmatrix $I(G)$ und setzen erneut $A:=(a_{kl})=(|i_{lk}|)$. Dann läßt sich (3) folgendermaßen formulieren:

Minimiere $\beta\cdot y$ mit $\beta:=(\beta(v_1),\ldots,\beta(v_N))$ unter den Nebenbedingungen

$$Ay\leq \underline{1},\quad (\underline{1}\in\mathbb{R}^N)$$

$$\underline{1}\cdot y=m\,,$$

$$0\leq y\leq 1,\ \text{ganz}\,.$$

Setzen wir noch $x:=\underline{1}-y$, so erhalten wir (wegen $\sum_j a_{ij}=2$ für jedes i) $A\cdot x=A\,(\underline{1}-y)=\underline{2}-Ay\geq\underline{1}$ für jedes zulässige x. Daher ist

minimiere $\beta\cdot x$ unter den Nebenbedingungen:

$$Ax\geq\underline{1}$$

$$\underline{1}\cdot x=N-m\,,$$

$$0\leq x\leq 1,\ \text{ganz}$$

eine zu (3) äquivalente Formulierung; mit $x_{N+1}:=\sum_{i=1}^{N}x_i-(N-n-1)$ und hinreichend groß gewähltem β_{N+1} kann dieses Problem in die Normalgestalt (∗) überführt werden.

Beispiel: Bei einer signalgesteuerten Verkehrskreuzung mit mehreren Verkehrsströmen und vorgegebenem Verkehrsaufkommen soll eine „günstige“ Phasenfolge ohne Kollisionsgefahr ermittelt werden. Wir betrachten etwa die folgende Veranschaulichung einer Straßenkreuzung mit den Verkehrsströmen $S_1,\ldots,S_8$:

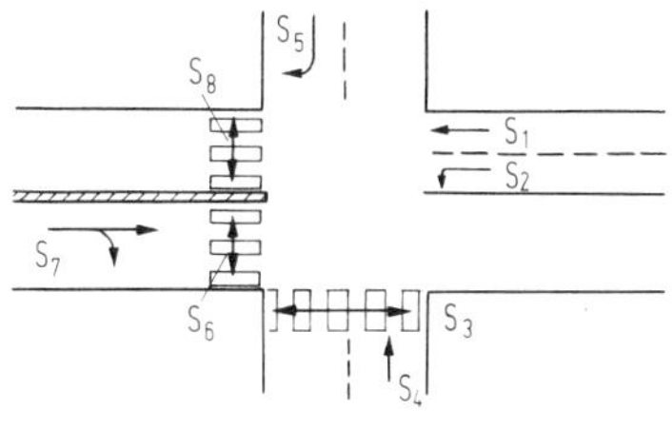

Figur 9-12

Jeder Verkehrsstrom S_j wird durch eine (oder mehrere gleichgeschaltete) Ampel A_j gesteuert. Der Einfachheithalber setzen wir als Zustandsmenge $Z_j := Z := \{\text{Rot, Grün}\}$ für jede Ampel voraus. Eine Phase P ist dann ein geordnetes 8-tupel, dessen Elemente p_k 0 („Rot") oder 1 („Grün") sind (Momentaufnahme der Ampelzustände).
Eine kollisionsfreie Verkehrsregelung erreicht man nun offenbar durch folgende zyklische Phasenfolge:

$$P_1 = (1, 0, \ldots, 0)$$

$$P_2 = (0, 1, 0, \ldots, 0)$$

$$\vdots$$

$$P_8 = (0, \ldots, 0, 1)\,.$$

Die Leistungsfähigkeit der Kreuzung wird dabei allerdings nicht ausgeschöpft. Zur Verbesserung der Phasenfolge betrachten wir folgenden „Verträglichkeitsgraphen" $G = (X, U)$ mit

$$X := \{S_1, \ldots, S_n\} \text{ und}$$

$$U := \{(S_i, S_j) \mid i \neq j,\ P := (p_1, \ldots, p_n) \text{ mit } \begin{cases} p_i = p_j = 1 \\ p_k = 0 & \text{sonst}, \end{cases}$$

$$\text{ist eine kollisionsfreie Phase}\}\,.$$

Veranschaulichung (wegen der Symmetrie von G sind die Pfeilrichtungen unterdrückt):

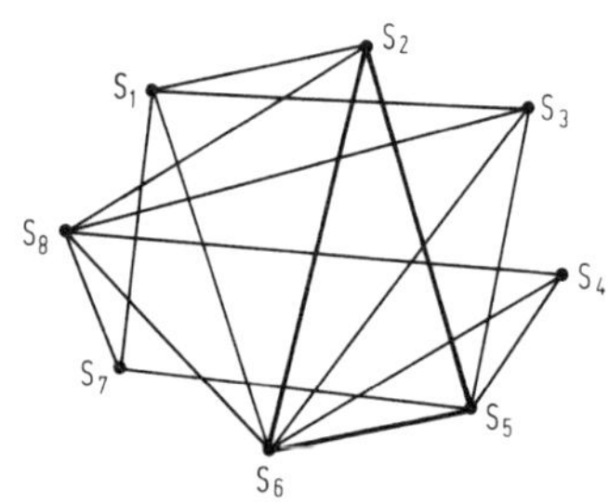

Figur 9-13

Eine Phase $P = (p_1, \ldots, p_n)$ ist offensichtlich kollisionsfrei genau dann, wenn der durch $\{S_i \mid p_i = 1\}$ induzierte volle Subgraph von G vollständig ist.
In der obigen Figur ist der durch $\{S_2, S_5, S_6\}$ induzierte vollständige Subgraph stark hervorgehoben.
Eine kollisionsfreie Phase $P = (p_1, \ldots, p_n)$ heißt *maximal* genau dann, wenn es keine von P verschiedene, kollisionsfreie Phase $P' = (p_1', \ldots, p_n')$ gibt mit $P' \geq P$. Entsprechend heißt ein vollständiger Subgraph G' von G maximal

genau dann, wenn es keinen von G' verschiedenen vollständigen Obergraphen von G (als Subgraphen von G) gibt.
Zur möglichst guten Ausnutzung der Kapazität der Straßenkreuzung wird man offenbar nur Phasen benutzen, die maximal sind.
Man hat daher folgendes Problem:
Man bestimme zu vorgegebener Ecke S_j die Menge M_j aller maximalen vollständigen Subgraphen von G, deren Eckenmengen S_j enthalten. Dieses Problem kann in üblicher Weise auf ein Überdeckungsproblem der Form (*) zurückgeführt werden, sofern man sich auf die Bestimmung maximaler vollständiger Subgraphen mit vorgegebener Ecke S_j und maximaler Eckenzahl beschränkt.
Die Bestimmung aller maximalen vollständigen Subgraphen von G mit Ecke S_j kann durch systematisches „Filtern“ der Nachfolgermengen von S_j, der Nachfolgermengen der Nachfolger etc. leicht bewerkstelligt werden. Vgl. [9.24, Kap. 5].
Anmerkung: Eine Verkehrssteuerung wird das „Verkehrsaufkommen“ (Eckenbewertung des Verträglichkeitsgraphen) der einzelnen Ströme zusätzlich berücksichtigen müssen entweder durch die zeitliche Ausdehnung der Phasen und/oder durch Wahl der Folge maximaler Phasen $P_1, \ldots, P_i, P_{i+1}, \ldots, P_N$ in der Weise, daß direkt aufeinander folgende Phasen möglichst viele, durch „Grün“ gekennzeichnete gemeinsame Verkehrsströme aufweisen (zur Minimierung der Start- und Stoppzeiten, „Gelbphase“).
Das Beispiel 7 in Kap. 1.1. hat bereits gezeigt, daß die Bestimmung vollständiger Subgraphen unmittelbar mit dem Problem zusammenhängt, die Ecken eines Graphen mit einer minimalen Zahl von Farben zu färben, ohne daß zwei benachbarte Ecken die gleiche Farbe aufweisen. Eine **Färbung** eines beliebigen Graphen $G=(\underline{G}, \alpha, \omega)$ ist eine Eckenbewertung β von G in eine Menge $F:=\{F_1, \ldots, F_m\}$ von Farben, so daß für jedes $r\in R$ gilt: $\beta(\alpha(r))\neq\beta(\omega(r))$; existiert eine Färbung von G, so ist G notwendigerweise ein Graph ohne Schlingen.
Die minimale Anzahl von Farben $|F|$, mit denen eine Färbung von G möglich ist, heißt *chromatische Zahl* $\chi(G)$.
Offenbar ist $\chi(G)$ mindestens gleich der Eckenzahl jedes vollständigen Subgraphen von G. Umgekehrt besteht die Vermutung (Hadwiger 1943 [9.18]), daß jeder schwach zusammenhängende Graph G mit $\chi(G)\geq n$ homomorph auf einen vollständigen Graphen G' mit n Ecken abbildbar ist. Für $n\leq 4$ wurde diese Vermutung von Dirac [9.9] bewiesen; für $n=5$ aber ist sie äquivalent mit dem Vierfarbenproblem (vgl. Beispiele 6 und 7 in Kap. 1.1.).
Eine *Pfeilfärbung* eines beliebigen Graphen $G=(\underline{G}, \alpha, \omega)$ ist eine Pfeilbewertung β von G in eine Menge F von Farben, so daß gilt: $\beta(r_1)\neq\beta(r_2)$, falls

r_1 mit r_2 inzidiert. Die minimale Anzahl von Farben $|F|$, mit denen eine Pfeilfärbung von G möglich ist, nennen wir $\chi'(G)$. Offenbar können die Pfeile jeder Zuordnung M in G mit einer Farbe gefärbt werden. Bezeichnet $M^* = \{M_1, \ldots, M_\kappa\}$ die Menge aller Zuordnungen in G und $A = (a_{ij})$ die Pfeil-Zuordnungs-Inzidenzmatrix, d. h.

$$a_{ij} := \begin{cases} 1 & , \text{ falls } r_i \in M_j \\ 0 & \quad\quad\;\; \text{sonst} \end{cases}, \text{ so bestimmt sich } \chi'(G)$$

aus folgendem Überdeckungsproblem:

$$\chi'(G) = \min\{\underline{1} \cdot y \mid Ay \geq \underline{1};\quad 0 \leq y \leq 1, \text{ ganz}\}.$$

Bemerkungen:

(1) Von Weinberger [9.41] und Fulkerson [9.17] wurde der Zusammenhang von Strömungen, minimalen Überdeckungen und dem Vierfarbenproblem durch die Analyse von „antiblocking polyhedra“ herausgestellt.

(2) Auf Greene und Kleitman geht eine interessante Zusammenfassung kombinatorischer Extremalprobleme und zugehöriger Lösungsmethoden zurück [9.16]; vgl. auch [9.35].

(3) Ablaufprobleme wie etwa Stundenplanprobleme lassen sich häufig als Färbungsprobleme interpretieren und mit geeigneten Verfahren (z. B. [9.1]) lösen (vgl. dazu u. a. [9.8] sowie [9.38]).

(4) Perl [9.36] hat die Anwendbarkeit von „Kürzeste-Wege-Algorithmen“ auf Überdeckungsprobleme untersucht und die Vermutung geäußert, daß kein Algorithmus existiert, der mit $O(p(|V|, |R|))$ elementaren Operationen jedes Überdeckungsproblem löst, wobei p ein (beliebiges) Polynom darstellt (vgl. auch Karp [23]). Ergebnisse von Balas und Padberg [9.3] lassen allerdings diese Vermutung zumindest im Falle eines Überdeckungsproblems mit Gleichungen (d. h. $Ax = 1$) fraglich erscheinen.

(5) Eine Analyse der von zulässigen Überdeckungen erzeugten Polytope erfolgt ferner in [9.29], [9.34], [9.33]. Interessante Übersichten über Überdeckungsprobleme findet der Leser bei Edmonds [9.11], Garfinkel und Nemhauser [9.14] und Murty [9.28].

10. Reihenfolgen

10.1. Das Briefträgerproblem

Ein Briefträger hat die Häuser eines vorgegebenen Teils einer Stadt mit Post zu beliefern; das zugehörige Straßen- oder Wegenetz sei durch einen nichtnegativ reell bewerteten Graphen gegeben, wobei die Bewertung der Pfeile die Länge der Teilwege darstellt. Der Briefträger interessiert sich nun zweifellos für einen „Rundweg“ minimaler Gesamtlänge, bei dem jedes Haus „berührt“ wird.

Analoge Probleme ergeben sich für die Müllabfuhr, den Milchmann und mit Einschränkungen bei der Einsatzplanung von Schulbussen.

Zur Präzisierung der Fragestellung sei zunächst G ein stark zusammenhängender endlicher Graph und $d: \underline{G} \to \mathbb{R}_+$ eine nichtnegative reelle Bewertung von G. Dann erhalten wir das *Briefträgerproblem* (für den „gerichteten“ Fall):

bestimme einen Kreis z mit minimaler Länge $d(z)$ in G, der alle Pfeile von G mindestens einmal durchläuft.

Wegen des starken Zusammenhangs von G existiert sicherlich ein Kreis z, der alle Pfeile aus R durchläuft; offenbar ist $d(z) \geq \sum_{r \in R} d(r)$.

Einen Kreis, der jeden Pfeil genau einmal durchläuft, nennen wir einen **eulerschen Kreis** (vgl. Beispiel 2 in Kap. 1.1.); existiert ein eulerscher Kreis in G, so stellt er offenbar die Lösung des Briefträgerproblems dar.

Wir haben daher zunächst folgende Teilprobleme:

(1) wann existiert ein eulerscher Kreis in G?

(2) wie bestimmt man einen eulerschen Kreis in G?

Die Antwort auf Problem (1) geht unmittelbar auf Euler zurück. Es gilt

Satz 10.1.: In einem schwach zusammenhängenden Graphen G mit mindestens zwei Ecken existiert ein eulerscher Kreis genau dann wenn G *pseudo-symmetrisch* ist, d. h. $g^+(v) = g^-(v)$ für jede Ecke v von G gilt.

Beweis: Existiert ein eulerscher Kreis z in G, so berührt er nach Voraussetzung jede Ecke $v \in V$; ist v k-faches Element der Spur von z $(k \geq 1)$, so existieren offenbar genau k Pfeile in dem Pfeilbüschel $B^-(v)$ und genau k Pfeile in $B^+(v)$.

Ist umgekehrt G schwach zusammenhängend und pseudo-symmetrisch, so ist $g(v) \geq 1$ für jedes $v \in V$, also $g^+(v) \geq 1$ und $g^-(v) \geq 1$ für jedes $v \in V$.

Wir konstruieren nun sukzessiv elementare Kreise $z_0, \ldots, z_r$, die paarweise pfeildisjunkt sind und insgesamt die Pfeilmenge „überdecken". Zunächst bestimmen wir einen Kreis z_0 in folgender Weise: ausgehend von einer beliebigen Ecke $v_0 \in V$ wählen wir einen Pfeil r_1 aus $B^+(v_0)$, danach einen Pfeil aus $B^+(\omega(r_1))$ usw. bis eine Ecke zum zweitenmal berührt wird; nach der Auswahl von höchstens $|V|$ Pfeilen bricht das Verfahren ab und definiert einen elementaren Kreis z_0 (als Teilweg obigen Weges).

Wir betrachten nun den durch $R_1 := R - \{r \in z_0\}$ induzierten Partialgraphen G_1 von G; er ist offenbar wieder pseudo-symmetrisch.

Ist $R_1 = \emptyset$, so ist z_0 ein eulerscher Kreis; andernfalls konstruieren wir in G_1 analog einen Kreis z_1. Nach spätestens $\frac{1}{2}|R|$ Schritten bricht das Verfahren mit $r+1$ paarweise pfeildisjunkten Kreisen $z_0, \ldots, z_r$ und $R = \bigcup_{i=0}^{r} \{r \in z_i\}$ ab.

Ist nun $r \geq 1$ und $S_j := \{v \in V \mid v \in s(z_j)\}$, so existiert ein $j_1 \geq 1$ mit $S_0 \cap S_{j_1} \neq \emptyset$; andernfalls wäre nämlich G nicht schwach zusammenhängend.

Ist ferner $v \in S_0 \cap S_{j1}$ und $z_0 = w_0 * w'_0$ eine Zerlegung von z in zwei Teilwege mit $\omega(w_0) = \alpha(w'_0) = v$ und ohne Einschränkung $\alpha(z_{j1}) = \omega(z_{j1}) = v$, so ist $z := w_0 * z_{j1} * w'_0$ (bzw. $z := z_0 * z_1$ im Falle $\alpha(z_0) = \alpha(z_1)$) ein Kreis in G, der genau alle Pfeile von z_0 und z_{j1} enthält. Durch Fortsetzung dieses „Schachtelverfahrens" ergibt sich schließlich ein eulerscher Kreis.

Insbesondere folgt, daß jeder schwach zusammenhängende pseudosymmetrische Graph stark zusammenhängend ist.

Der Beweis liefert ferner mit den Bemerkungen auf Seite 94 unmittelbar ein konstruktives Verfahren zur Lösung des Teilproblems (2); für den praktischen Einsatz wird man allerdings den folgenden Algorithmus vorziehen.

Algorithmus 10.1.

Name:	Eulerscher Kreis
Voraussetzung:	G ist ein endlicher Graph mit Eckenmenge V und Pfeilmenge R; $B^+(v)$ bezeichne wieder das Pfeilbüschel mit Anfangsecke v; v_1 ist eine vorgegebene Ecke;

T ist ein Feld der Länge $|V|-1$, EK ein Feld der Länge $|R|$ und v^* sowie i sind Variable.

Startbedingung: man bestimme in einem zu G inversen Graphen G' für die starke Zusammenhangskomponente von v_1 einen spannenden Wurzelbaum T' mit Wurzel v_1 (z. B. durch A.6.3. mit Start in v_1);
man bestimme zudem einen zu T' inversen Teilgraphen T in G und speichere dessen Pfeile im Feld T; $v^* := v_1$; $i := 1$;

Iteration: IF $(B^+(v^*) \cap R) - T \neq \emptyset$
THEN wähle $r \in (B^+(v^*) \cap R) - T$
ELSE wähle $r \in B^+(v^*) \cap T$;
$EK[i] := r$;
$v^* := \omega(r)$;
$R := R - \{r\}$;
$i := i + 1$;

Abbruchbedingung: es kann kein weiterer Pfeil ausgewählt werden $(B^+(v^*) \cap R = \emptyset)$;

Ergebnis: EK enthält fortlaufend die Pfeile eines eulerschen Kreises der schwachen Zusammenhangskomponente von v_1; ist insbesondere G schwach zusammenhängend, so liefert EK einen eulerschen Kreis von G.

Vor einigen Bemerkungen wollen wir den Algorithmus an einem Beispiel veranschaulichen; der zu einem Wurzelbaum T' in G' inverse Partialgraph T mit Pfeilmenge $R_T = \{r_2, r_4, r_6, r_9, r_{11}\}$ ist stark hervorgehoben:

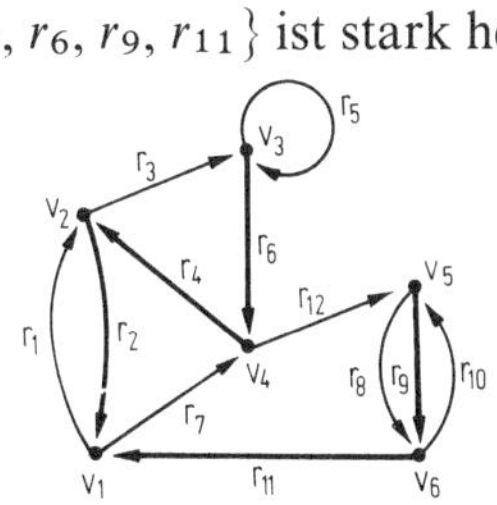

Figur 10-1

Die Anwendung des Algorithmus liefert (in diesem Fall eindeutig) folgenden eulerschen Kreis $w = (r_1, r_3, r_5, r_6, r_{12}, r_8, r_{10}, r_9, r_{11}, r_7, r_4, r_2)$.

Bemerkungen:

(1) Der Partialgraph T hat offenbar folgende Eigenschaft:

$$|N(v)| = 1 \text{ für } v \neq v_1,\ N(v_1) = \emptyset .$$

Er sichert die „Rückkehrmöglichkeit" von jeder Ecke zur Ausgangsecke v_1.

(2) Die Auswahlregel im Iterationsschritt läßt sich folgendermaßen beschreiben: „Man verlasse eine Ecke über einen Pfeil aus T erst dann, wenn kein weiterer Pfeil mehr mit dieser Anfangsecke zur Auswahl steht". (vgl. auch Algorithmus A.5.4.: „Labyrinth-Tarry").

(3) Der Algorithmus benötigt $O(|R|)$ elementare Operationen.

Zum *Beweis* des behaupteten Ergebnisses setzen wir ohne Einschränkung voraus, daß G stark zusammenhängend ist. Wäre nun bei Abbruch $v^* = v' \in V$ und $v' \neq v_1$, ferner diese Ecke v' insgesamt k-mal „aktuell" (d. h. es erfolgte k-mal die Wertzuweisung $v^* := v'$), so wäre v' k-mal „erreicht", aber nur k-1-mal „verlassen" worden und wegen $g^+(v') = g^-(v')$ und der Auswahlregel wäre der Pfeil $r \in T$ mit Anfangsecke v' wählbar; also ist bei Abbruch $v^* = v_1$. Wäre nun bei Abbruch ein Pfeil $r \in R$ nicht Komponente von EK, $\alpha(r) = v$ und $w = (r_{i_1}, r_{i_2}, \ldots, r_{i_k})$ der eindeutig bestimmte Pfeilweg von v nach v_1 in T und $v \neq v_1$, so folgt:

r_{i_1} ist gemäß Auswahlregel nicht Komponente von EK; dann aber folgt: r_{i_2} ist wegen $g^+(\omega(r_{i_1})) = g^-(\omega(r_{i_1}))$ und der Auswahlregel nicht Komponente von EK usw. Schließlich folgt: es existiert ein Pfeil $r' \in R$ mit $\omega(r') = v_1$, der nicht Komponente von EK ist. Wegen $g^+(v_1) = g^-(v_1)$ aber existiert dann ein Pfeil r'' mit $\alpha(r'') = v_1$, der beim Auswahlschritt verfügbar ist im Widerspruch zur Abbruchannahme; gleiches gilt im Falle $v = v_1$.

Ein Weg w in einem Graphen G heißt ein *eulerscher Weg in G*, wenn er jeden Pfeil von G genau einmal durchläuft. Ist $\alpha(w) = \omega(w)$, so ist w ein eulerscher Kreis. Andernfalls betrachten wir einen Obergraphen G' mit Eckenmenge V und Pfeilmenge $R' := R \cup \{r'\}$, wobei r' einen Pfeil von $\omega(w)$ nach $\alpha(w)$ darstellt, der nicht in R enthalten ist. Offenbar ist dann $w' := w * r'$ ein eulerscher Kreis in G' und wir erhalten

Satz 10.2.: In einem schwach zusammenhängenden Graphen G mit mindestens zwei Ecken existiert ein eulerscher Weg genau dann wenn G pseudo-symmetrisch ist mit Ausnahme von höchstens zwei Ecken v und v', für die gilt:

$$g^+(v) - g^-(v) = 1,\; g^+(v') - g^-(v') = -1 .$$

Der Beweis folgt unmittelbar aus Satz 10.1. sowie der Tatsache, daß $\sum_{v \in V} g^+(v) = \sum_{v \in V} g^-(v)$ ist. Ist $g^+(v) - g^-(v) = 1$ für genau ein $v \in V$, so hat jeder eulersche Weg in G die Anfangsecke v und die Endecke v'.

Beispiel: Es ist $g^+(v_i) = g^-(v_i)$ bis auf v_1 und v_3; wir erweitern daher den Graphen durch den „strichpunktierten" Pfeil r' und bestimmen in G' einen eulerschen Kreis z' mit Spur

$$s(z') = (v_1, v_2, v_2, v_5, v_4, v_1, v_2, v_3, v_1, v_5, v_3, v_1).$$

$$s(z) = (v_1, v_2, v_2, v_5, v_4, v_1, v_2, v_3, v_1, v_5, v_3)$$

definiert die Spur eines eulerschen Weges in G.

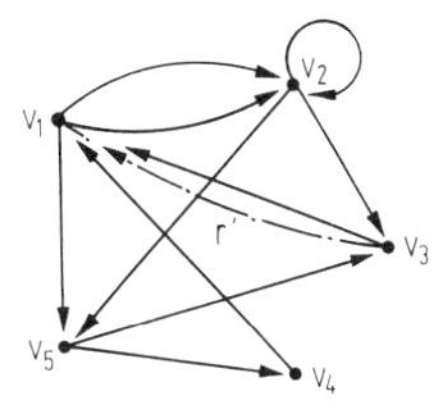

Figur 10-2

Wir kehren zum Ausgangspunkt, d. h. zum Briefträgerproblem zurück. Ist G nicht pseudo-symmetrisch, so existiert in G kein eulerscher Kreis und daher muß jeder zulässige Kreis z mindestens einen Pfeil mehr als einmal durchlaufen. Ist $\beta(r)$ die Anzahl, mit der z den Pfeil r durchläuft, so ist $\beta: \underline{G} \to \mathbb{Z}_+$ (mit $\beta|_V := 0$) eine ganzzahlige (Ketten-)Strömung in G mit $\beta(r) \geq 1$ für jedes $r \in R$.

Umgekehrt definiert jede ganzzahlige Strömung β in G mit $\beta(r) \geq 1$ (für jedes $r \in R$) mindestens einen zulässigen Kreis z; führen wir nämlich für jeden Pfeil r $\beta(r) - 1$ weitere, zu r parallele Pfeile *(„unproduktive Pfeile")* $r^{(1)}, \ldots, r^{(\beta(r)-1)}$ ein, so ist der zugehörige Obergraph G' von G pseudo-symmetrisch und enthält mindestens einen eulerschen Kreis z'. Ersetzen wir wieder in z' jeden unproduktiven Pfeil $r^{(j)}$ durch den zu $r^{(j)}$ parallelen Pfeil $r \in R$, so haben wir einen zulässigen Kreis z in G.

Bewerten wir schließlich noch unproduktive Pfeile $r^{(j)}$ mit dem Wert $d(r)$ des zugehörigen Pfeils $r \in R$, so erkennen wir:

(∗) das Briefträgerproblem ist äquivalent mit der Bestimmung einer (d-)kostenminimalen ganzzahligen Strömung β^* in G mit $\beta^* \geq 1$ (und anschließender Bestimmung eines eulerschen Kreises in einem pseudo-symmetrischen Graphen).

Definieren wir also $\underline{\gamma} := 1$, $\gamma := M$ (M hinreichend große konstante Abbildung), so können wir mit Algorithmen aus Kap. 8 unser Problem lösen.

Konzentrieren wir uns auf die Bewertung $\beta' := \beta - 1$, welche den „unproduktiven Teil" darstellt, so läßt sich unser Problem folgendermaßen lösen.

Sei $a(v) := g^+(v) - g^-(v)$ für jedes $v \in V$; dann ist $\beta^+(v) - \beta^-(v) = -a(v)$; sei ferner $Q := \{v \in V \mid a(v) < 0\}$ („Quellen") und

$S := \{v \in V \mid a(v) > 0\}$ („Senken").

Wegen $\sum_{v \in V} g^+(v) = \sum_{v \in V} g^-(v)$ gilt: $\sum_{v \in Q} a(v) + \sum_{v \in S} a(v) = 0$.

Ist nun $q \in Q$, so sind mindestens $|a(q)|$ unproduktive Pfeile mit Anfangsecke q erforderlich; ist andererseits $s \in S$, so sind mindestens $a(s)$ unproduktive Pfeile mit Endecke s erforderlich.

Führen wir nun zu G wie in Figur 8-6 eine künstliche Quelle q_0, Senke s_0 und künstliche Pfeile ein und bewerten diesen Obergraphen $\bar{G}$ (mit Pfeilmenge $\bar{R}$) in folgender Weise:

a) $\underline{\gamma}(q_0, q) := \gamma(q_0, q) := |a(q)|$ für jedes $q \in Q$,

$\underline{\gamma}(s, s_0) := \gamma(s, s_0) := a(s)$ für jedes $s \in S$,

$\underline{\gamma}(r) = 0$ und $\gamma(r) = M$ sonst (mit $M > \sum_{s \in S} a(s)$).

b) $k(r) := d(r)$ für jedes $r \in R$,

$k(r) := 0$ für jedes $r \in \bar{R} - R$,

so erkennen wir:

(1) Jede (bezüglich $\underline{\gamma}$ und γ) zulässige Strömung β' in $\bar{G}$ definiert einen pseudosymmetrischen Obergraphen G' von G in folgender Weise:
Ist $\beta'(r) = k$ für $r \in R$, so wird r k-fach unproduktiv durchlaufen.

(2) Eine (bezüglich $\underline{\gamma}$ und γ) kostenminimale Strömung β^* in $\bar{G}$ definiert einen optimalen pseudo-symmetrischen Obergraphen G^*.

(3) Es existiert eine Strömung β' in $\bar{G}$ zum Strömungswert

$$\beta'(r_0) = \sum_{q \in Q} |a(q)| = \sum_{s \in S} a(s);$$

denn d ist nichtnegativ und wegen des starken Zusammenhangs von G und hinreichend hoher Kapazität M ($M > \sum_{s \in S} a(s)$) definieren $\{q_0\}$ bzw. $\{q_0\} \cup V$ Schnitte mit γ-minimaler (und $\underline{\gamma}$-maximaler) Kapazität.

Die letzte Bemerkung zeigt, daß wir uns auf die Bestimmung einer kostenminimalen ganzzahligen Strömung zum maximalen Strömungswert in $\bar{G}$ bei folgender Bewertung beschränken können:

a') $\gamma(q_0, q) := |a(q)|$ für jedes $q \in Q$,

$\gamma(s, s_0) := a(s)$ für jedes $s \in S$,

$\gamma(r) := M$ sonst,

b') $k(r) := d(r)$ für jedes $r \in R$,

$k(r) := 0$ für jedes $r \in \bar{R} - R$.

Dieses Transportproblem (vgl. S. 138 u. f.) aber können wir mit dem Algorithmus A.8.3. von Busacker-Gowen bequem (und zwar mit höchstens $O(|V|^3)$ elementaren Operationen) lösen.

Bemerkung: Da die mit positiven Kosten bewerteten Pfeile praktisch unbegrenzte Kapazität aufweisen, sind die kürzesten Wege in den Inkrementengraphen auch d-kürzeste Wege von Q nach S in G.

Beispiel:

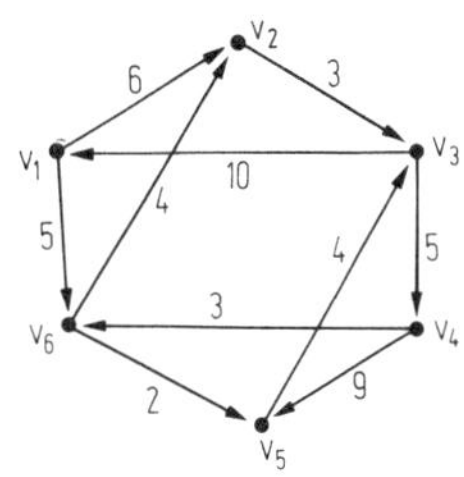

$Q=\{v_2, v_5\}$ mit

$a(v_2)=a(v_5)=-1;$

$S=\{v_1, v_4\}$ mit

$a(v_1)=a(v_4)=1$.

Transportproblem mit bewertetem Graphen $B=(\bar{G}, (\gamma, k), \mathbb{R}^2_+)$:

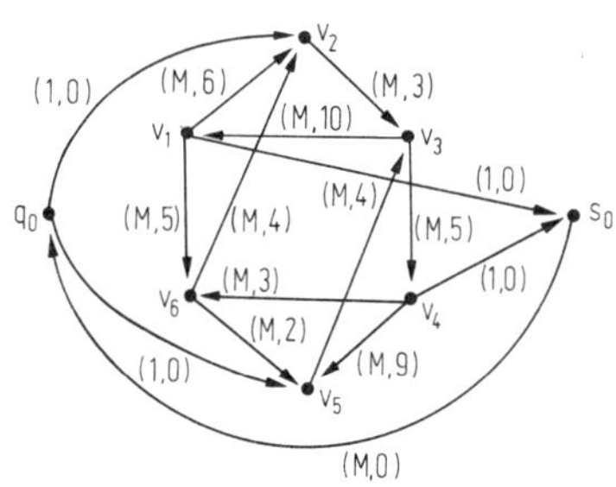

Kostenminimale Strömung β^* zum maximalen Strömungswert 2:

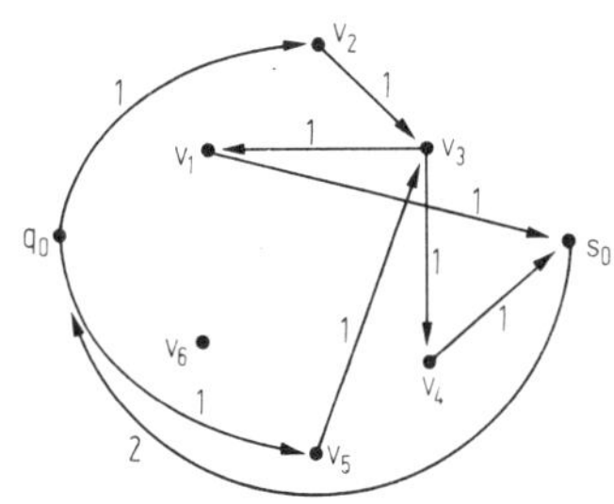

Optimaler pseudo-symmetrischer Obergraph G^* (mit gestrichelten unproduktiven Pfeilen):

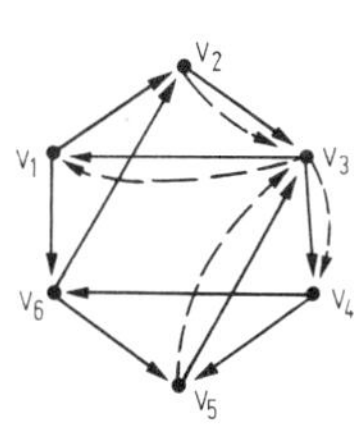

Figur 10-3

Optimaler Rundweg z mit

$$s(z)=(v_3, v_1, v_2, v_3, v_1, v_6, v_2, v_3, v_4, v_5, v_3, v_4, v_5, v_3, v_4, v_6, v_5, v_3),$$

$d(z)=75$ und unproduktiver Länge 22.

Wir haben bislang unterstellt, daß die Teilwege unseres Wegenetzes vorgegebene Richtungen aufweisen, längs derer sie zu durchlaufen sind. Dies trifft zwar für die Müllabfuhr häufig zu, ist aber für den Briefträger offensichtlich eine unrealistische Einschränkung seiner Bewegungsfreiheit. Wir wollen daher die Problemstellung erweitern und nur für eine Teilmenge R_0 („Einbahnstraßen") der vorgegebenen Pfeilmenge R des Streckennetzes G verlangen, daß die vorgegebene Richtung eingehalten wird; für alle übrigen Pfeile wollen wir die vorgegebene Richtung „unterdrücken".

Im Falle $R_0 = R$ ergibt sich die gerade gelöste Fragestellung („gerichteter Fall"); den Fall $R_0 = \emptyset$ („ungerichteter Fall") wollen wir in den folgenden Ausführungen näher betrachten, während der Fall $\emptyset \neq R_0 \neq R$ („gemischter Fall") abschließend kurz aufgegriffen wird. Jeder „Briefträgerroute" können wir genau eine Kette $\kappa = (\delta_1 r_1, \ldots, \delta_k r_k)$ zuordnen mit

$$\delta_i = \begin{cases} 1 & \\ & , \text{ falls} \\ -1 & \end{cases} \begin{matrix} r_i \text{ in vorgegebener Richtung} \\ \\ r_i \text{ gegen die vorgegebene Richtung} \end{matrix} \quad \text{durchlaufen wird.}$$

Eine „zulässige Briefträgerroute" wird daher durch eine geschlossene Kette (Zykel) $\kappa = (\delta_1 r_1, \ldots, \delta_k r_k)$ repräsentiert, die jeden Pfeil $r \in R$ mindestens einmal enthält.

Eine Kette κ heißt eine *eulersche Kette*, falls sie jeden Pfeil $r \in R$ genau einmal enthält; sie ist ein *eulerscher Zykel*, wenn sie zudem geschlossen ist.

Satz 10.3.: In einem schwach zusammenhängenden Graphen G existiert ein eulerscher Zykel genau dann, wenn jede Ecke von G einen geraden Grad aufweist;
in einem schwach zusammenhängenden Graphen G existiert eine eulersche Kette genau dann, wenn es höchstens zwei Ecken mit ungeradem Grad gibt.

Den *Beweis* vollzieht man mit der gleichen Argumentation wie bei den Sätzen 10.1. und 10.2.

Bemerkung: Ist $\kappa = (\delta_1 r_1, \ldots, \delta_k r_k)$ ein eulerscher Zykel in G, so ist die Bewertung $\beta : \underline{G} \to \mathbb{Z}$ mit $\beta(r_i) := \delta_i$ und $\beta|_V := 0$ eine ganzzahlige (Ketten-)Strömung in G mit $|\beta(r)| = 1$ für jedes $r \in R$.

Das Auffinden eines eulerschen Zykels kann wie im „gerichteten" Fall bewerkstelligt werden.

Ist nun mindestens eine Ecke mit ungeradem Grad vorhanden, so hat der Briefträger mindestens einen „unproduktiven Weg" zu gehen.

Sei $V_0 := \{v \in V \mid g(v) \text{ ist ungerade}\}$; wegen $\sum_{v \in V} g(v) = 2|R|$ hat V_0 eine gerade Anzahl von Elementen.

Wegen der Nichtnegativität der Bewertung $d : \underline{G} \to \mathbb{R}_+$ („Weglängen") existiert ein optimaler Zykel κ^*, so daß jede Ecke $v_0 \in V_0$ mit genau einem Pfeil inzidiert, der in κ^* zweifach enthalten ist.

Wir haben daher genau $\frac{1}{2}|V_0|$ nichtgeschlossene Ketten $\kappa_1, \ldots, \kappa_r$ ($r := = \frac{1}{2}|V_0|$) so zu bestimmen, daß gilt:

(1) Jede Ecke $v_0 \in V_0$ inzidiert mit genau einer Kette und ist deren Anfangs- oder Endecke,

(2) die Summe der Kettenlängen $\sum_{i=1}^{r} d(\kappa_i) := \sum_{i=1}^{r} \sum_{r_j \in \kappa_i} d(r_j)$ ist minimal.

Zur Vereinfachung setzen wir noch ohne Einschränkung $V_0 = \{v_1, \ldots, v_k\}$ und bestimmen die Entfernungsmatrix $D := (d_{ij})$ von V_0 in G, wobei

$$d_{ij} := \min \{d(\kappa) \mid \alpha(\kappa) = v_i,\ \omega(\kappa) = v_j\} \quad (i, j = 1, \ldots, k) \text{ sei;}$$

insbesondere ist $d_{ij} = d_{ji}$ für $i, j = 1, \ldots, k$.

Die Algorithmen aus Kap. 7 sind hier anwendbar, wenn wir zu einer symmetrischen Hülle von G (und entsprechenden „symmetrischen“ Bewertung) übergehen.
Da jede der $2r$ Ecken aus V_0 mit genau einer der r Ketten inzidiert, definieren die Ketten eine vollständige Zuordnung in der Eckenmenge V_0. Ist $G' := (V_0, R')$ ein einfacher Graph mit $R' := \{(v_i, v_j) \mid i < j;\ j = 1, \ldots, k\}$ und β' eine Pfeilbewertung von G' mit $\beta'(v_i, v_j) := d_{ij}$, so erkennen wir:

(∗∗) Das Briefträgerproblem im ungerichteten Fall ist äquivalent mit der Bestimmung einer β'-minimalen vollständigen Zuordnung in G' und der Bestimmung eines eulerschen Zykels.

Zur Lösung empfiehlt sich der Algorithmus von Edmonds (vgl. S. 155). Häufig liefert – wie im folgenden Beispiel – bereits das Zuordnungsproblem im bipartiten Graphen G'' (vgl. Figur 10-4) mit Kostenmatrix D (allerdings $d_{ii} = \infty$ für $i = 1, \ldots, k$) eine Lösung; dies gilt genau dann, wenn die optimale Zuordnung M^* „symmetrisch“ ist, d. h. wenn aus $(v_i, v_j') \in M^*$ folgt: $(v_j, v_i') \in M^*$.

Beispiel:

Bewerteter Graph $(G, d, \mathbb{R}_+)$:

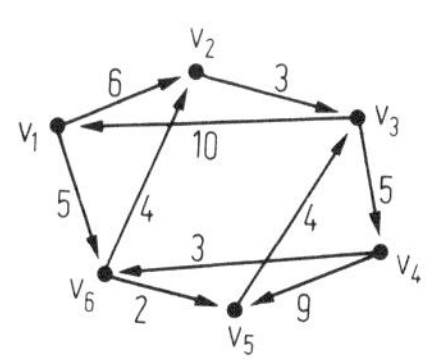

Eckenmenge ungeraden Grades:
$V_0 = \{v_1, v_2, v_4, v_5\}$;
Entfernungen: $d_{12} = 6$, $d_{14} = 8$, $d_{15} = 7$,

$d_{24} = 7$, $d_{25} = 6$, $d_{45} = 5$,

$(d_{ji} = d_{ij})$.

Bewerteter Graph $(G', \beta, \mathbb{R}_+)$:

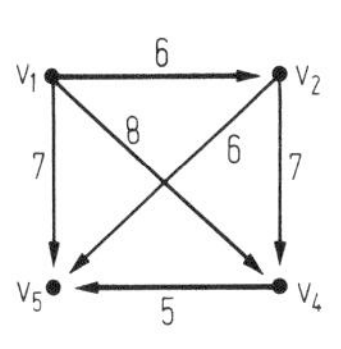

Bewerteter bipartiter Graph $(G'', \beta'', \mathbb{R}_+)$:

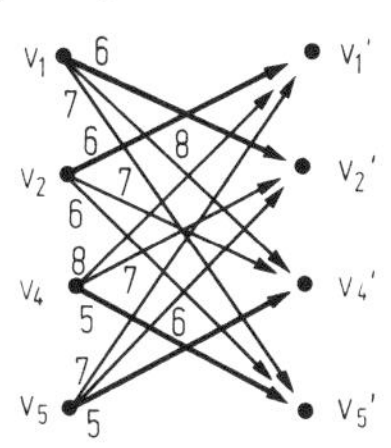

Figur 10-4

Die optimalen vollständigen Zuordnungen sind in obiger Figur stark hervorgehoben. Die folgende Figur zeigt den Obergraphen G^*, der durch „Hinzufügen" der beiden ausgewählten (in der Figur gestrichelten) d-kürzesten Ketten zu G entsteht:

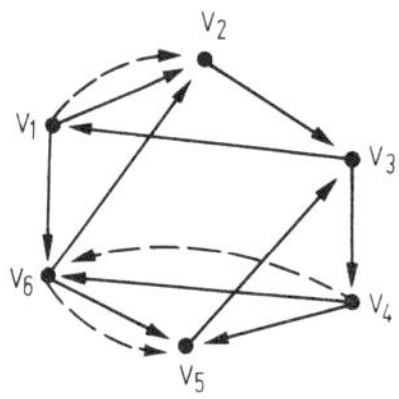

Figur 10-5

Die Spur einer optimalen „Briefträgerroute" κ in G ist $s(\kappa)=(v_1, v_2, v_3, v_4, v_5, v_6, v_1, v_2, v_6, v_4, v_6, v_5, v_3, v_1)$ mit $d(\kappa)=62$ und unproduktiver Länge 11.

Wir wollen abschließend den „gemischten" Fall kurz aufgreifen.

Sei R_0 eine beliebige Teilmenge von R; einen Zykel $\kappa=(\delta_1 r_1, \ldots, \delta_k r_k)$ nennen wir R_0-*zulässig*, falls er jeden Pfeil $r \in R$ enthält und ferner gilt: ist $r_j \in R_0$, so ist $\delta_j = 1$. Ein zulässiger Zykel heißt wieder ein R_0-*eulerscher Zykel* in G, wenn er jeden Pfeil $r \in R$ genau einmal enthält. Damit ergeben sich folgende Fragen:

(1) Existiert in G ein R_0-zulässiger Zykel? Falls ja:

(2) Existiert in G ein R_0-eulerscher Zykel? Falls nein:

(3) Wie erhält man einen R_0-zulässigen Zykel mit d-minimaler Länge $d(\kappa)$ zu vorgegebener nichtnegativer Bewertung $d: \underline{G} \to \mathbb{R}_+$?

Satz 10.4.: In G existiert ein R_0-zulässiger Zykel κ genau dann, wenn für jede nichtleere, echte Eckenteilmenge Q von V und den durch Q und $V-Q$ erzeugten Schnitt $\sigma(Q, V-Q)$ in G gilt: ist $\sigma(Q, V-Q) = \sigma^+(Q)$, so ist $\sigma^+(Q) - R_0 \neq \emptyset$.

Die Bedingung besagt anschaulich, daß keine Eckenteilmenge Q existiert, in die man von $V-Q$ aus nicht gelangen kann. Sie ist offensichtlich notwendig; zum Nachweis, daß diese Bedingung auch hinreicht, fügen wir für jeden Pfeil $r \in R - R_0$ einen zu r inversen Pfeil r' hinzu und zeigen durch Induktion leicht, daß jede Ecke von jeder anderen aus in dem betreffenden Obergraphen erreichbar ist, somit ein R_0-zulässiges κ existiert. Im Falle $R = R_0$ folgt noch: Ein Graph G ist stark zusammenhängend genau dann, wenn

$$\sigma(Q, V-Q) \neq \sigma^+(Q) \text{ für jedes } Q \text{ mit } \emptyset \neq Q \neq V \text{ gilt.}$$

Satz 10.5.: Ist G ein schwach zusammenhängender Graph ohne Ecken mit ungeraden Graden und ist der durch R_0 induzierte Partialgraph G_0 pseudo-symmetrisch, so existiert ein R_0-eulerscher Zykel in G.

Der Beweis erfolgt im wesentlichen wie bei den Sätzen 10.1. und 10.3.; die Umkehrung ist zweifellos nicht erlaubt.
Ist G_0 stark zusammenhängend, so konstruiert man sich wieder einen Partialgraphen T in G_0 (als inverser Graph eines Wurzelbaums) und modifiziert die *Auswahlregel* in der Iteration des Algorithmus 10.1. wie folgt:
Ist die Ecke v^* erreicht, so verlasse diese Ecke über einen noch nicht durchlaufenen Pfeil $r \in R - R_0$; existiert kein Pfeil dieser Art, so wähle einen noch nicht durchlaufenen Pfeil $r \in R_0$ und $r \in T$ erst dann, wenn kein anderer Pfeil mehr zur Verfügung steht.
Mit dieser Modifikation liefert Algorithmus A.10.1. einen R_0-eulerschen Zykel. Ist G_0 nicht stark zusammenhängend, so kann durch sukzessive Auswahl von Pfeilen aus $R - R_0$ dennoch ein Partialgraph T der gewünschten Art aufgebaut und A.10.1. angewandt werden. Wir verweisen hier nur auf detailliertere Angaben in [10.11]; der gleiche Hinweis sei zur Lösung von (3) (für Spezialfälle) gestattet.
Bemerkung: Die Anzahl unterschiedlicher eulerscher Kreise in einem schwach zusammenhängenden, pseudo-symmetrischen Graphen wurde von Aardenne-Ehrenfest und de Bruijn [10.49] bestimmt; dabei sind die in Algorithmus A.10.1. benötigten Wurzelbäume T' ein entscheidendes Hilfsmittel. Ordnet man jedem eulerschen Kreis eine Permutation (der Pfeilmenge) zu, so ist im Falle $|R| > 2|V|$ die Zahl der zugehörigen geraden Permutationen gleich der Zahl der ungeraden Permutationen (Schützenberger [10.4, S. 243]).

10.2. Das Problem des Handlungsreisenden („traveling salesman"-Problem)

Ein Reisender hat n Städte zu besuchen; seine Reiseroute wird er – sofern keine Prioritäten oder Terminverpflichtungen vorliegen – so festlegen wollen, daß er keine Stadt mehrfach besucht und insbesondere die gesamte Reiselänge (oder Reisezeit, Reisekosten o. ä.) minimiert. Hat er an seinen Ausgangsort zurückzukehren, so sprechen wir von einer „Rundtour".
Zur Präzisierung des Problems sei ein endlicher Graph mit einer reellen Pfeilbewertung gegeben; falls parallele Pfeile vorliegen, so wählen wir aus jedem Parallelenbündel genau einen Pfeil mit minimalem Wert und beschränken uns desweiteren auf den so ausgewählten Partialgraphen, den wir zudem als schlingenfrei voraussetzen wollen und mit $G = (V, R)$ bezeichnen; d sei die Pfeilbewertung von G.

Eine **Rundtour** z ist ein hamiltonscher Kreis in G (vgl. S. 154), also ein elementarer Kreis, der alle Ecken von G berührt; eine **Tour** *(hamiltonscher Weg)* w ist ein elementarer Weg, der jede Ecke von G genau einmal berührt. Offenbar enthält eine Rundtour genau $|V|$, eine Tour genau $|V|-1$ Pfeile von G. Das *Problem des Handlungsreisenden* („traveling salesman"-Problem) lautet dann:

(*) Bestimme in G eine Rundtour z (bzw. Tour w) mit minimaler Länge $d(z)$ (bzw. $d(w)$).

Damit ergeben sich folgende Fragen:

(1) Wann existiert eine Rundtour bzw. Tour?

(2) Wie bestimmt man eine optimale Rundtour (Tour)?

Notwendige Bedingung für die Existenz einer Rundtour ist offenbar der starke Zusammenhang von G, für die Existenz einer Tour der schwache Zusammenhang von G; diese Bedingungen sind aber offensichtlich nicht hinreichend. Da jede Rundtour z einen Faktor in G darstellt, ist die in Satz 9.2. gegebene Bedingung ebenfalls notwendig für die Existenz von z. Für vollständige Graphen stammen Ergebnisse von König (Spezialfall von Satz 10.7.b)) sowie von Camion [10.8]:

Satz 10.6.: Jeder vollständige, stark zusammenhängende Graph besitzt eine Rundtour.

Allgemeiner gelten folgende Sätze, die auf Ghoulia-Houri [10.15] sowie Nash-Williams [10.33] zurückgehen.

Satz 10.7.: a) Ist G ein stark zusammenhängender, einfacher Graph mit n Ecken und ist der Grad $g(v) \geq n$ für jede Ecke von G, so existiert eine Rundtour in G.

b) Ist G ein schwach zusammenhängender, einfacher Graph mit n Ecken und ist $g(v) \geq n-1$ für jede Ecke von G, so existiert eine Tour in G.

Bemerkung: Jeder vollständige einfache Graph erfüllt die Voraussetzung von Satz 10.7.b); die Umkehrung gilt nicht, wie das folgende Beispiel zeigt:

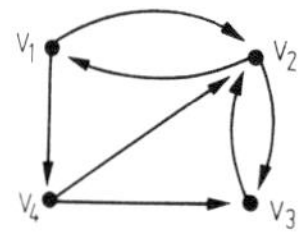

Figur 10-6

Es ist $g(v) \geq 3$ für jedes $v \in V$ und $w = [v_1, v_4, v_2, v_3]$ eine Tour in G; G aber ist nicht vollständig.

Satz 10.8.: Ist G ein einfacher Graph mit n Ecken und $g^+(v) \geq \frac{n}{2}$ sowie $g^-(v) \geq \frac{n}{2}$ für jede Ecke von G, so existiert eine Rundtour in G.

Weitere interessante Ergebnisse stammen von Berge, Rédei, Bosak, Sloane, Pośa [10.42] u. a.; eine Zusammenstellung mit Beweisen findet der Leser bei Berge [10.4, Kap. 10].

Für das Problem des Handlungsreisenden (*) ist die Existenzfrage nicht sonderlich relevant; ist nämlich $G=(V, R)$ mit Bewertung d gegeben und $\hat{G}:=(V, \hat{R})$ mit $\hat{R}:=V\times V$ der vollständige symmetrische Graph mit Eckenmenge V und $\hat{d}$ eine Bewertung von $\hat{G}$ mit $\hat{d}|_G:=d$, $\hat{d}|_{\hat{R}-R}:=M$ und $M>\sum_{r\in R} d(r)$, so erkennt man:

(1) In $\hat{G}$ existieren $|V|!$ Rundtouren,

(2) eine Rundtour z in $\hat{G}$ ist eine Rundtour in G genau dann wenn $\hat{d}(z)<M$ ist.

Bestimmen wir also eine Rundtour mit minimaler $\hat{d}$-Länge in $\hat{G}$, so wird die Frage der Existenz einer Rundtour in G gemäß (2) simultan beantwortet; allerdings wird die Anzahl der zu untersuchenden Rundtouren im allgemeinen erheblich vergrößert.

Zur Lösung des Problems sind die folgenden Tatsachen ins Gedächtnis zu rufen:

(1) Jede Rundtour $z=[v_{i_1}, v_{i_2}, \ldots, v_{i_n}=v_{i_1}]$ in G definiert mittels $M:= =\{(v_{i_1}, v'_{i_2}), (v_{i_2}, v'_{i_3}), \ldots, (v_{i_n}, v'_{i_1})\}$ eine vollständige Zuordnung in dem bipartiten Graphen G' (vgl. Figur 9-7 und Seite 154); umgekehrt definiert eine vollständige Zuordnung M in G' einen Faktor F in G, dessen Kreise wir hier *Kurzkreise* nennen wollen. F definiert genau dann eine Rundtour, wenn es aus genau einem Kreis besteht.

(2) Jede Rundtour $z=[v_{i_1}, \ldots, v_{i_n}=v_{i_1}]$ definiert durch die Pfeilmenge $R_T:= =\{(v_{i_1}, v_{i_2}), (v_{i_2}, v_{i_3}), \ldots, (v_{i_{n-1}}, v_{i_n})\}$ einen spannenden Baum (genauer: Wurzelbaum mit Wurzel v_{i_1}) in G; umgekehrt aber ist nicht jeder Baum (auch nicht jeder Wurzelbaum) als Tour interpretierbar.

Es liegt daher nahe, zunächst vollständige Zuordnungen oder spannende Bäume[1] zu bestimmen und aus diesen Mengen eine minimale Rundtour zu „extrahieren". Beide Ideen sind realisiert: die erste von Eastman [10.10] und mit Einschränkungen von Little u. a. [10.29], die letzte von Held und Karp [10.19].

Bevor wir diese Verfahren skizzieren, soll die gemeinsame Verfahrenstechnik, die **„Branch-and-Bound"-Technik** („divide et impera", „séparation et évaluation") kurz skizziert werden.

Sei Y eine nichtleere Menge und $f: Y\rightarrow M$ eine Abbildung von Y in eine vollständig geordnete Menge M (Ordnung: „$\leq$"); sei desweiteren Y_0 eine Teilmenge von Y und unser Problem

$$P(Y_0): \text{ Bestimme ein } y_0\in Y_0 \text{ mit } f(y_0)=\inf\{f(y)\,|\,y\in Y_0\}.$$

[1] genauer werden wir „1-Bäume" betrachten, vgl. S. 183 u. f.

Wir schildern zunächst drei Teiltechniken.

„Zerlegen": Ist $Y_0 = \bigcup_{i=1}^{k} Y_i$ $(k \geq 1)$, so ist ein „minimales" Element y_0 – falls überhaupt ein solches existiert – „minimales" Element von mindestens einer Teilmenge Y_i, und es gilt:

$$\inf \{f(y) \mid y \in Y_0\} = \inf \{\inf \{f(y) \mid y \in Y_i\} \mid i = 1, \ldots, k\}.$$

Durch sukzessives Lösen der Teilprobleme $P(Y_i)$ $(i = 1, \ldots, k)$ kann daher unser Ausgangsproblem $P(Y_0)$ gelöst werden. Häufig wird $\bigcup_{i=1}^{k} Y_i$ eine Zerlegung von Y_0, also $Y_i \cap Y_j = \emptyset$ für $i \neq j$ sein.

„Erweitern": Ist $Y_i \subset Y_i' \subset Y$, so nennen wir $P(Y_i')$ ein bezüglich Y_i erweitertes Problem; es gilt offenbar:

$$\inf \{f(y) \mid y \in Y_i'\} \leq \inf \{f(y) \mid y \in Y_i\}.$$

Die Erweiterung wird man natürlich so vornehmen, daß $P(Y_i')$ „leicht" lösbar ist (z. B. von der Menge der Touren zu der Menge der 1-Bäume in G).

„Reduzieren": Ist ein $y_0 \in Y_0$ bekannt und ist $\inf \{f(y) \mid y \in Y_i\} > f(y_0)$, so enthält Y_i keine optimale Lösung und wird „verworfen", d. h. $P(Y_0)$ auf $P(Y_0 - Y_i)$ reduziert.

Das Zerlegen der Menge Y_0 wird dabei gewöhnlich sukzessiv erfolgen; ist nämlich Y_i eine Teilmenge von Y_0 und $P(Y_i)$ „schwer" lösbar, so wird man Y_i weiter zerlegen usw.

Sei nun $\mathfrak{P}(Y_0)$ die Potenzmenge von Y_0 und $G^* := (V^*, R^*)$ ein (häufig unendlicher) Graph ohne parallele Pfeile mit

$$V^* := \mathfrak{P}(Y_0) \text{ und } R^* := \{(Y', Y'') \mid Y'' \subset Y'\}.$$

Ein „Branch-and-Bound"-Verfahren zur Lösung von $P(Y_0)$ ist nun durch folgende Angaben wesentlich charakterisiert:

(1) einen Subgraphen $G_* = (V_*, R_*)$ von G^* mit $Y_0 \in V_*$; die Nachfolgermenge $N(Y)$ für $Y \in V_*$ gibt dabei die Elemente aller möglichen Zerlegungen von Y an.

(2) eine Abbildung $E: V_* \to \mathfrak{P}(Y)$ mit folgenden Eigenschaften: es ist $Y \subset E(Y)$ für jedes $Y \in V_*$; ferner: sind Y' und Y'' aus V_* und ist $Y' \subset Y''$, so ist $E(Y') \subset E(Y'')$ (E: „monotone Erweiterung").

Folge: Die Abbildung E induziert eine Bewertung d_* auf G_* gemäß

$$d_*(Y) := \inf \{f(y) \mid y \in E(Y)\} ,$$

$$d_*(Y', Y'') := d_*(Y') ;$$

d_* ist eine *monotone* Bewertung[2] von G_* (vgl. S 83).

(3) eine Abbildung S, die jedem schwach zusammenhängenden M-monoton bewerteten Teilgraphen G von G_* (mit Y_0 aus G) eine Ecke von G („aktuelle Ecke") zuordnet[3] (S: „Suchstrategie"; gewöhnlich wird eine Ecke ohne Nachfolger (in G) ausgewählt).

(4) eine Auswahlvorschrift Z, die zu gegebener „Information" i aus einer Informationsmenge I (u. a. Struktur einer optimalen Lösung von $E(S(G))$, G u. ä.) eine „aktuelle" Teilmenge $N(Y, i)$ von $N(Y)$ in G_* bestimmt mit $\bigcup_{Y' \in N(Y,i)} Y' = Y$ (Z: „Zerlegung").

Der *Ablauf* eines „Branch-and-Bound"-Verfahrens ist dann folgendermaßen zu skizzieren:

Wir gehen aus von der „aktuellen" Ecke Y_0, erweitern Y_0 und bestimmen $d_*(Y_0)$; dann bestimmen wir gemäß Z die „aktuellen" Nachfolger von Y_0 in G_* und bestimmen die zugehörigen Werte von d_*. Gemäß S wählen wir eine „aktuelle" Ecke und bestimmen wieder gemäß Z deren Nachfolger in G_* usw.

Wir können das Verfahren abbrechen, wenn ein bewerteter Teilgraph $\hat{G}$ von G_* bestimmt und ein Element $y_0 \in Y_0$ bekannt ist mit

$$f(y_0) \leq \min \{d_*(Y) \mid Y: N(Y) = \emptyset \text{ in } \hat{G}\} .$$

Wegen der monotonen Bewertung hat dann nämlich jede Ecke Y aus $\underline{G_* - \hat{G}}$ keinen kleineren Wert bezüglich d_* als $f(y_0)$, so daß für jedes Element $y \in Y \cap Y_0$ gilt: $f(y) \geq f(y_0)$.

Augenscheinlich liegen genau die Verhältnisse vor, die wir in Kap. 5 auf Seite 84 und folgenden geschildert haben; die Algorithmen A.5.6. (Horizontalsuche) sowie A.5.7. (Gestutzte Vertikalsuche) stellen dabei die gebräuchlichsten Suchstrategien dar.

Es bleibt anzumerken, daß ein Verfahren dieser Art nicht abbrechen muß. Ähnliche oder andere Darstellungsarten für „Branch-and-Bound"-Verfahren

[2] Man kann die Einbettung ersetzen durch eine Abbildung E einer Familie $F = \{P(Y) \mid Y \subset Y_0\}$ von Problemen in eine beliebige Familie H von „Hilfsproblemen", wenn E nur eine monotone Bewertung von G_* erzeugt.

[3] Will man dagegen adaptive Suchstrategien verwenden, so hat S zudem auf die „Entstehungsgeschichte" von G Bezug zu nehmen und ordnet daher jedem Paar (G, i) mit einem Element i aus einer Informationsmenge I eine aktuelle Ecke zu.

findet der Leser u. a. in [10.46], [10.27], [10.31], [10.23], [10.35] sowie für Permutationsprobleme in [10.22].

Wir wollen nun mit dem „klassischen", wenn auch nicht sonderlich effizienten **Verfahren von Little** beginnen, welches der „Branch-and-Bound"-Technik zum Durchbruch verhalf.

Dazu betrachten wir wieder einen vollständigen symmetrischen Graphen G mit Eckenmenge $V=\{v_1, \ldots, v_n\}$ und der reellen Bewertung $d: \underline{G} \to \mathbb{R}$.

Die Matrix $D=(d_{ij})$ mit $d_{ij}:=\begin{cases} d(v_i, v_j), & \text{falls } i \neq j \\ \infty & \phantom{\text{falls }} i=j \end{cases}$ wollen wir als (modifizierte) *Distanzmatrix* bezeichnen, die wir zugleich als Kostenmatrix in dem zugehörigen bipartiten Graphen G' betrachten wollen (vgl. S. 154). Da jede Rundtour eine vollständige Zuordnung definiert, können wir zunächst eine Bewertungsreduktion vornehmen.

Sei also $k(v_i):=\min\{d_{ij} \mid j=1, \ldots, n\}$ das Zeilenminimum der i-ten Zeile,

und $\quad {}_*d_{ij}:=d_{ij}-k(v_i)$ für $j=1, \ldots, n$ und jedes $i=1, \ldots, n$;

sei desweiteren $k'(v_j):=\min\{{}_*d_{ij} \mid i=1, \ldots, n\}$ das Spaltenminimum der neuen j-ten Spalte

und $\quad d_{ij}^*:={}_*d_{ij}-k'(v_j)$ für $i=1, \ldots, n$ und jedes $j=1, \ldots, n$.

Dann ist $D^*:=(d_{ij}^*)$ eine nichtnegative Matrix, die in jeder Zeile und Spalte mindestens ein verschwindendes Element enthält.

Die Summe der Minima $\sum_{i=1}^{n} k(v_i)+\sum_{j=1}^{n} k'(v_j)$ nennen wir *Reduktionskonstante* $R(D)$ von D; offenbar hat jede vollständige Zuordnung und damit jede Rundtour in G mindestens den Wert bzw. die d-Länge $R(D)$. Dieser Sachverhalt läßt sich als „Erweiterung" interpretieren, wobei uns hier nur die untere Schranke $R(D)$ interessiert.

Bevor wir die „Zerlegung" von Teilmengen angeben, muß die Darstellung der hier relevanten Teilmengen erklärt werden.

Ist D eine (modifizierte) Distanzmatrix, so stellt $D'=(d'_{ij})$ mit

$d'_{ij}:=\begin{cases} d_{ij}, & \text{falls } i \neq i_0 \text{ und } j \neq j_0 \\ \infty & \phantom{\text{falls }} i=i_0 \text{ und } j=j_0 \end{cases}$ die Menge Y_1 aller Rundtouren der Ausgangsmenge Y dar, welche den Pfeil (v_{i_0}, v_{j_0}) *nicht* durchlaufen; wir schreiben daher auch kurz: $Y_1=Y \cap \overline{(i_0, j_0)}$.

Die „aktuelle" Zerlegung einer „aktuellen" Teilmenge Y erfolgt nun stets in *zwei disjunkte Teilmengen*, nämlich in $Y_1=Y \cap \overline{(i_0, j_0)}$ und $Y_2:=Y-Y_1$; da Y_2 genau alle Rundtouren von Y enthält, welche den Pfeil (v_{i_0}, v_{j_0}) durchlaufen, schreiben wir auch kurz $Y_2=Y \cap (i_0, j_0)$ und verzichten bei der Darstellung der zugehörigen Distanzmatrix auf die i_0-te Zeile und j_0-te Spalte; zugleich

setzen wir $d_{j_0 i_0}=\infty$, da zwei inverse Pfeile nicht in einer Rundtour vorkommen können (o. E. sei $n>2$).
Die *Auswahl* des Paares (i_0, j_0) erfolgt nach plausiblen Gesichtspunkten: Für (i_0, j_0) bezeichnet $u(i_0, j_0) := \min\{d_{i_0 k} \mid k \neq j_0\} + \min\{d_{k j_0} \mid k \neq i_0\} - d_{i_0 j_0}$ den „Umweg" von v_{i_0} nach v_{j_0}, der mindestens erforderlich ist, wenn der Pfeil (v_{i_0}, v_{j_0}) nicht benutzt wird. Wir wählen daher ein Paar (i_0, j_0) so, daß gilt

$$d_{i_0 j_0}=0 \text{ und} \tag{1}$$

$$u(i_0, j_0)=\max\{u(i,j) \mid (i,j): d_{ij}=0\}, \tag{2}$$

also einen mit 0 bewerteten Pfeil mit maximalem Umweg in der Hoffnung, daß die Menge $Y \cap \overline{(i_0, j_0)}$ eine sehr hohe Schranke $d_*(Y \cap \overline{(i_0, j_0)})$ aufweist und daher verworfen werden kann.
Die Suchstrategie entspricht der *gestutzten Vertikalsuche*, wobei möglichst schnell einelementige Mengen, also Rundtouren, entdeckt werden, deren d-Längen (als obere Schranken) zum Stutzen des Graphen G_* dienen.

Beispiel:

$$D=\begin{pmatrix} \infty & 3 & 7 & \textcircled{2} & 8 \\ \textcircled{3} & \infty & 4 & 5 & 12 \\ 6 & 3 & \infty & \textcircled{2} & 9 \\ 10 & 7 & \textcircled{4} & \infty & 8 \\ 4 & 3 & \textcircled{2} & 5 & \infty \end{pmatrix} \quad D_*=\begin{pmatrix} \infty & \textcircled{1} & 5 & \textcircled{0} & 6 \\ \textcircled{0} & \infty & 1 & 2 & 9 \\ 4 & 1 & \infty & 0 & 7 \\ 6 & 3 & \textcircled{0} & \infty & \textcircled{4} \\ 2 & 1 & 0 & 3 & \infty \end{pmatrix}$$

$$D^*=\begin{pmatrix} \infty & 0^0 & 5 & 0^0 & 2 \\ 0^3 & \infty & 1 & 2 & 5 \\ 4 & 0^0 & \infty & 0^0 & 3 \\ 6 & 2 & 0^0 & \infty & 0^2 \\ 2 & 0^0 & 0^0 & 3 & \infty \end{pmatrix} \quad \text{mit } R(D)=13+5=18\,.$$

Die Umwege der verschwindenden Elemente sind bereits in der Matrix D^* (klein) notiert; es ist $u(2,1)=\max\{u(i,j) \mid d^*_{ij}=0\}=3$.
Wir zerlegen daher Y_0 in $Y_1 := Y_0 \cap \overline{(2,1)}$ und $Y_2 := Y_0 \cap (2,1)$ und erhalten als zugehörige Distanzmatrizen:

$$D_1=\begin{pmatrix} \infty & 0 & 5 & 0 & 2 \\ \boxed{\infty} & \infty & \textcircled{1} & 2 & 5 \\ 4 & 0 & \infty & 0 & 3 \\ 6 & 2 & 0 & \infty & 0 \\ \textcircled{2} & 0 & 0 & 3 & \infty \end{pmatrix} \quad \text{mit } R(D_1)=3\,,$$

$$D_2=\begin{array}{c} \\ \\ \end{array}\begin{matrix} v_2 & v_3 & v_4 & v_5 \end{matrix}$$

$$D_2=\begin{pmatrix} \boxed{\infty} & 5 & 0^2 & 2 \\ 0^0 & \infty & 0^0 & 3 \\ 2 & 0^0 & \infty & 0^2 \\ 0^0 & 0^0 & 3 & \infty \end{pmatrix}\begin{matrix} v_1 \\ v_3 \\ v_4 \\ v_5 \end{matrix} \quad \text{mit } R(D_2)=0\,.$$

(Spalten von D_2: v_2, v_3, v_4, v_5)

Den bislang erzeugten eckenbewerteten Teilgraphen von G_* illustrieren wir in folgender Weise:

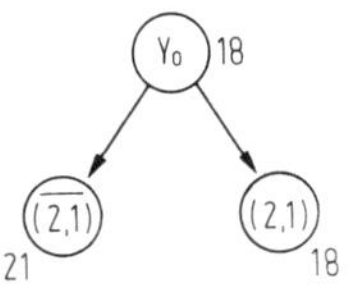

Figur 10-7

Die zuletzt bestimmte Teilmenge Y_2 wird als „aktuelle“ Ecke gewählt und als nächstes Paar (1, 4) ausgewählt usw.
Bei Abbruch ergibt sich folgender bewerteter Teilgraph $\hat{G}$ von G_*; hierbei ist jede Ecke insgesamt durch die angegebene Kennzeichnung, die Kennzeichnung ihrer Vorgängerecke, deren Vorgängerecke etc. charakterisiert:

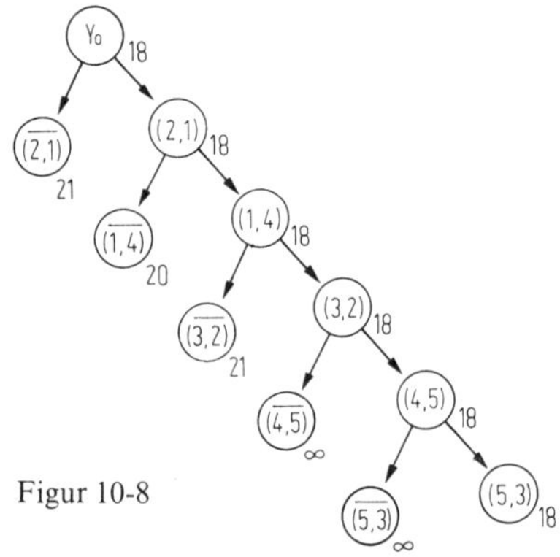

Figur 10-8

$z = [v_1, v_4, v_5, v_3, v_2, v_1]$ ist eine optimale Rundtour mit $d(z) = 18$. Bei diesem einfachen Beispiel erzeugt auch die „Horizontalsuche“ den gleichen Teilgraphen $\hat{G}$.

Das **Verfahren von Eastman** ist durch folgende Angaben charakterisiert:

(1) Die Eckenmenge V_* besitzt genau Elemente des folgenden Typs:

$$Y := \{\text{Rundtour } z \mid r_{i_1}, \ldots, r_{i_p} \in z;\ r_{j_1}, \ldots, r_{j_q} \notin z\}.$$

(2) Die Erweiterung E:

$$E(Y) := \{\text{Faktor } F \mid r_{i_1}, \ldots, r_{i_p} \in F;\ r_{j_1}, \ldots, r_{j_q} \notin F\};$$

daraus resultiert die Bewertung $d_*: V_* \to \mathbb{R} \cup \{\infty\}$

$$d_*(Y) := \min \{d(F) \mid F \in E(Y)\}^{4}.$$

(3) Die Suchstrategie: Horizontalsuche.

[4] Wobei $d_*(Y) = \infty$ sei, falls $E(Y)$ keinen Faktor enthält; die Bestimmung von $d_*(Y)$ erfolgt dabei durch Lösen des zugehörigen Zuordnungsproblems.

(4) Die Auswahlvorschrift Z zur Bestimmung der „aktuellen" Nachfolgermengen $N(Y, i)$:
Ist $d_*(Y) = \infty$, so ist $N(Y, i) := \emptyset$;
andernfalls sei F^* ein d-optimaler Faktor von $E(Y)$:
Ist $F^* = \{z_1\}$ so ist eine Rundtour z_1 mit $d(z_1) = d_*(Y)$ entdeckt und

$$N(Y, i) = \emptyset .$$

Ansonsten sei ohne Einschränkung $z_1 = (r_1, \ldots, r_m)$ mit $1 < m < |V|$; dann ist $N(Y, i) := \{Y_1, \ldots, Y_m\}$ mit

$$Y_i := \{\text{Rundtour } z \text{ aus } Y \mid r_1, \ldots, r_{i-1} \in z;\ r_i \notin z\} \quad (i = 1, \ldots, m) .$$

Offenbar wird Y „aktuell" in m disjunkte Teilmengen zerlegt, so daß gilt:

$$F^* \notin \bigcup_{i=1}^{m} E(Y_i) .$$

In unserem Beispiel liefert das zu Y_0 gehörige Zuordnungsproblem bereits einen einelementigen Faktor und damit die Lösung des Problems. Vergleichen wir das Verfahren von Little mit dem Verfahren von Eastman, so ist letzteres dadurch charakterisiert, daß es gewöhnlich einen erheblich „kleineren" – in jedem Fall keinen „größeren" – Teilgraphen G erzeugt, aber mehr Rechenaufwand zur Bestimmung der Bewertung d_* (Lösen des Zuordnungsproblems statt Bestimmung der Reduktionskonstanten) impliziert.

Das **Verfahren von Held und Karp** wollen wir für einen wichtigen Spezialfall skizzieren; ein *symmetrisches* „traveling salesman"-Problem liegt vor, wenn $G = (V, R)$ symmetrisch und $d(r') = d(r)$ ist für jedes Paar (r, r') inverser Pfeile. Für die Distanzmatrix gilt dann offenbar:

$$d_{ij} = d_{ji} \quad \text{für } i, j = 1, \ldots, n .$$

Die Idee, die einer Fülle von inzwischen veröffentlichten und zum Teil mit erstaunlichem Erfolg praktizierten Verfahrensvarianten gemeinsam zugrunde liegt, ist sehr einfach zu beschreiben.

Ein *1-Baum* T_1 eines Graphen G (mit Eckenmenge V) ist ein Partialgraph von G mit folgenden Eigenschaften:

(a) T_1 ist schwach zusammenhängend und besitzt genau $|V|$ Pfeile,
(b) der durch $V - \{v_1\}$ induzierte Subgraph von T_1 ist ein Baum.

Beispiel:

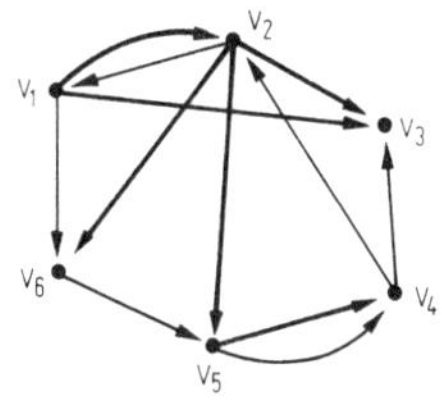

Figur 10-9

Nach Satz 4.1. besitzt T_1 genau einen elementaren Zykel, der v_1 berührt. Wir stellen nun folgendes fest:

(1) Einer Rundtour $z=(r_1, \ldots, r_n)$ entspricht ein 1-Baum T_1 mit Pfeilmenge $R_{T_1}=\{r_1, \ldots, r_n\}$, wobei jede Ecke in T_1 den Grad 2 aufweist.

(2) Ist T_1^* ein 1-Baum mit minimalem d-Wert $d(T_1^*):=\sum_{r\in R_{T_1^*}} d(r)$ und definiert $R_{T_1^*}$ eine Rundtour z in G, so ist z eine optimale Rundtour.

Wir werden nun diesen Sachverhalt ausnutzen und betrachten dazu noch eine beliebige Eckenbewertung π von G.

Ist $d'(r):=d(r)+\pi(\alpha(r))+\pi(\omega(r))$ eine neue Pfeilbewertung von G, so ist für jede Rundtour z:

$$d'(z)=d(z)+2\cdot\sum_{v\in V}\pi(v)$$

und daher jede d-optimale Rundtour auch genau d'-optimale Rundtour in G. Ist nun C^* die Länge einer d-minimalen Rundtour z^*, so ist wegen $d'(z^*)\geq d'(T_1)$ für jeden 1-Baum T_1 und beliebige Eckenbewertung π:

$$C^*+2\sum_{v\in V}\pi(v)\geq d(T_1)+\sum_{v\in V} g^{T_1}(v)\cdot\pi(v)\,,$$

wobei $g^{T_1}(v)$ den Grad von v in T_1 darstellt.

Wir können den Wert $d(T_1)$ eines 1-Baumes T_1 mit Algorithmus A.4.2. in $O(|R|)$ elementaren Operationen bestimmen; man erkennt unmittelbar: T_1 ist ein d-minimaler 1-Baum in G genau dann wenn die beiden mit v_1 inzidenten Pfeile die beiden d-kleinsten, nicht zueinander inversen Pfeile aller mit v_1 inzidenten Pfeile sind und der Restgraph einen minimalen Baum in dem durch $V-\{v_1\}$ induzierten Subgraphen darstellt.

Sei nun $w(T_1,\pi):=d(T_1)+\sum_{v\in V}(g^{T_1}(v)-2)\cdot\pi(v)$ und

$$w(\pi):=\min\{d(T_1)+\sum_{v\in V}(g^{T_1}(v)-2)\cdot\pi(v)\,|\,T_1 \text{ in } G\};\ \text{dann gilt:}$$

$$C^*\geq\sup\{w(\pi)\,|\,\pi\in\mathbb{R}^{|V|}\}\,. \tag{3}$$

Die Berechnung des Supremums in (3) liefert häufig bereits die Länge einer optimalen Rundtour, zumindest aber eine scharfe untere Schranke für die Länge der gesuchten Rundtour. Sie kann erfolgen durch die Lösung einer Folge abgeleiteter linearer Programme, durch Abstiegsmethoden insbesondere auch in Verbindung mit Branch-and-Bound-Techniken (zur simultanen Erzeugung einer Folge von 1-Bäumen), durch eine Art „out-of-kilter"-Algorithmus (wobei die Grade der Ecken in einem 1-Baum die Kilterzustände definieren) oder durch iterative Methoden, wie sie zur Lösung von linearen Ungleichungssystemen verwendet werden (vgl. [10.20], [10.19]). Eine besonders einfache und praktisch bewährte Iterationsmethode geht auf eine spieltheoretische Interpretation zurück: wählt Spieler 1 aus der Menge S_1 aller 1-Bäume in G, Spieler 2 aus der Menge S_2 aller reellen Eckenbewertungen von G, so liefert eine Minimaxstrategie für Spieler 2 den gesuchten Wert

$$\max_{\pi \in S_2} \{ \min_{T_1 \in S_1} w(T_1, \pi) \} .$$

Algorithmus 10.2.

Name: Held und Karp – Fiktives Spiel

Voraussetzung: G ist ein symmetrischer Graph mit „symmetrischer" Bewertung d_0, mit Eckenmenge $V = \{v_1, \ldots, v_n\}$ und Pfeilmenge R; π_0 ist eine vorgegebene Eckenbewertung von G; π ist ein Feld der Länge n, T ist ein Feld der Länge n, k_0 eine vorgegebene natürliche Zahl, w eine reelle Variable;

Startbedingung: $\pi := \pi_0$;

Iteration: $d(r) := d_0(r) + \pi(\alpha(r)) + \pi(\omega(r))$ für jedes $r \in R$;
bestimme einen d-minimalen 1-Baum T_1 in G;

$$w := d(T_1) + \sum_{v \in V} (g^{T_1}(v) - 2)\, \pi(v);$$

$\pi(v) := \pi(v) + (g^{T_1}(v) - 2)$ für jedes $v \in V$;

Abbruchbedingung: falls nach k_0 aufeinanderfolgenden Iterationen keine Vergrößerung des erzielten maximalen Wertes von w erfolgt oder $g^{T_1}(v) - 2 = 0$ ist für jedes $v \in V$.

Bemerkungen:

(1) Die Vorgehensweise ähnelt dem Ablauf eines „fiktiven Spiels" [10.5], [10.43]: Spieler 1 wählt Vektoren $\pi \in \mathbb{R}^n$, Spieler 2 wählt 1-Bäume in G.

(2) Dieser Algorithmus muß nicht konvergieren, und selbst bei Abbruch liefert er nicht notwendig eine Rundtour.

Beispiel: Wegen der Symmetrie des Graphen und der Bewertung sind Paare inverser Pfeile jeweils als (richtungslose) „Kante" dargestellt; es sei $d^{(0)}(r) := d_0(r)$ und $\pi_0 = 0$.

$B = (G, d_0, \mathbb{R}_+)$:

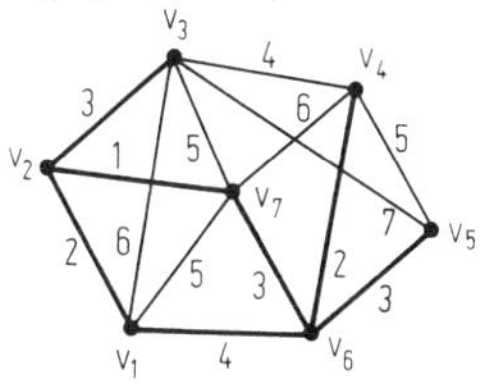

$T_1^{(0)}$ ist stark hervorgehoben mit $d_0(T_1^{(0)}) = 18$;
$\pi^{(0)} = (0, \ldots, 0)$;
$w(T_1^{(0)}, \pi^{(0)}) = 18$;

Daraus folgt $\pi^{(1)} := \pi^{(0)} + (0, 1, -1, -1, -1, 2, 0)$, also

$\pi^{(1\ )} := (0, 1, -1, -1, -1, 2, 0)$ und wir erhalten als neue Bewertung $d^{(1)}$:

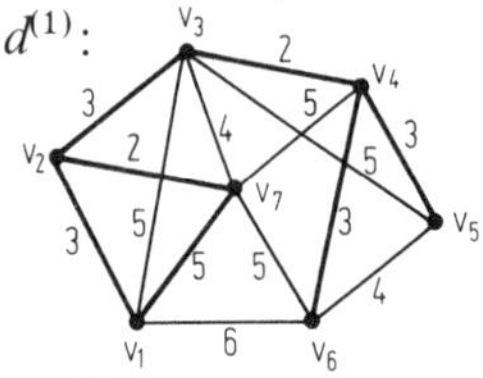

$T_1^{(1)}$ mit $d_0(T_1^{(1)}) = 20$;

$w(T_1^{(1)}, \pi^{(1)}) = 20 + \pi^{(1)} \cdot (0, 1, 0, 1, -1, -1, 0)$

$= 20 + (-3) = 17$;

$\pi^{(2)} := \pi^{(1)} + (0, 1, 0, 1, -1, -1, 0) = (0, 2, -1, 0, -2, 1, 0)$ und

$d^{(2)}$:

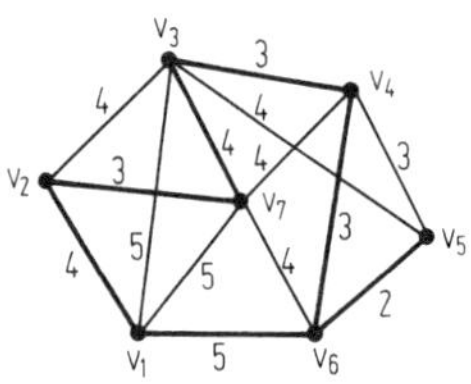

$T_1^{(2)}$ mit $d_0(T_1^{(2)}) = 21$;

$w(T_1^{(2)}, \pi^{(2)} = 21 + \pi^{(2)}(0, 0, 0, 0, -1, 1, 0)$

$= 21 + (-1) = 20$;

$\pi^{(3)} := \pi^{(2)} + (0, 0, 0, 0, -1, 1, 0) = (0, 2, -1, 0, -3, 2, 0)$ und

$d^{(3)}$:

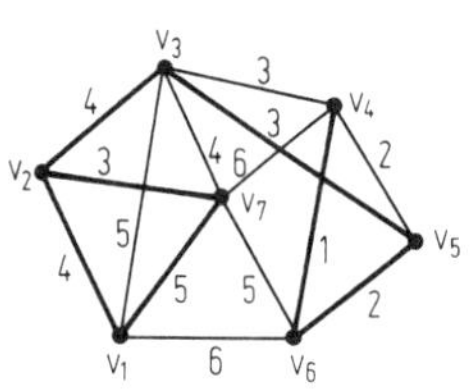

$T_1^{(3)}$ mit $d_0(T_1^{(3)}) = 23$;

$w(T_1^{(3)}, \pi^{(3)}) = 23 + \pi^{(3)}(0, 1, 0, -1, 0, 0, 0)$

$= 23 + 2 = 25$;

$\pi^{(4)} := \pi^{(3)} + (0, 1, 0, -1, 0, 0, 0) = (0, 3, -1, -1, -3, 2, 0)$ und

$d^{(4)}$:

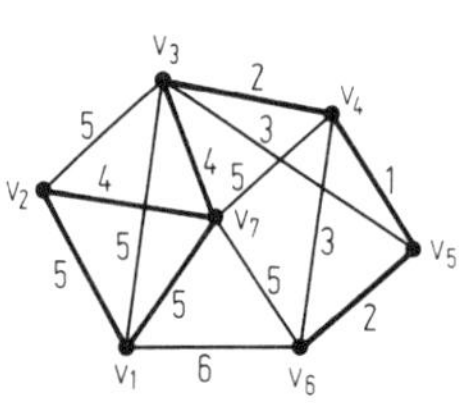

$T_1^{(4)}$ mit $d_0(T_1^{(4)}) = 24$;

$w(T_1^{(4)}, \pi^{(4)}) = 24 + \pi^{(4)}(0, 0, 0, 0, 0, -1, 1)$

$= 24 + (-2) = 22$;

$\pi^{(5)} := \pi^{(4)} + (0, 0, 0, 0, 0, -1, 1) = (0, 3, -1, -1, -3, 1, 1)$ und

$d^{(5)}$:

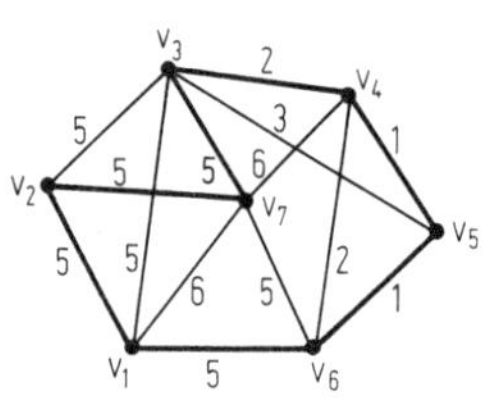

$T_1^{(5)}$ mit $d_0(T_1^{(5)}) = 24$;

$w(T_1^{(5)}, \pi^{(5)}) = 24 + \pi^{(5)}(0, \ldots, 0) = 24$;

ferner ist $\pi^{(6)} = \pi^{(5)}$ und

$T_1^{(5)}$ definiert eine Rundtour, die d_0-minimal ist (genauer: 2 inverse Rundtouren zu vorgegebener Anfangsecke v_1).

Figur 10-10

Bemerkungen:

(1) Von Hansen und Krarup [10.18] ist eine gegenüber den ersten Verfahrensvorschlägen von Held und Karp wesentlich verbesserte Branch-and-Bound-Version entwickelt und erfolgreich bis zu 80-Städte-Problemen getestet worden.

(2) Im nichtsymmetrischen Fall spielen 1-Wurzelbäume (Wurzelbäume mit Wurzel in v_1 und genau einem Kreis, welcher die Wurzel berührt) die Rolle der 1-Bäume; jede Rundtour ist offenbar ein 1-Wurzelbaum. Man bestimmt minimale 1-Wurzelbäume mit einer Variante des Verfahrens von Edmonds (vgl. S. 159; β-minimale Überdeckung der Eckenmenge) oder mittels „depth-first-search"-Algorithmen (A.5.3.) in Verbindung mit „Branch-and-Bound"-Techniken.

(3) Bei der Routenplanung für p Vertreter mit gemeinsamer Operationsbasis v_1 ist eine d-minimale Eckenüberdeckung eines Graphen mit p Kreisen, die jeweils v_1 berühren, zu bestimmen. Auch dieses Problem läßt sich durch geeignete Modifikation der Idee von Held und Karp einer Lösung näherbringen [10.19].

(4) Sei (Z) ein Zuordnungsproblem und $X = X_1 \cup X_2$ die Eckenmenge des zugehörigen bipartiten Graphen ($X_1 \cap X_2 = \emptyset$), ferner π eine reelle Bewertung auf X_2. Die Optimalität einer vollständigen Zuordnung ist gegenüber folgender Bewertungsänderung

$$k'(v_i, v_j') := k(v_i, v_j') + \pi(v_j') \qquad (v_i \in X_1,\ v_j' \in X_2)$$

invariant. Man erkennt: Die Summe z der Büschelminima von X_1 („Zeilenminima") ist eine untere Schranke für den Wert jeder vollständigen Zuordnung M und es gilt:

$$(**) \qquad k(M) + \sum_{v_j' \in X_2} \pi(v_j') \geq \max \{ z(\pi) \mid \pi \in \mathbb{R}^{|X_2|} \}.$$

Aus der Theorie der Matroide ergibt sich, daß es – falls eine vollständige Zuordnung in G existiert – ein π_0 gibt, bei dem in $(**)$ die Gleichheit gilt; die Ungarische Methode kann als Anstiegsmethode zur Bestimmung des optimalen π_0 interpretiert werden (vgl. auch Bemerkung 3 auf S. 153).

(5) Durch sukzessives Einbeziehen von Städten kann das „traveling salesman"-Problem mittels dynamischer Optimierung gelöst werden; allerdings wächst der Rechenaufwand mit $O(n^2 2^{n-3})$ und der Speicherplatzbedarf mit $O(n 2^{n-1})$, so daß diese Möglichkeit für den praktischen Einsatz nicht geeignet ist ($n = |V|$; vgl. [10.40]).

(6) Bellmore und Malone [10.2] haben auf pathologische Fälle bei der Kurzkreis-Elimination hingewiesen und erhebliche Verbesserungen des klassischen Eastman-Verfahrens erzielt.

(7) Speziell strukturierte „traveling salesmann“-Probleme sind u. a. von Lawler [10.26] sowie von Gilmore und Gomory [10.14] analysiert und gelöst worden. Für das symmetrische Problem, welches zudem die „Dreiecksungleichung“ (d. h. $d_{ij}+d_{jk}\geq d_{ik}$ für jedes i, j, k) erfüllt, haben Krolak und Felts [10.25] interessante Versuche mit heuristischen Techniken im Mensch-Computer-Dialog unternommen.

(8) Versuche zur genaueren Bestimmung der Oberflächenstruktur des von den zulässigen Rundtouren eines vollständigen Graphen erzeugten Polytops sind u. a. von Padberg, Rao und Grötschel unternommen worden [10.37], [10.16], [10.17].

(9) Die Bestimmung von optimalen Touren kann häufig durch geeignete Modifikation der hier geschilderten Algorithmen direkt gelöst oder auf die Bestimmung optimaler Rundtouren zurückgeführt werden. Ist nämlich G der vorgegebene Graph mit Eckenmenge $V=\{v_1, \ldots, v_n\}$ und Pfeilbewertung d, so fügen wir eine „künstliche“ Ecke v_0 und Pfeile (v_0, v_i) sowie (v_i, v_0) für $i=1, \ldots, n$ hinzu und bewerten den so entstandenen Obergraphen G' von G durch

$$d'|_{\underline{G}} := d, \qquad d'|_{\underline{G'}-\underline{G}} := c \in \mathbb{R} .$$

Eine Rundtour z' in G' ist offenbar genau dann d'-optimal, wenn der zugehörige Teilweg w in G eine d-optimale Tour in G ist.

10.3. Maschinenbelegungsprobleme

Aus der Fülle der Reihenfolgeprobleme, die sich bei der Realisierung eines allgemeinen „Produktionsprogrammes“ (z. B. Fertigung von n Aufträgen; Ausführen eines Projektes u. ä.) mittels „knapper Produktionsfaktoren“ (z. B. Maschinen, Personen mit bestimmten Fähigkeiten u. ä.) ergeben, soll hier nur ein kleiner Ausschnitt dargestellt werden; wir verweisen auf Übersichten in [10.44], [10.12], [10.32], [10.36], [10.34], [10.7].

Ein klassisches Problem stellt das von S. M. Johnson [10.21] analysierte **Buchbinderproblem** dar.

Eine Buchdruckerei besitzt eine Druckmaschine und eine Bindemaschine. Sie hat einen Auftragsbestand von n Aufträgen $A_1, \ldots, A_n$; die Druckzeit für Auftrag A_i sei a_i ($a_i\geq 0$), die Zeit zum Binden sei b_i ($b_i\geq 0$) Zeiteinheiten. Das Binden von A_i kann offenbar erst jeweils nach dem Drucken von A_i erfolgen. Die Gesamtzeit T, in der mindestens eine der beiden Maschinen belegt ist, hängt gewöhnlich erheblich von der Auftragsreihenfolge ab, in der die Aufträge auf den beiden Maschinen bearbeitet werden.

Man hat nun Auftragsfolgen $\pi_1 = (A_{i_1}, \ldots, A_{i_n})$ für die Druckmaschine und $\pi_2 := (A_{j_1}, \ldots, A_{j_n})$ für die Bindemaschine so zu bestimmen, daß die Gesamtzeit $T(\pi_1, \pi_2)$ bei Realisierung dieser Reihenfolgen minimal ist; ein Paar $\pi = (\pi_1, \pi_2)$ nennen wir einen **Belegungsplan.**

Satz 10.9.: Unter den optimalen Belegungsplänen für das Buchbinderproblem existiert ein Plan $\pi^* = (\pi_1^*, \pi_2^*)$ mit $\pi_1^* = \pi_2^*$.

Der Beweis ist recht einfach und erlaubt ohne Schwierigkeit die Verallgemeinerung auf den „3-Maschinen-Fall" (vgl. [10.21], [10.45]). Zur Bestimmung einer optimalen Reihenfolge π_1^* sind zudem folgende Überlegungen nützlich. Wir betrachten zwei Aufträge A_i und A_j $(i \neq j)$ und die beiden Reihenfolgen $\pi^{(1)} = (A_i, A_j)$ sowie $\pi^{(2)} = (A_j, A_i)$.

Es ist $T(\pi^{(1)}, \pi^{(1)}) = \begin{cases} a_i + a_j + b_j, & \text{falls } a_j \geq b_i \\ a_i + b_i + b_j & a_j \leq b_i \end{cases}$, wie die folgende Figur unmittelbar veranschaulicht („Gantt-Diagramm"):

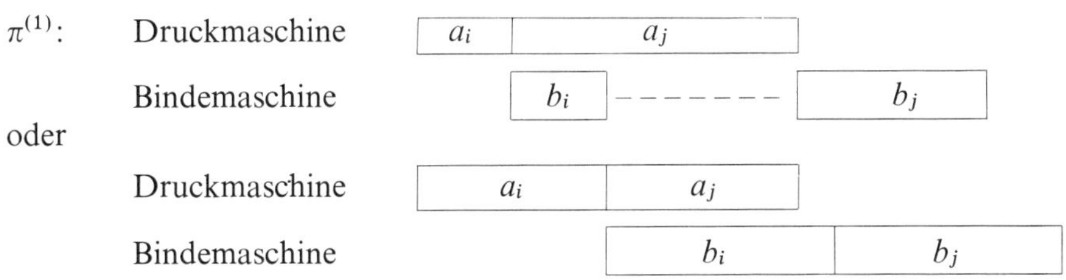

Figur 10-11

In jedem Fall gilt: $T(\pi^{(1)}, \pi^{(1)}) = a_i + b_j + \max\{a_j, b_i\}$; entsprechend folgt: $T(\pi^{(2)}, \pi^{(2)}) = a_j + b_i + \max\{a_j, b_i\}$. Man verifiziert unschwer, daß

$T(\pi^{(1)}, \pi^{(1)}) < T(\pi^{(2)}, \pi^{(2)})$ ist genau dann, wenn

$\min\{a_i, b_j\} < \min\{a_j, b_i\}$ ist.

Dieses Resultat legt folgende *Reihenfolgeregel* auch im Falle $n > 2$ nahe:

(*) Bearbeite A_i vor A_j, falls $\min\{a_i, b_j\} < \min\{a_j, b_i\}$ ist.

Den mit dieser Regel verträglichen *Reihenfolgegraphen* $G := (V, R)$ mit $V := \{A_1, \ldots, A_n\}$ und $R := \{(A_i, A_j) \mid i \neq j \text{ und } \min\{a_i, b_j\} \leq \min\{a_j, b_i\}\}$ veranschaulicht die folgende Figur für ein Beispiel $(n = 5)$:

Auftragsnummer	i	1	2	3	4	5
Druckzeit	a_i	10	4	8	9	6
Bindezeit	b_i	6	2	4	3	5

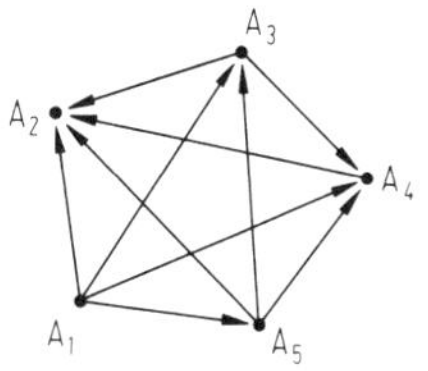

Figur 10-12

Der Reihenfolgegraph ist offensichtlich vollständig, insbesondere schwach zusammenhängend, und es gilt: $g(A_i) \geq n-1$ für jede Ecke $A_i \in V$. Nach Satz 10.7. existiert daher in G ein hamiltonscher Weg.

Wir betrachten nun zunächst den Fall, daß $\min\{a_i, b_j\} \neq \min\{a_j, b_i\}$ für jedes Paar (i, j) mit $i \neq j$ ist. Dann ist G offenbar antisymmetrisch und auch transitiv, wie man durch einfache Fallunterscheidungen nachweist. Ein antisymmetrischer transitiver Graph ist aber kreisfrei und erlaubt daher die Rangbestimmung mittels Algorithmus A.6.3. Wegen der Vollständigkeit gibt es kein Eckenpaar (A_i, A_j) und $A_i \neq A_j$ mit gleichen Rängen $\rho(A_i) = \rho(A_j)$, also existiert eine eineindeutige Zuordnung von Ecken zu den Rängen $0, 1, \ldots, n-1$, welche die optimale Bearbeitungsfolge π_1^* *eindeutig* festlegt.

In obigem Beispiel ist $w = [A_1, A_5, A_3, A_4, A_2]$ der hamiltonsche Weg in G.

Ist nun $\min\{a_i, b_j\} = \min\{a_j, b_i\}$ für mindestens ein Paar (i, j), so „wackeln" wir mittels $a_i' := a_i + \varepsilon_i$ und $b_i' := b_i + \varepsilon_i'$ $(i = 1, \ldots, n)$ mit hinreichend kleinen positiven Zahlen $\varepsilon_i, \varepsilon_i'$ an den Koeffizienten so, daß sich wieder der obige Fall ergibt. Aus der Stetigkeit von $T_{(\varepsilon)}(\pi_1, \pi_2)$ für jeden Belegungsplan π folgt unmittelbar

Satz 10.10.: Ein Belegungsplan $\pi = (\pi_1, \pi_1)$ mit $\pi_1 = (A_{i_1}, \ldots, A_{i_n})$ ist optimal genau dann wenn $w := [A_{i_1}, \ldots, A_{i_n}]$ ein hamiltonscher Weg (Tour) im Reihenfolgegraphen G ist.

Wegen des speziellen Sachverhalts kann die Bestimmung der Ränge bzw. einer optimalen Reihenfolge ohne explizite Angabe von G erfolgen.

Algorithmus 10.3.

Name: Johnson – Buchbinderproblem

Voraussetzung: ein Feld C der Länge $2n$ mit $C[i] := a_i$ und $C[n+i] := b_i$ für $i = 1, \ldots, n$;
ein Feld TOUR der Länge n;
eine Konstante $M > \max\{c_i \mid i = 1, \ldots, 2n\}$;
Variable i, j, k, m, c;

Startbedingung: $i := j := 1$; $k := n$;

Iteration:
```
wähle ein minimales Element c:=C[m] aus C;
IF m≤n THEN BEGIN TOUR[j]:=m;
                  j:=j+1;
                  C[m]:=C[m+n]:=M;
            END
```

```
                          ELSE BEGIN TOUR[k]:=m;
                                     k:=k-1;
                                     C[m]:=C[m-n]:=M;
                               END;
              i:=i+1;
```

Abbruchbedingung: $i > n$;

Ergebnis: TOUR enthält die Indizes einer optimalen Auftragsreihenfolge π_1^*.

Wir wollen nun zum allgemeineren Fall übergehen und betrachten die Fertigung von n Aufträgen $A_1, \ldots, A_n$ mittels m „Maschinen" $M_1, \ldots, M_m$ (Aggregate, Arbeitsplätze, Tätigkeiten, Bedienungsstationen, Transportbänder o. ä.). Ist zur Fertigung von A_i die Maschine M_j notwendig, so bezeichnen wir die zugehörige *Tätigkeit* mit T_{ij} und die zugehörige *Tätigkeitsdauer* mit t_{ij}; sie sei positiv und fest vorgegeben. Gewöhnlich schränken technologische Bedingungen die möglichen Reihenfolgen, in denen ein Auftrag A_i die zur Fertigung von A_i notwendigen Maschinen durchläuft, erheblich ein. Wir veranschaulichen diese Bedingungen in Form eines Graphen $G' := (V, R')$ mit $V := \{T_{ij} \mid$ es existiert ein Auftrag A_i, der die Maschine M_j benötigt$\}$ und $R' := \{(T_{ij}, T_{i'j'}) \mid T_{i'j'}$ kann erst nach Beendigung von T_{ij} beginnen$\}$. Zur Vereinfachung sei $G = (V, R)$ der irreduzible Kern von G', der also genau die notwendigen „Präzedenzbedingungen" enthält, aus denen sich alle Präzedenzbedingungen durch Übergang zur transitiven Hülle ergeben (vgl. S. 54).

Wir bezeichnen G als **Präzedenzgraphen** und illustrieren ihn an einem Beispiel:

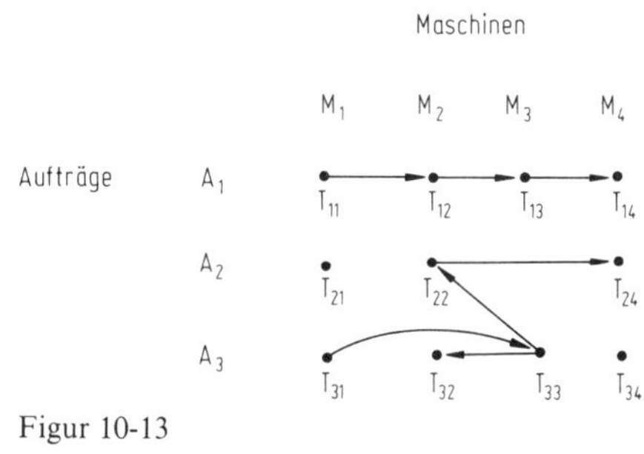

Figur 10-13

Die Maschinenfolge für Auftrag A_1 ist durch (M_1, M_2, M_3, M_4) fest vorgegeben; für Auftrag A_3 ist dagegen T_{31} vor T_{33}, diese Tätigkeit vor T_{32} auszuführen, während T_{34} an beliebiger Stelle ausgeführt, insbesondere auch eingeschoben werden kann; für Auftrag A_2 ist die Maschine M_3 nicht notwendig und T_{22} und T_{24} erst dann ausführbar, wenn T_{31} und T_{33} für Auftrag A_3 bewerkstelligt sind. Die Aufträge A_2 und A_3 sind also „technologisch nicht unabhängig" voneinander.

Zur Vereinfachung wollen wir uns desweiteren auf „unabhängige" Aufträge beschränken, d. h. auf Präzedenzgraphen G mit $(T_{ij}, T_{i'j'}) \notin R$ für $i \neq i'$; allgemeinere Präzedenzgraphen werden im folgenden Kapitel über Netzpläne zur Diskussion stehen.

Ein Präzedenzgraph mit unabhängigen Aufträgen und fest vorgegebener Maschinenfolge für jeden Auftrag wird gewöhnlich als *Maschinenfolgegraph* bezeichnet. Zur Bestimmung eines „zulässigen Belegungsplanes" sind zunächst folgende Prämissen zu beachten:

a) Kein Auftrag kann gleichzeitig auf mehreren Maschinen bearbeitet werden; keine Maschine kann gleichzeitig mehrere Aufträge bearbeiten.

b) Keine Tätigkeit T_{ij} kann unterbrochen werden; die Tätigkeitsdauern t_{ij} seien bekannt ($t_{ij} \in \mathbb{R}_+$).

Zur Vereinfachung der Schreibweise setzen wir noch $t_{ij}=0$, falls Auftrag A_i nicht die Maschine M_j benötigt, und setzen den zu A_i gehörigen Weg im Maschinenfolgegraphen so fort, daß er die „uneigentlichen" Tätigkeiten (mit Tätigkeitsdauer 0) in beliebiger, desweiteren aber fest vorgegebener Reihenfolge zum Schluß berührt.

Ein **Belegungsplan** π ist ein m-Tupel $\pi=(\pi_1, \ldots, \pi_m)$ von Permutationen der Aufträge $A_1, \ldots, A_n$, wobei π_j die Auftragsfolge auf der Maschine M_j darstellt.

Ein **Ablaufgraph** $G(\pi)$ zum Belegungsplan π ist dann folgendermaßen definiert:

$$G(\pi) := (V, R(\pi)) \text{ mit } V := \{T_{ij} \mid i=1, \ldots, n; j=1, \ldots, m\}$$

und $R(\pi) = R \cup \{(T_{ij}, T_{kj}) \mid A_i$ und A_k folgen in π_j unmittelbar aufeinander $(j=1, \ldots, m)\}$.

Wir bewerten $G(\pi)$ mittels $t: \underline{G}(\pi) \to \mathbb{R}_+$ in folgender Weise:

$$t|_V := 0, \quad t(T_{ij}, T_{ik}) := t_{ij} + \tau_{ijk},$$
$$t(T_{ij}, T_{kj}) := t_{ij} + u_{ijk},$$

wobei τ_{ijk} die Transportzeit des Auftrags A_i von Maschine M_j zur Maschine M_k und u_{ijk} die Umrüstzeit von Auftrag A_i auf Auftrag A_k bei der Maschine M_j darstellt.

Beispiel:

Maschinenfolgegraph G:

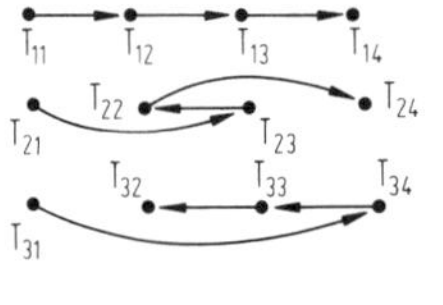

Belegungsplan π:

$$\pi = (\pi_1, \pi_2, \pi_3, \pi_4) \text{ mit}$$
$$\pi_1 = (A_1, A_3, A_2)$$
$$\pi_2 = (A_1, A_2, A_3)$$
$$\pi_3 = (A_1, A_2, A_3)$$
$$\pi_4 = (A_1, A_3, A_2).$$

Ablaufgraph $G(\pi)$:

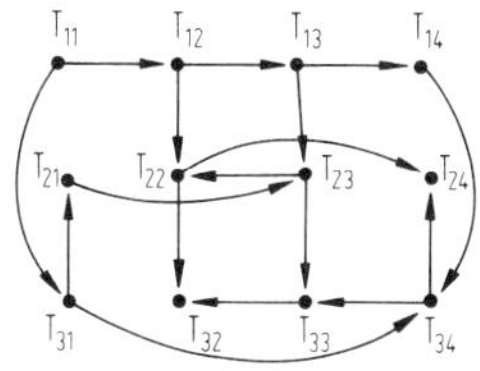

Figur 10-14

Aus der Interpretation der Pfeile folgt unmittelbar (vgl. [10.45]): Ein Belegungsplan π ist genau dann (mit den Präzedenzbedingungen) *verträglich*, wenn der Ablaufgraph $G(\pi)$ keinen Kreis z enthält. Um einen festen zeitlichen Bezugspunkt zu haben (allgemeiner um vorgegebene Termine berücksichtigen zu können, zu denen eine Tätigkeit spätestens beginnen muß bzw. frühestens beginnen darf (vgl. S. 198 (MPM)), führen wir in $G(\pi)$ noch eine „künstliche" Ecke T_{00} ein und für jede Tätigkeit T_{ij}, die im Präzedenzgraphen G keinen Nachfolger hat, einen Pfeil (T_{ij}, T_{00}) mit $t(T_{ij}, T_{00}) := = t_{ih} + u_{ij0}$ ein, wobei u_{ij0} die Abrüstzeit der Maschine M_j von Auftrag A_i auf den Normalzustand darstellt.

Ein **Terminplan** T_π zu einem verträglichen Belegungsplan π ist eine Abbildung $T_\pi: V \to \mathbb{R}_+$ mit folgender Eigenschaft:

$$(*) \quad T_\pi(\omega(r)) - T_\pi(\alpha(r)) \geq t(r) \text{ für jedes } r \in \underline{G}(\pi) .$$

$T_\pi(T_{ij})$ ist dabei als Starttermin der Tätigkeit T_{ij} zu interpretieren, $t(T_\pi) := = T_\pi(T_{00})$ als Abschlußtermin der gesamten Auftragsfertigung. Gesucht[5] ist nun ein verträglicher Belegungsplan π^* und Terminplan T_{π^*} mit minimaler Gesamtdauer $t(T_{\pi^*})$.

Wählen wir $t=0$ als Startzeitpunkt für alle Maschinen, so erkennen wir unmittelbar:

(1) $T_\pi(T_{ij}) \geq t(w)$ für jeden Weg w in $G(\pi)$ mit Endecke T_{ij},

(2) $t_\pi := \min\{t(T_\pi) \mid T_\pi \text{ ist Terminplan zu } \pi\} = \max\{t(w) \mid w \text{ ist ein Weg in } G(\pi)\}$.

[5] Die hier unterstellte kurzfristige Planung bei vorgegebenem Auftragsbestand hat die Kostenminimierung zum Ziel; dabei kann häufig ein einzelner Kostentyp (Kapitalbindungskosten, Zwischenlagerkosten, Umrüstkosten, Verspätungskosten bei vorgegebenen Lieferterminen) als Zielgröße fungieren. In den Fällen, in denen Kosten zu charakteristischen Größen des Produktionsprozesses (etwa Zeitgrößen, Intensitäten, Auslastungen) proportional sind, können auch diese als Zielgrößen herangezogen werden; so finden häufig die Belegungszeit, Wartezeit, Leerzeit, Fertigungsverzögerung oder wie hier die gesamte Durchlaufzeit als Zielgrößen Verwendung (vgl. [10.36], [10.38]).

Die Berechnung von t_π kann wegen der Kreisfreiheit von $G(\pi)$ mit Algorithmus A.7.5. in $O(|V|, |R|)$ elementaren Operationen erfolgen. Die eigentliche Problematik der Maschinenbelegung liegt gewöhnlich in der Vielzahl der zu verträglichen Belegungsplänen gehörigen Ablaufgraphen, deren Anzahl $(n!)^m$ erreichen kann. Von Roy [10.44] entwickelte Algorithmen zur Bestimmung optimaler Terminpläne – Zielgröße ist dabei entweder wieder die Gesamtdauer t_π oder aber die Summe der Zwischenlagerkosten (bei linearen Kostenfunktionen) –, bei denen iterativ durch Lösen jeweils eines Maximalströmungsproblems eine abbrechende Folge von Terminplänen $T_{\pi(i)}$ zu verträglichen Belegungsplänen $\pi^{(i)}$ konstruiert wird, sind daher nur für Probleme mit sehr niedriger Maschinen- und Auftragszahl praktisch einsetzbar.

Bei den praktisch relevanten Größenordnungen wird man daher tunlichst auf heuristische Verfahren („Eröffnungsverfahren" einschließlich subobtimierender „Anschlußverfahren", vgl. [10.32], [10.36]), auf „Branch-and-Bound"-Verfahren (vgl. [10.30]) sowie auf Simulationstechniken (vgl. [10.9]) zurückgreifen. Einen „out-of-kilter"-Ansatz zur Lösung von Maschinenbelegungsproblemen findet der Leser zudem in [10.1].

Bemerkungen:

(1) Zusätzliche Schwierigkeiten entstehen dann, wenn es mehrere Maschinenalternativen zur Ausführung einer erforderlichen Tätigkeit gibt; insbesondere ist der Maschinenfolgegraph nicht mehr eindeutig definiert. Faßt man deshalb gleichartige Maschinen zu einer Maschinengruppe zusammen und verzichtet für diese Gruppe auf die Prämisse a) (S. 192), so muß stattdessen eine „kumulative" Bedingung eingeführt werden, welche das Überschreiten der Gesamtkapazität der Maschinengruppe verhindert. „Kumulative" Bedingungen für knappe Faktoren spielen bei der Projektplanung häufig eine entscheidende Rolle („Ressourcenplanung"); wir werden diesen Sachverhalt im folgenden Kapitel kurz aufgreifen.

(2) **„Multiprozessor"-Probleme** ohne Präzedenzbedingungen sind dagegen unter Umständen besonders einfach zu lösen (vgl. [10.6]).

Sei $P=\{P_1, \ldots, P_m\}$ eine Menge von Prozessoren (z. B. Rechner eines Rechnerverbundsystems) und $A=\{A_1, \ldots, A_n\}$ eine Menge von Aufgaben („tasks"), ferner $\tau=(\tau_{ij})$ eine $(m \times n)$-„Zeitmatrix", wobei $\tau_{ij} \in \mathbb{R}_+ \cup \{\infty\}$ die Zeit darstellt, die zur Ausführung der Aufgabe A_j auf dem Prozessor P_i erforderlich ist.

Ein Belegungsplan S wird vollständig charakterisiert durch die Zerlegung von A in m disjunkte Teilmengen $B_1, \ldots, B_m$ (B_i stellt die Menge der dem Prozessor P_i zugeteilten Aufgaben dar) sowie für jeden Block B_i eine Permutation π_i der Elementindizes von B_i, welche die Reihenfolge der

Aufgaben auf dem Prozessor P_i beschreibt: $S=(B_1, \ldots, B_m; \pi_1, \ldots, \pi_m)$. Die Verweilzeit $f_j(S)$ der Aufgabe A_j im „Multiprozessor“-System bei

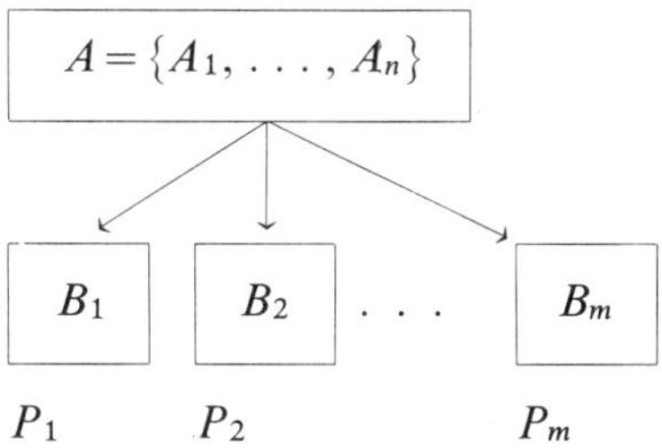

Figur 10-15

Realisierung des Ablaufplanes S ist $f_j(S)=\sum_{\nu=1}^{k} \tau_{i\pi_{i\nu}}$; hierbei sei $A_j \in B_i$ und $j=\pi_{ik}$.

Problem: Man bestimme einen Belegungsplan S, so daß die *mittlere Verweilzeit* $\bar{t}(S)=\frac{1}{n}\sum_{j=1}^{n} f_j(S)$ minimal wird.

Wir betrachten dazu einen Graphen $G=(V, R)$, den die folgende Figur veranschaulicht:

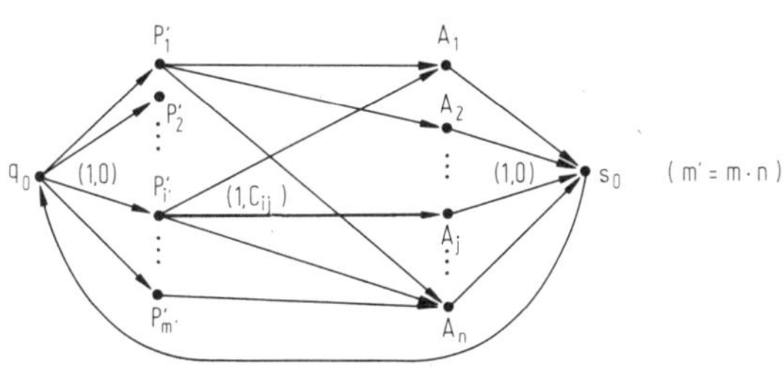

Figur 10-16

Dabei sei $V:=\{q_0, s_0\}\cup\{P_i' \mid i=1, \ldots, m':=m\cdot n\}\cup A$ und

$$R:=\{(s_0, q_0)\}\cup\{(q_0, P_i') \mid i=1, \ldots, m'\}\cup\{A_i, s_0) \mid i=1, \ldots, m'\}\cup$$
$$\cup\{P_i', A_j) \mid i=1, \ldots, m'; j=1, \ldots, n\}.$$

Die (obere) Kapazität aller Pfeile sei 1, die Kosten aller mit q_0 oder s_0 inzidenten Pfeile seien 0; die Kostenmatrix des (restlichen) bipartiten

Subgraphen sei die folgende $(m' \times n)$-Matrix:

$$C = \begin{pmatrix} \tau \\ \hdashline 2 \cdot \tau \\ \hdashline 3 \cdot \tau \\ \hdashline \vdots \\ \hdashline n \cdot \tau \end{pmatrix} .$$

Eine zulässige ganzzahlige Strömung β in G wollen wir nun versuchsweise folgendermaßen interpretieren: ist $\beta(P'_{i'}, A_j) = 1$, so wird die Aufgabe A_j auf dem Prozessor P_i an $(k+1)$-letzter Stelle ausgeführt, wobei k und i sich eindeutig aus folgendem System ergeben:

$$i' = k \cdot m + i , \quad 1 \leq i \leq m , \quad 0 \leq k < n .$$

Jeder Prozessor P_i wird also gedanklich zerlegt in n Teilprozessoren. Man erkennt leicht: Obige Interpretation einer ganzzahligen Strömung β ist konsistent genau dann wenn β eine kostenminimale Strömung zum maximalen Strömungswert in $r_0 = (s_0, q_0)$ darstellt.
Die Lösung des „Multiprozessor"-Problems ohne Präzedenzbedingungen kann also mit Algorithmus A.8.3. in $O(m \cdot n^2 + n^3)$ elementaren Rechenoperationen erfolgen; die Speicherung der Kostenmatrix C kann auf die Speicherung der Zeitmatrix τ reduziert werden.
Zur Bestimmung von Multiprozessor-Belegungen mit Präzedenzbedingungen sei hier nur auf [10.47], [10.39], [10.13], [10.24] verwiesen.

(3) Belegungsprobleme mit m Maschinen und gleicher Maschinenfolge für jeden Auftrag stellen Verallgemeinerungen des Buchbinderproblems dar. Für den 3-Maschinen-Fall liefert der Algorithmus A.10.3. in leicht modifizierter Form eine optimale Auftragsfolge π_1^* für jede Maschine, wenn eine der beiden folgenden Bedingungen vorliegt (vgl. [10.21], [10.48]; t_{ij} sei die Tätigkeitsdauer von Auftrag A_i auf Maschine M_j):

$$\min_i t_{i1} \geq \max_j t_{j2} \quad \text{oder} \quad \min_i t_{i3} \geq \max_j t_{j2} .$$

Bei 4-Maschinen-Belegungsproblemen existieren bereits Beispiele, bei denen es keinen optimalen Belegungsplan $\pi = (\pi_1, \pi_2, \pi_3, \pi_4)$ mit $\pi_1 = \pi_2 = \pi_3 = \pi_4$ gibt; die folgende Tabelle gibt die Tätigkeitsdauern für einen derartigen Fall mit nur zwei Aufträgen an:

Maschinen / Aufträge	M_1	M_2	M_3	M_4
A_1	3	3	3	3
A_2	3	1	1	3

Die beiden Belegungspläne $\pi := (\pi_1, \pi_1, \pi_1, \pi_1)$ mit $\pi_1 := (A_1, A_2)$ sowie $\pi' := (\pi'_1, \pi'_1, \pi'_1, \pi'_1)$ mit $\pi'_1 := (A_2, A_1)$ haben folgende Eigenschaften: $t_\pi = t_{\pi'} = 15$. Für den Belegungsplan $\pi^* = (\pi_1^*, \pi_2^*, \pi_3^*, \pi_4^*)$ mit $\pi_1^* = \pi_2^* = (A_1, A_2)$ und $\pi_3^* = \pi_4^* = (A_2, A_1)$ aber ist $t_{\pi^*} = 14$, wie die Figur veranschaulicht:

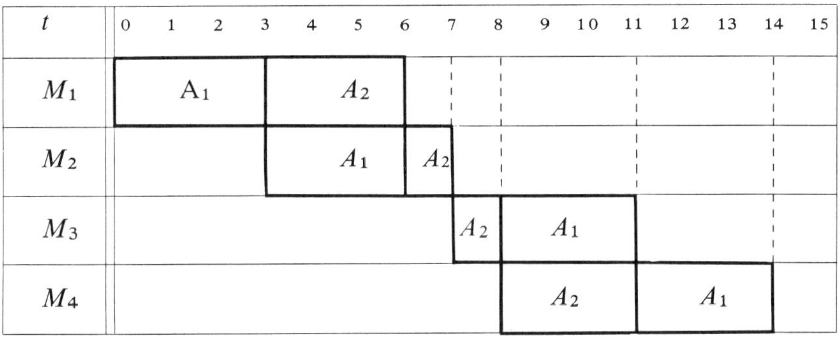

Figur 10-17

(4) Unter der Voraussetzung reihenfolgeunabhängiger Rüstzeiten und der allerdings selten anzutreffenden Nebenbedingung, daß Zwischenlagerungen (das bedeutet Fertigungspausen für einen Auftrag) nicht möglich sind, läßt sich das Maschinenbelegungsproblem auf ein „traveling salesman"-Problem zurückführen, sofern wieder die gesamte Durchlaufzeit minimiert werden soll (vgl. Piehler [10.41]).

11. Netzpläne

Die *Netzplantechnik* ist ein Sammelbegriff für Verfahren, die der Terminplanung, Risikoabschätzung, Ablaufkontrolle, Alternativen-, Kapazitäts- und Kostenplanung von Projekten dienen. Bekannte Verfahren sind u. a. CPM (Critical Path Method), MPM (Metra Potential Methode), PERT (Program Evaluation and Review Technique), GERT (Graphical Evaluation and Review Technique).

Gemeinsame Grundlage aller Methoden der Netzplantechnik ist ein Graph für die logische Struktur des Projektes, welcher auch als *Netzplan* oder kurz als *Netz* bezeichnet wird. Wir wollen uns in diesem Kapitel vornehmlich auf diese gemeinsame Basis und damit zusammenhängende Probleme beschränken; Fragen der Strukturanalyse wie etwa den Entwurf und Detaillierungsgrad von Netzplänen, die Bestimmung von Tätigkeitsdauern, Faktoreinsatzmengen, Kosten sowie von Wahrscheinlichkeitsverteilungen bei stochastischen Netzplänen, die Durchführung, Überwachung und fortlaufende Revision des Netzplanes sowie einzelne Probleme der Ressourcenplanung werden nicht oder nur am Rande erwähnt; gleiches gilt für die Entwicklung alternativer Zielvorstellungen in Entscheidungsnetzplänen. Vgl. u. a. [11.39], [11.41], [11.2], [11.44], [11.10], [11.43], [11.9], [11.4], [11.30], [11.42].

Als naheliegende Verallgemeinerung des auf Seite 191 und folgenden dargestellten Lösungsansatzes des Maschinenbelegungsproblems ergibt sich die **Metra Potential Methode** (MPM), die auf Roy zurückgeht. Zur Ausführung eines Projektes seien n Tätigkeiten $T_1, \ldots, T_n$ *(„Vorgänge")* notwendig; ihre Tätigkeitsdauern $t_i \in \mathbb{R}_+$ $(i=1, \ldots, n)$ seien bekannt. Technologische und ökonomische Abhängigkeiten führen zu zeitlichen Abhängigkeiten und Kopplungen, die wir in Form eines Präzedenzgraphen darstellen werden. Dazu führen wir noch zwei „Scheintätigkeiten" T_0 und T_{n+1} („Start" bzw. „Beendigung") mit verschwindenden Tätigkeitsdauern ein.

Ein *MPM-Netzplan B* ist dann ein bewerteter Graph $B=(G, t, \mathbb{R})$, wobei $G=(V, R)$ einen einfachen Graphen darstellt mit Eckenmenge $V=\{T_0, T_1, \ldots, T_n, T_{n+1}\}$ und Pfeilmenge[1] R, für die gilt

$(I:=\{0, 1, \ldots, n+1\})$:

(1) Sind $T_i, T_j \in V$ $(i, j \in I)$ und kann T_j frühestens a Zeiteinheiten nach Beginn von T_i begonnen werden $(a \in \mathbb{R}_+)$, so ist $(T_i, T_j) \in R$ und $t_{ij} := t(T_i, T_j) = a$;

[1] Wir unterstellen wieder, daß redundante Pfeile „unterdrückt" werden dürfen; vgl. S. 54.

ist insbesondere $i=0$, so stellt t_{0j} den frühestmöglichen Starttermin für T_j nach Beginn des Projektes dar, ist $j=n+1$, so muß T_i mindestens a ZE vor Beendigung des Projektes begonnen werden, insbesondere kann $t_i=a$ sein.

(2) Sind T_i, $T_j \in V$ $(i, j \in I)$ und muß T_j spätestens a Zeiteinheiten nach Start von T_i beginnen $(a \in \mathbb{R}_+)$, so ist $(T_j, T_i) \in R$ und

$$t_{ji} := t(T_j, T_i) = -a;$$

ist insbesondere $i=0$, so muß T_j spätestens a Zeiteinheiten nach Projektbeginn beginnen, ist $j=n+1$, so darf T_i frühestens a ZE vor Beendigung des Projektes begonnen werden, also muß $t_i \le a$ sein.

Beispiel:

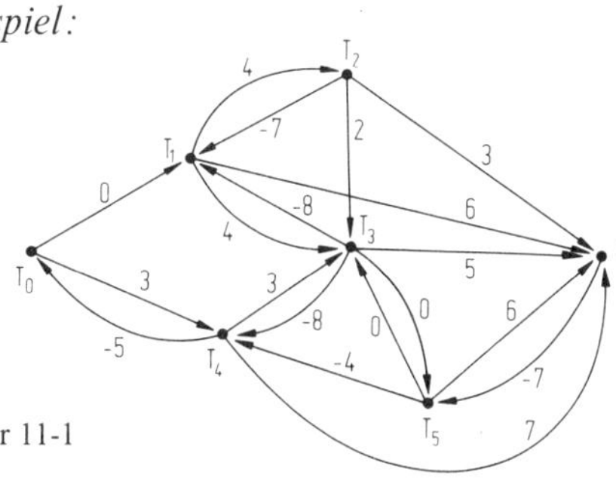

Figur 11-1

MPM-Netzplan $B=(G, t, \mathbb{R})$; Tätigkeitsdauern:

i	1	2	3	4	5
t_i	4	3	5	2	6

Ein *Terminplan* τ („Potential") von B ist eine Abbildung $\tau: V \to \mathbb{R}_+$, für die gilt:

(*) $\quad \tau(\omega(r)) \ge \tau(\alpha(r)) + t(r)$ für jedes $r \in R$.

$\tau(T_0)$ heißt der Starttermin, $\tau(T_{n+1})$ der Endtermin des Projektes.

Man erkennt unmittelbar

Satz 11.1.: Ein MPM-Netzplan $B=(G, t, \mathbb{R})$ besitzt einen Terminplan genau dann wenn G keinen Kreis z mit positiver Länge $t(z)$ enthält.

Zum *Beweis* weist man zunächst durch Induktion (nach k) leicht nach: Ist $w=[T_{i_1}, T_{i_2}, \ldots, T_{i_k}]$ ein Weg in G, so kann T_{i_k} frühestens $\sum_{j=1}^{k-1} t(T_{i_j}, T_{i_{j+1}})$ Zeiteinheiten nach Beginn von T_{i_1} starten.

Ist also $T_{i_1}=T_{i_k}$ und $t(w)>0$, so kann T_{i_1} nicht begonnen und damit das Projekt nicht realisiert werden.

Gilt umgekehrt für jeden Kreis z in G $t(z) \le 0$, so ist $\tau^*(T_j) := \sup\{t(w) \mid \text{Weg } w\text{: } T_j \text{ ist Endecke von } w\} \in \mathbb{R}_+$ für jedes $T_j \in V$ und offenbar $\tau^*(\omega(r)) \ge \tau^*(\alpha(r)) + t(r)$ für jedes $r \in R$, also τ^* ein Terminplan.

Satz 11.2.: Ist τ ein Terminplan von B, so gilt: $\tau \ge \tau^*$.

Ist nämlich $w=[T_{i_1}, \ldots, T_{i_k}=T_j]$ ein t-längster Weg mit Endecke T_j in G, so ist $\sum_{l=1}^{k-1} t(T_{i_l}, T_{i_{l+1}})=\tau^*(T_j)$ und wegen $\tau(T_{i_1})\geq 0$ notwendig $\tau(T_j)\geq\tau^*(T_j)$.

Die Bestimmung t-längster Wege in G liefert also einen optimalen Terminplan für einen MPM-Netzplan $B=(G, t, \mathbb{R})$; betrachtet man $B':=(G, -t, \mathbb{R})$ und bestimmt mittels Tripelalgorithmus A.7.1. die Entfernungsmatrix D' von B', so gilt: Hat D' negative Diagonalelemente, so besitzt B keinen Terminplan, das Projekt ist also nicht realisierbar; andernfalls ist: $\tau^*(T_j)= -\min\{d'_{ij} \mid i=0, \ldots, n+1\}$.

Für unser in Figur 11-1 veranschaulichtes Beispiel erhalten wir auf diese Weise (mit C' als Kostenmatrix von B'):

$$C'=\begin{pmatrix} 0 & 0 & \infty & \infty & -3 & \infty & \infty \\ \infty & 0 & -4 & -4 & \infty & \infty & -6 \\ \infty & 7 & 0 & -2 & \infty & \infty & -3 \\ \infty & 8 & \infty & 0 & 8 & 0 & -5 \\ 5 & \infty & \infty & -3 & 0 & 0 & -7 \\ \infty & \infty & \infty & 0 & 4 & 0 & -6 \\ \infty & \infty & \infty & \infty & \infty & 7 & 0 \end{pmatrix}$$

$$D'=\begin{pmatrix} \textcircled{0} & \textcircled{0} & \textcircled{-4} & \textcircled{-6} & \textcircled{-3} & \textcircled{-6} & \boxed{-\textcircled{12}} \\ 3 & 0 & -4 & -6 & -2 & -6 & \boxed{-12} \\ 7 & 6 & 0 & -2 & 2 & -2 & \boxed{-8} \\ 9 & 8 & 5 & 0 & 4 & 0 & \boxed{-6} \\ 5 & 4 & 1 & -3 & 0 & -3 & \boxed{-9} \\ 9 & 8 & 5 & 0 & 4 & 0 & \boxed{-6} \\ 16 & 15 & 12 & 7 & 11 & 7 & \boxed{0} \end{pmatrix}$$

Offenbar sind keine negativen Diagonalelemente vorhanden; G besitzt also keinen Kreis mit positiver t-Länge und die Spaltenminima ($\circ$) ergeben folgendes Resultat:

j	0	1	2	3	4	5	6
$\tau^*(T_j)$	0	0	4	6	3	6	12

Die erforderliche Mindestzeit zur Ausführung dieses Projektes beträgt also 12 Zeiteinheiten. Wir interessieren uns ferner dafür, welche Auswirkungen die Verzögerung des Starttermins einzelner Tätigkeiten auf die Gesamtdauer $\tau^*(T_{n+1})$ des Projektes hat.

Man erkennt unmittelbar: Ist $\tau_*(T_j) := \max\{t(w) \mid \text{Weg } w: \alpha(w) = T_j, \omega(w) = T_{n+1}\}$ die Länge eines t-maximalen Weges von T_j nach T_{n+1} in G, so muß T_j spätestens $\tau_*(T_j)$ Zeiteinheiten vor $\tau^*(T_{n+1})$ gestartet werden, wenn keine Verlängerung der gesamten Projektdauer auftreten soll.

Wir bezeichnen daher $P(T_j) := \tau^*(T_{n+1}) - \tau^*(T_j) - \tau_*(T_j)$ als *gesamte Pufferzeit* für Tätigkeit T_j $(j = 0, \ldots, n+1)$. Ist $P(T_j) = 0$, so ist T_j eine *kritische* Tätigkeit; sie muß zum frühestmöglichen Zeitpunkt $\tau^*(T_j)$ gestartet werden, weil jede Verzögerung des Beginns von T_j um δT Zeiteinheiten auch die Gesamtdauer um δT vergrößert.

Offenbar ist $\tau_*(T_j) = -d'_{j,n+1}$ für $j = 0, \ldots, n+1$ ($\square$), so daß wir aus der Entfernungsmatrix D' für unser Beispiel entnehmen:

j	0	1	2	3	4	5	6
$P(T_j)$	0	0	0	0	0	0	0

Alle Tätigkeiten dieses Projektes sind also kritisch; wird daher der Start auch nur einer Tätigkeit verzögert, so wird die Gesamtdauer über 12 ZE hinaus vergrößert.

Bemerkungen:

(1) Die Metra Potential Methode gestattet nicht nur die Beschreibung von Reihenfolgebeziehungen, sondern die zeitliche *Kopplung* einzelner Tätigkeiten. Müssen etwa die Tätigkeiten T_i und T_j gleichzeitig beginnen, so ist – wie bei T_3 und T_5 unseres Beispiels – ein Paar inverser Pfeile (T_i, T_j) und (T_j, T_i) mit Bewertung 0 einzuführen.

(2) Kann eine *Überlappung* von Tätigkeiten erfolgen, etwa T_j bereits beginnen, wenn T_i erst zur Hälfte ausgeführt ist, so ist ein Pfeil (T_i, T_j) mit $t(T_i, T_j) := {}^1/_2\, t_i$ einzuführen.

(3) Sind nachträglich Tätigkeiten hinzuzufügen, so ist die Benutzung von Algorithmus A.7.2. besonders vorteilhaft.

Im Gegensatz zu der mehr „vorgangsorientierten" Darstellungsweise bei MPM liegt bei der **CPM-Methode** eine mehr „ereignisorientierte" Darstellungsweise vor; sie hat als historisch älteste und zugleich einfachste Form der Netzplantechnik die weiteste Verbreitung erlangt, obwohl sie weitaus weniger leistungsfähig als MPM ist, insbesondere keine Kopplung von Tätigkeiten oder Zerlegung in ununterbrochen aufeinander folgende Teiltätigkeiten erlaubt.

Ein *CPM-Netzplan* ist ein bewerteter Graph $B=(G, t, \mathbb{R}_+)$ mit folgenden Eigenschaften:

(1) $G=(V, R)$ ist ein einfacher, schwach zusammenhängender, kreisfreier Graph mit Eckenmenge $V=\{E_1, \ldots, E_n\}$ und Pfeilmenge $R= =\{T_1, \ldots, T_m\}$.

(2) $t: \underline{G} \to \mathbb{R}_+$ ist eine nichtnegative reelle Pfeilbewertung von G.

Die Ecken $E_1, \ldots, E_n$ interpretieren wir als *Ereignisse*, die Pfeile $T_1, \ldots, T_m$ als *Tätigkeiten*, bezeichnen $\alpha(T_i)$ als Vorereignis, $\omega(T_i)$ als Nachereignis der Tätigkeit T_i und interpretieren die Inzidenzbeziehungen als Präzedenzbedingungen in folgender Weise:

(1') Ein Ereignis E_i kann erst dann stattfinden, wenn jede Tätigkeit T_j beendet ist mit $\omega(T_j)=E_i$.

(2') Eine Tätigkeit T_j kann erst dann beginnen, wenn $\alpha(T_j)$ stattfindet.

Aus beiden Interpretationsregeln folgt unmittelbar die Notwendigkeit der Kreisfreiheit für einen realisierbaren Netzplan dieser Art. Besitzt G mehr als eine Ecke ohne Vorgänger oder mehr als eine Ecke ohne Nachfolger, so führen wir noch „künstliche“ Ereignisse E_0 („Startereignis“) und E_{n+1} („Endereignis“) und mit 0 bewertete Pfeile von E_0 zu den Ecken ohne Vorgänger bzw. von den Ecken ohne Nachfolger zu E_{n+1} ein und setzen daher desweiteren stets einen $\mathbb{R}_+$-bewerteten Graphen G mit $V=\{E_0, \ldots, E_{n+1}\}$, genau eine Ecke E_0 ohne Vorgänger sowie genau eine Ecke E_{n+1} ohne Nachfolger voraus.

Beispiel:

CPM-Netzplan $B=(G, t, \mathbb{R}_+)$

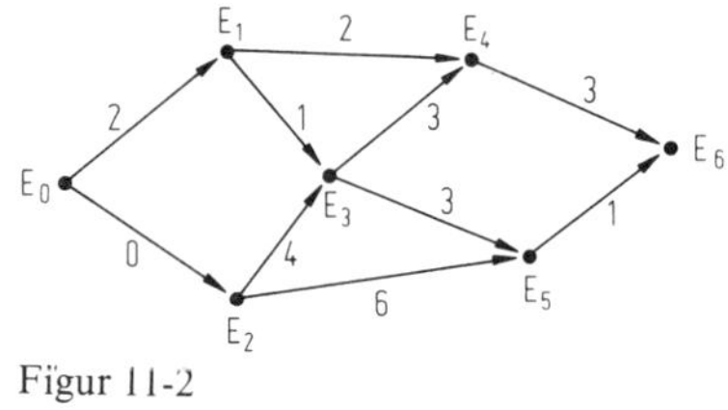

Figur 11-2

Ein Terminplan τ von B ist wieder eine Abbildung $\tau: V \to \mathbb{R}_+$, für die gilt:

$$\tau(\omega(r)) \geq \tau(\alpha(r)) + t(r) \quad \text{für jedes } r \in R\,.$$

$T := \tau(E_{n+1}) - \tau(E_0)$ ist dabei die Gesamtdauer des Projektes bezüglich τ. Man erkennt:

(1) Ist $w=[E_{i_1}, \ldots, E_{i_k}]$ ein Weg in G, so ist

$$\tau(E_{i_k}) \geq \tau(E_{i_1}) + \sum_{j=1}^{k-1} t(E_{i_j}, E_{i_{j+1}})$$

und daher $\tau(E_j) \geq \max\{t(w) \mid w$ ist Weg in G mit Endecke $E_j\}$.
(2) Die Abbildung $\tau^*: V \to \mathbb{R}_+$ mit

$\tau^*(E_j) := \max\{t(w) \mid \omega(w) = E_j\}$ ist ein Terminplan von B und es ist $\tau^* \leq \tau$ für jeden Terminplan τ von B.

Den optimalen Terminplan τ^* bestimmt man günstigerweise mit Algorithmus A.7.5.; häufig wird zunächst mit der Prüfung auf Kreisfreiheit zugleich der Graph – wie in unserem Beispiel – topologisch sortiert (vgl. Algorithmus A.6.3. sowie Seite 92).
Betrachten wir wieder einen längsten Weg w von E_i nach E_{n+1}, so muß das Ereignis E_i spätestens $t(w)$ Zeiteinheiten vor dem projektierten Endzeitpunkt des Gesamtprojektes stattfinden, wenn keine Überschreitung von T stattfinden soll.
Bestimmen wir wieder mit Algorithmus A.7.5. die längsten Wege im zu G inversen Graphen G', so erhalten wir für G

$\tau_*(E_j) := \max\{t(w) \mid \alpha(w) = E_j,\ \omega(w) = E_{n+1}\}$ und wir

bezeichnen mit

$\tau_j := \tau^*(E_j)$	den frühestmöglichen Eintrittstermin von Ereignis E_j,
$\bar{\tau}_j := \tau^*(E_{n+1}) - \tau_*(E_j)$	den spätestmöglichen Eintrittstermin von E_j (ohne die Gesamtdauer verlängernde Wirkung),
$s_j := \bar{\tau}_j - \tau_j$	den *Schlupf des Ereignisses* E_j,
$P(T_k) := \bar{\tau}_j - t(T_k) - \tau_i$	die *gesamte Pufferzeit* von $T_k = (E_i, E_j)$,
$PF(T_k) := \tau_j - t(T_k) - \tau_i$	die *freie Pufferzeit* von $T_k = (E_i, E_j)$,
$PU(T_k) := \max\{0, \tau_j - t(T_k) - \bar{\tau}_i\}$	die *unabhängige Pufferzeit* von T_k.

Die gesamte Pufferzeit $P(T_k)$ gibt wieder den maximalen zeitlichen Spielraum an, innerhalb dessen die Tätigkeit T_k nach Eintritt von $\alpha(T_k)$ beginnen kann, ohne daß die Gesamtdauer notwendig vergrößert wird; die freie Pufferzeit $PF(T_k)$ zeigt den Spielraum an, der vorhanden ist, wenn alle der Tätigkeit T_k nachfolgenden Tätigkeiten frühestmöglich beginnen. Schließlich stellt die unabhängige Pufferzeit $PU(T_k)$ den Spielraum dar, innerhalb dessen der Beginn von T_k ohne projektverlängernde Wirkung verschiebbar ist unabhängig von den Startzeiten der übrigen Tätigkeiten.

Für unser Beispiel ergeben sich folgende Ereignisdaten:

E_j	E_0	E_1	E_2	E_3	E_4	E_5	E_6
τ_j	0	2	0	4	7	7	10
$\bar{\tau}_j$	0	3	0	4	7	9	10
s_j	0	1	0	0	0	2	0

und Tätigkeitsdaten:

T_k	$\alpha(T_k)$	$\omega(T_k)$	$t(T_k)$	$P(T_k)$	$PF(T_k)$	$PU(T_k)$
T_1	E_0	E_1	2	1	0	0
T_2	E_0	E_2	0	0	0	0
T_3	E_1	E_3	1	1	1	0
T_4	E_1	E_4	2	3	3	2
T_5	E_2	E_3	4	0	0	0
T_6	E_2	E_5	6	3	1	1
T_7	E_3	E_4	3	0	0	0
T_8	E_3	E_5	3	2	0	0
T_9	E_4	E_6	3	0	0	0
T_{10}	E_5	E_6	1	2	2	0

Eine Tätigkeit T_k heißt wieder *kritisch*, wenn $P(T_k)=0$ ist; ein Ereignis E_j heißt kritisch, wenn $s_j=0$ ist.
Ist $W_{max}:=\{w \mid \alpha(w)=E_0,\ \omega(w)=E_{n+1}$ und $t(w)$ ist maximal$\}$ die Menge aller längsten Wege von E_0 nach E_{n+1} in G, so sind wegen (2)

$$V_k:=\{E_j\in V \mid \text{es existiert ein } w\in W_{max}, \text{ der } E_j \text{ berührt}\} \text{ sowie}$$

$$R_k:=\{T_j\in R \mid \text{es existiert ein } w\in W_{max} \text{ mit } T_j\in w\}$$

die Mengen der kritischen Ereignisse bzw. Tätigkeiten von G; jeder Weg $w\in W_{max}$ ist ein *kritischer Weg*.
In unserem Beispiel ist genau der Weg $w_0=[E_0, E_2, E_3, E_4, E_6]$ kritisch und die Gesamtdauer $T=t(w_0)=10$.
Bemerkungen:
(1) Bei einer ersten Tätigkeitsanalyse eines Projektes stimmen häufig Vor- und Nachereignis zweier Tätigkeiten T_i und T_j überein. Die zugehörigen

parallelen Pfeile beseitigt man durch Einführen eines weiteren Ereignisses (E'') und einer *Scheintätigkeit* (T_k) mit Tätigkeitsdauer 0:

Figur 11-3

Ein ähnliches Problem liegt vor, wenn etwa vier Tätigkeiten $T_1, \ldots, T_4$ folgenden Präzedenzbedingungen unterliegen: T_3 kann erst beginnen, wenn T_1 beendet ist; T_4 kann erst beginnen, wenn T_1 und T_2 beendet sind. Wir helfen uns durch Einführen einer Scheintätigkeit (T_0):

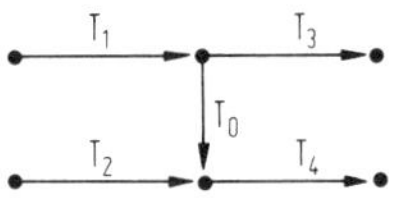

Figur 11-4

(2) Hat man nachträglich eine Tätigkeit T hinzuzufügen, deren Vor- und Nachereignis bereits im CPM-Plan enthalten ist, so folgt eine Verlängerung der Gesamtdauer genau dann, wenn

$$t(T) > \bar{\tau}_j - \tau_i \text{ ist } (\alpha(T) = E_j,\ \omega(T) = E_i)\,.$$

In diesem Fall wird man nur die von $\alpha(T)$ in G erreichbaren Ecken und damit inzidente Pfeile erneut einer Terminrechnung unterziehen (vgl. auch Bemerkung 3 auf Seite 110).

(3) Trotz fehlender Möglichkeiten der Kopplung und Überlappung von Tätigkeiten sowie Schwierigkeiten durch das Einführen von Scheintätigkeiten ist die CPM-Methode in Fällen mit einfacher Präzedenzstruktur wegen des geringeren Rechenaufwandes der MPM-Methode überlegen: Gegenüber $O(m^3)$ elementaren Operationen bei MPM reichen $O(m)$ elementare Operationen zur Bestimmung der CPM-relevanten Daten aus (m: Anzahl der Tätigkeiten). Analoge Verhältnisse ergeben sich beim Vergleich des benötigten Speicherplatzes.

(4) Sind die Tätigkeitsdauern nicht exakt voraussagbar und daher als Zufallsvariable zu betrachten, so behilft sich die **PERT-Methode** durch folgende Vereinfachungen:

a) Für jede Tätigkeitsdauer t werden ein optimistischer, pessimistischer und häufigster Wert geschätzt (a, b, m);

b) in Anlehnung an β-Verteilungen wird der Erwartungswert $E_t := = \frac{a+4m+b}{6}$ sowie die Streuung $\sigma^2 := \left(\frac{b-a}{6}\right)^2$ gesetzt;

c) es werden unabhängige Zufallsvariable unterstellt und mit den Erwartungswerten gemäß CPM der Erwartungswert der Gesamtdauer approximiert;

d) die Streuung der Verteilung der Gesamtdauer wird ausschließlich aus den Streuungen der Tätigkeitsdauern längs eines kritischen Weges ermittelt; zudem wird mit Hinweis auf den zentralen Grenzwertsatz eine Normalverteilung der Gesamtdauer unterstellt.

Es ist klar, daß eine auf diese Weise gewonnene Verteilung nur sehr grobe Anhaltspunkte zur Risikoabschätzung von Terminverpflichtungen liefern kann.

Eigentliche *stochastische Netzpläne* wurden erst durch die „decision box"-Methode von Eisner [11.3] und durch die Entwicklung von GAN und GERT (vgl. [11.6], [11.30], [11.10, Kap. 5], [11.41; 5.5]) eingeführt. Anlaß dazu gaben Forschungsprojekte, bei denen alternative Vorgehensweisen zur Erreichung eines Zieles möglich und notwendig sind, sowie Produktions- und Lagerhaltungsprozesse, bei denen etwa bei zufälligen „Störungen" Materialnachschub und damit eine „Rückkopplung" stattfindet. Besondere Verbreitung gefunden haben stochastische Netzplanmethoden aber auch im Marketing bei der Produkt- und Absatzplanung („SPRINTER", „DEMON"; vgl. [11.34, S. 191 u. f.], [11.29]). Wir wollen hier nur kurz einige wesentliche Merkmale der **GERT-Methode** streifen.

Ein GERT-Netzplan ist ein bewerteter Graph $B=(G, \beta, M)$ mit folgender Interpretation:

Die Eckenmenge $V=\{E_1, \ldots, E_n\}$ stellt die Menge der möglichen Ereignisse dar, die Pfeilmenge $R=\{T_1, \ldots, T_m\}$ evtl. realisierbare Tätigkeiten; die Bewertung β ordnet jeder Ecke E einen „Typ" $\beta(E)$ aus der Menge

$$M_0 := \{\mathrm{K}, \lhd, \text{◁}\} \times \{\text{▷}, \rhd\},$$

jedem Pfeil T_j einen Vektor $\beta(T_j) := (P_j, t_j)$ zu, wobei $P_j \in [0, 1]$ ist und t_j eine reelle Zufallsvariable darstellt.

Die Eckentypen sind folgendermaßen zu interpretieren; wir betrachten zunächst die erste Komponente von $\beta(E)$, die „Eingangskomponente":

a) K „*Exklusives oder*": Das zu einer Ecke mit dieser Eingangskomponente gehörige Ereignis E tritt ein, wenn genau eine Tätigkeit T mit $\omega(T)=E$ beendet ist.

b) $\lhd$ „*Inklusives oder*": Das zugehörige Ereignis E tritt ein, wenn (mindestens) eine Tätigkeit T mit $\omega(T)=E$ beendet ist.

c) ◁ *„Und"*: Das zugehörige Ereignis E tritt ein, wenn alle Tätigkeiten T mit $\omega(T)=E$ beendet sind.

Die zweite Komponente von $\beta(E)$, die „Ausgangskomponente", interpretieren wir wie folgt:

d) ▷ *„deterministisch"*: Alle Tätigkeiten T mit $\alpha(T)=E$ müssen ausgeführt werden, wenn E eintritt.

e) ▷ *„stochastisch"*: Ist das zugehörige Ereignis E eingetreten, so muß genau eine der Tätigkeiten T mit $\alpha(T)=E$ ausgeführt werden; die erste Komponente von $\beta(T)$ soll dabei die Ausführungswahrscheinlichkeit für T darstellen.

Diese Interpretationsregeln schränken die Menge der (logisch) zulässigen GERT-Netzpläne ein; wir verzichten hier auf die genaue Darstellung der Zulässigkeitsbedingungen und beschränken uns ferner auf den für „Rückkopplungseffekte" wichtigen Fall eines GERT-Netzplanes, der ausschließlich „Exklusiv oder"-Eingänge aufweist. Das Zurückführen von „Und"- oder „Inklusiv oder"-Eingängen auf „Exklusiv oder"-Eingänge findet der Leser in [11.4]; ferner kann eine Ecke E mit „deterministischem" Ausgang durch $g^+(E)$ Ecken mit „stochastischem" Ausgang ersetzt werden.

Ein PERT-Netzplan enthält offenbar ausschließlich „deterministische Und"-Ecken.

Netzpläne, die ausschließlich Ecken mit „Exklusiv oder"-Eingang und „stochastischem" Ausgang aufweisen, werden häufig auch als *Entscheidungsnetzpläne* bezeichnet.

Angesichts einer evtl. Vielzahl alternativer Projektziele stellen sich dabei folgende Probleme:

(1) Bestimmung der Eintrittswahrscheinlichkeit jedes Zielereignisses;

(2) Bestimmung der Verteilung der Gesamtdauer unter der Bedingung, daß ein vorgegebenes Zielereignis E eintritt;

(3) Bestimmung der Verteilung der Gesamtdauer des Projektes.

Ein wichtiges Hilfsmittel dazu bietet die Mason'sche Flußgraphenformel (vgl. [11.21], [11.18, S. 105]), die auf kombinatorischen Überlegungen über die Anzahl von Wegen und Kreisen im Netzplan beruht (vgl. auch [11.4], [11.42], [11.10, S. 200 u. f.]). Eine weitere Lösungsmöglichkeit besteht in der Tatsache, daß jedem Entscheidungsnetzplan eine homogene Semi-Markovkette zugeordnet werden kann, so daß sich mit der Laplace-Transformierten zumindest die Momente der gesuchten Verteilungen bequem bestimmen lassen ([11.24], [11.25], [11.38]).

Häufig ist die Zahl der Tätigkeiten eines Projektes so groß, daß aus Gründen der Übersichtlichkeit und des begrenzten Speicherplatzes eine „Zerlegung" oder **„Verdichtung"** des Netzplanes erfolgen muß; natürliche Anhaltspunkte

bieten dazu logisch abgegrenzte Teilprojekte sowie deren Zuteilung an Subunternehmen.
Sei deshalb $G=(V, R)$ ein einfacher Graph, $t:\underline{G}\to\mathbb{R}$ eine reelle Pfeilbewertung von G und $B=(G, t, \mathbb{R})$ ein Netzplan; wir unterstellen also, daß es keinen Kreis mit positiver t-Länge in G gibt.
Ist V_0 eine nichtleere Eckenteilmenge von V und $G_0=(V_0, R_0)$ der von V_0 induzierte Subgraph, so bezeichnen wir $B_0:=(G_0, t|_{\underline{G_0}}, \mathbb{R})$ auch als *Teilnetz* von B; jede Ecke $v_0\in V_0$, die in G mit Elementen aus $\underline{G}-\underline{G_0}$ inzidiert, nennen wir *Randecke*, die restlichen Ecken sind *innere Ecken*. Die Menge der Randecken von V_0 bezeichnen wir mit V_0^r, die der inneren Ecken mit V_0^i.
Beispiel:

Netzplan $B=(G, t, \mathbb{R})$: Teilnetz $B_0=(G_0, t|_{\underline{G_0}}, \mathbb{R})$:

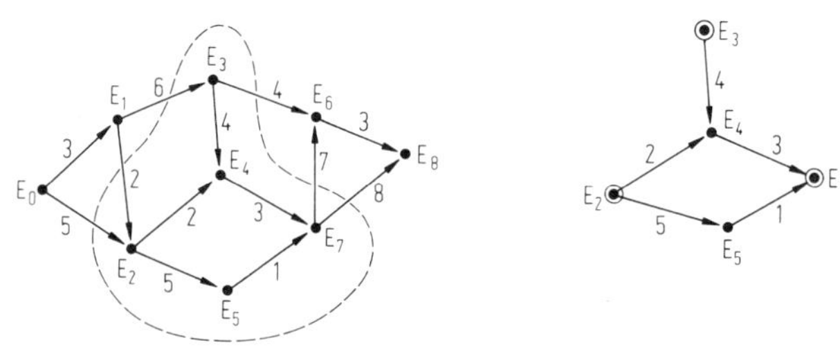

Figur 11-5

Wählen wir $V_0:=\{E_2, E_3, E_4, E_5, E_7\}$, so erhalten wir den nebenstehenden Teilgraphen G_0, dessen Randecken markiert (○) sind; es ist $V_0^r=\{E_2, E_3, E_7\}$, $V_0^i=\{E_4, E_5\}$.
Mit $W_{v,v'}(G)$ wollen wir die Menge aller Wege in einem Graphen G mit Anfangsecke v und Endecke v' bezeichnen. Ein bezüglich V_0 *verdichteter Netzplan* von B ist ein bewerteter Graph $B'=(G', t', \mathbb{R})$ mit folgenden Eigenschaften:
Es ist

$$G'=(V', R') \text{ mit } V':=V-V_0^i\,,$$

$$R':=(R-R_0)\cup R_0^r\,,$$

$$\text{wobei } R_0^r:=\{(v, v')\,|\,v, v'\in V_0^r \text{ und } W_{v,v'}(G_0)\neq\emptyset\} \text{ sei;}$$

ferner ist

$$t'|_{V'}:=0 \text{ und}$$

$$t'|_{R-R_0}:=t,\ t'(v, v'):=\max\,\{t(w)\,|\,w\in W_{v,v'}(G_0)\}$$

$$\text{für } (v, v')\in R_0^r\,.$$

Man zeigt leicht den folgenden (für MPM wie CPM gültigen)

Satz 11.3.: G' ist ein homomorphes Bild von G. Ferner existiert zu jedem Terminplan τ' eines bezüglich V_0 verdichteten Netzplanes B' ein Terminplan τ von B mit: $\tau|_{V-V_0^i} := \tau'$;
B' besitzt daher insbesondere die gleiche minimale Gesamtdauer wie der ursprüngliche Netzplan B.

Ist nämlich ein Terminplan τ' von B' gegeben, so erhält man einen Terminplan τ von B in folgender Weise:

$$\tau|_{V-V_0^i} := \tau' \text{ und für } v_0 \in V_0^i:$$

$$\tau(v_0) := \max \left\{ \tau(v) + t(w) \,\middle|\, w \in W_{v,v_0}(G_0),\ v \in V_0^r \right\}.$$

Wir veranschaulichen noch den verdichteten Netzplan unseres Beispiels:

$$B' = (G', t', \mathbb{R}).$$

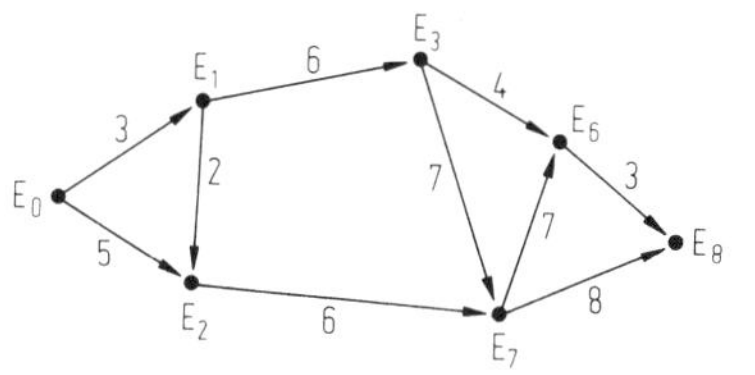

Figur 11-6

Bei MPM-Netzplänen empfiehlt es sich, wieder den Algorithmus A.7.2. anzuwenden, wobei die Ecken von V_0 im Rahmen der induktiven Vergrößerung der Eckenmenge zuerst durchlaufen werden; sinnvollerweise wird V_0 die Scheintätigkeiten T_0 und T_{n+1} enthalten. Bei CPM-Netzplänen wird man gewöhnlich zu G_0 ein „künstliches" Start- und Endereignis hinzufügen und mittels A.7.5. die Terminberechnung in G_0 vornehmen. Auf den verdichteten Netzplan wird man gewöhnlich wieder diese Verdichtungstechnik anwenden usw., so daß schließlich ein verdichteter Netzplan („Verbindungsnetz", „Skelettnetz") und eine Folge von Teilnetzen entsteht (vgl. auch [11.39, 1.4.], [11.40], [11.15], [11.41, Kap. 6.5.]).

Neben dieser Verdichtungs- und Zerlegungstechnik (1) seien hier kurz weitere **Reduktionstechniken** von Netzplänen aufgeführt:

(2) Die Bestimmung eines irreduziblen Kerns (vgl. S. 54), wie wir ihn hier häufig zur Vermeidung von redundanten Präzedenzbedingungen bei Maschinenfolgegraphen, Präzedenzgraphen oder Netzplänen vorausgesetzt haben.

Insbesondere wird man bei der Verdichtungstechnik (1) den verdichteten Graphen so bestimmen, daß durch Transitivität bedingte Redundanzen vermieden werden, und deshalb nur die Wege $w \in W_{v,v'}(G_0)$ betrachten, welche nicht mehr als zwei Randpunkte berühren.

(3) Bei der GERT-Methode werden mittels Mason'scher Flußgraphenregel „Parallelschaltungen", „Serienschaltungen" und „Schlingen" in geeigneter Weise so reduziert, daß ein homomorphes Bild des GERT-Netzes entsteht, dessen Bewertung die zu bestimmenden Größen ((1), (2), (3) auf Seite 207) invariant läßt.

(4) Eine Verbesserung des PERT-Verfahrens geht auf Martin [11.20] zurück; es benutzt im wesentlichen zwei „elementare" Homomorphismen τ_1 und τ_2, die in folgender Figur veranschaulicht sind:

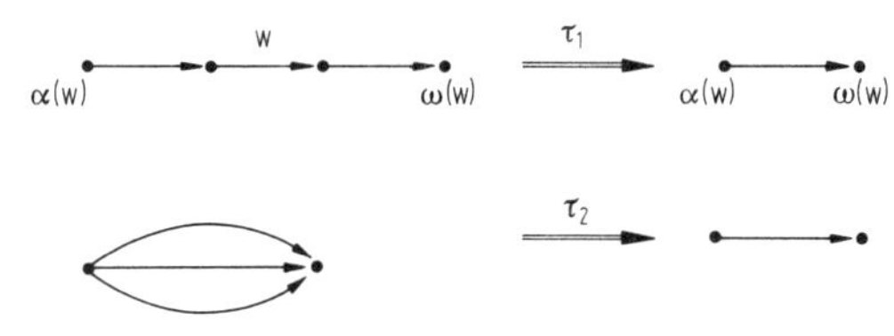

Figur 11-7

τ_1 bildet also einen Weg w, τ_2 bildet ein Parallelenbündel in einen Pfeil mit zugehörigen Anfangs- und Endecken ab. Sind nun (stochastisch unabhängige) Verteilungen für die Tätigkeitsdauern gegeben, so ist bei τ_1 die Verteilung einer Summe von Tätigkeitsdauern durch Faltung und bei τ_2 die Verteilung des Maximums von Tätigkeitsdauern durch Multiplikation der Verteilungsfunktion zu bewerkstelligen; rechentechnisch besonders günstig erweisen sich polynomiale Verteilungsfunktionen. Durch sukzessive Anwendung dieser „elementaren Homomorphismen" auf Teilgraphen kann häufig eine Reduktion des Netzplans auf einen Pfeil erfolgen.

(5) Weiterführende Untersuchungen der Reduktion von Netzplänen sind insbesondere von Kaerkes [11.16], Radermacher [11.32], Möhring [11.22] und Spelde [11.37] erfolgt.

Zur Überleitung in die **Ressourcen- oder Kapazitätsplanung** wollen wir das Problem der **Bandabgleichung bei Fließfertigung** skizzieren (vgl. [11.12]).

Wir betrachten die Fertigung eines Produktes längs eines Fließbandes. Zur Fertigstellung sind n „Arbeitselemente" $A_1, \ldots, A_n$ mit vorgegebenen Tätigkeitsdauern $t_i \in \mathbb{R}_+$ $(i=1, \ldots, n)$ notwendig. Technologische und sonstige Bedingungen schränken wieder die möglichen Folgen von Arbeitselementen im allgemeinen erheblich ein; die Präzedenzbedingungen seien in Form eines Präzedenzgraphen $G=(V, R)$ mit $V=\{A_1, \ldots, A_n\}$ gegeben.

Die Arbeitselemente sind nun auf dem Fließband so anzuordnen, daß eine Fertigstellung des Produktes gewährleistet ist. Dabei wird gewöhnlich eine Zusammenfassung von Arbeitselementen zu *Arbeitsstationen* $K_1, \ldots, K_m$

$(m \leq n)$ erfolgen; die Arbeitselemente jeder Arbeitsstation K_j müssen *sukzessiv* in einer vorgegebenen *Taktzeit* T des Fließbandes ausführbar sein. Andererseits wird man versuchen, die Arbeitsstationen unter Beachtung der technologischen Nebenbedingungen so zu wählen, daß die Summe der Tätigkeitsdauern der Arbeitselemente jeder Arbeitsstation möglichst nahe an T herankommt, da sonst erhebliche Leerzeiten an einzelnen Stationen auftreten würden. Als Zielgröße wird gewöhnlich die Minimierung der Summe der ungenutzten Zeiten der Fertigungslinie vorgegeben.

Da bei m Arbeitsstationen die gesamte Leerzeit $m \cdot T - \sum_{j=1}^{n} t_j$ beträgt, ist die Minimierung der Leerzeiten äquivalent mit der *Minimierung der Zahl der Arbeitsstationen.*

Die graphentheoretische Formulierung unseres Problems lautet wie folgt: Gesucht ist ein *Homomorphismus* τ des Präzedenzgraphen G auf einen „linearen“[2] Graphen L dergestalt, daß die Bewertungssumme der Urbilder jeder Ecke K_j von L, d. h. $\sum_{A_i \in \tau^{-1}(K_j)} t(A_i)$, die vorgegebene Taktzeit nicht überschreitet *(„kumulative Bedingung“).*

Beispiel:

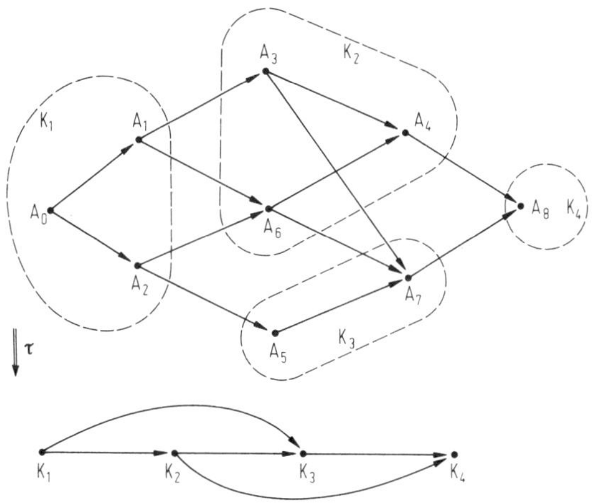

Figur 11-8

Hierbei seien $K_1 = \{A_0, A_1, A_2\}$, $K_2 = \{A_3, A_4, A_6\}$, $K_3 = \{A_5, A_7\}$, $K_4 = \{A_8\}$. Unser Problem ist es also, unter allen zulässigen, d. h. die kumulative Bedingung respektierenden Homomorphismen einen solchen mit minimaler Eckenzahl des Bildgraphen zu finden.

[2] Ein kreisfreier Graph mit Rang $(v) \neq$ Rang (v') für $v \neq v'$.

Klein [11.19] sowie Gutjahr und Nemhauser [11.11] haben eine Reduktion dieses Problems auf eine Folge von „Kürzeste-Wege-Probleme" vorgeschlagen, die aber nur bei einer geringen Anzahl von Arbeitselementen praktikabel erscheint. Neben Ansätzen aus der dynamischen Optimierung [11.13] werden daher vornehmlich heuristische Methoden zur Lösung benutzt, welche charakteristische Daten des Präzedenzgraphen (Ränge, „Positionswerte" u. a.; vgl. [11.27]) ausnutzen.

Das Auftreten „kumulativer Bedingungen" haben wir auch beim Maschinenbelegungsproblem erkannt, falls mehrere gleichartige Maschinen zur Verfügung stehen (vgl. S.194).

Sei nun allgemeiner ein Projekt (z. B. die Fertigung von n Aufträgen) durch einen Präzedenzgraphen $G=(V, R)$ – Ecken repräsentieren Tätigkeiten, Pfeile die Reihenfolgebedingungen – und durch eine Eckenbewertung $F:=V\rightarrow \mathbb{R}^{k+1}$ gegeben; hierbei stellt $F(v):=(t(v), x_1(v), \ldots, x_k(v))$ neben der geplanten Tätigkeitsdauer $t(v)$ der Tätigkeit v auch die dazu benötigten Faktoreinsatzmengen $x_1(v), \ldots, x_k(v)$ der knappen Faktoren $F_1, \ldots, F_k$ („Ressourcen") dar. Sind die verfügbaren Faktoreinsatzmengen pro Taktzeit (z. B. pro Tag) bekannt, so läßt sich unser Problem als Erweiterung des Bandabgleichungsproblems formulieren: Man bestimme einen *Homomorphismus* des „Projektgraphen" G auf einen linearen Graphen L, der bezüglich aller knappen Faktoren die jeweiligen kumulativen Bedingungen respektiert. Ein solcher Homomorphismus definiert also einen realisierbaren Projektablauf. Wird die minimale Projektdauer als Zielgröße vorgegeben, so ist unter allen zulässigen Homomorphismen ein solcher gesucht, dessen Bildgraph möglichst wenig Ecken aufweist. Die Ausführungen zeigen, daß das Kapazitätsproblem bei Projekten eine naheliegende Erweiterung des Bandabgleichungsproblems darstellt und daß Lösungsverfahren zur Bandabgleichung mit geeigneten Modifikationen zur Lösung von Kapazitätsproblemen herangezogen werden können; die Umkehrung gilt natürlich erst recht.

Wir haben bislang unterstellt, daß die Tätigkeitsdauern als deterministische Größen oder aber als Zufallsvariable mit bekannter (gemeinsamer) Verteilung vorgegeben sind. Die Dauer einer Tätigkeit aber hängt gewöhnlich erheblich ab von den für sie bereitgestellten „Ressourcen" (Arbeitskräfte, Material u. ä.), so daß eine Projektplanung für ein Projekt, bei dem mehrere Tätigkeiten der gleichen „knappen" Ressourcen bedürfen, in erster Linie eine Ressourcenzuteilungsplanung – also Reihenfolgeplanung – bedeutet, aus der sich die Terminplanung ableitet. Zusammenfassende Darstellungen oder wichtige Einzelbeiträge findet der Leser u. a. bei [11.9], [11.39], [11.7] sowie den INTERNET-Proceedings, z. B. [11.35], [11.36].

Wir wollen dieses Problem hier nur in modifizierter Form analysieren. Durch Beschaffung zusätzlicher Faktoreinsatzmengen (Überstunden, Anmieten von zusätzlichen Maschinen, Fremdbezug o. ä.), die in beliebig großen Mengen vorhanden seien, wälzen wir das Kapazitätsproblem in folgender Weise auf ein **Kostenproblem** ab.

Für jede Tätigkeit r sei eine konvexe *Kostenfunktion* $k_r(t)$ auf einem Intervall $[a(r), b(r)]$ $(0 \leq a(r) \leq b(r))$ gegeben; $k_r(t)$ stellt die minimalen Kosten dar, unter denen r in t Zeiteinheiten ausführbar ist. $a(r)$ sei dabei die kleinste realisierbare Tätigkeitsdauer, $b(r)$ eine „normale" Tätigkeitsdauer, bei der keine Kapazitätsprobleme auftreten.

Ein *Ablaufplan* π ist eine reelle Bewertung von G, die jeder Tätigkeit r eine Tätigkeitsdauer $\pi(r) \in [a(r), b(r)]$ und jedem Ereignis v einen (Start-)Termin $\pi(v)$ zuordnet, so daß die Präzedenzbedingungen respektiert sind: $\pi(r) \leq \pi(\omega(r)) - \pi(\alpha(r))$ für jede Tätigkeit r.

Die *Gesamtkosten* des Projektes bezüglich eines Ablaufplanes π seien durch

$$k(\pi) := \sum_{r \in R} k_r(t) + c_1 T(\pi) + c_2 \text{ gegeben, wobei}$$

$T(\pi)$ die mit Ablaufplan π realisierte Gesamtdauer des Projektes und $c_1 T(\pi) + c_2$ die indirekten Projektkosten (wie Versicherungsprämien, Baustellenwartung, Überwachungsstab, ...) darstellen mögen $(c_1, c_2 \in \mathbb{R})$.

Damit ergeben sich folgende Probleme:

(1) Gibt es zu vorgegebener Gesamtdauer T einen realisierbaren Ablaufplan π mit $T = T(\pi)$? Falls ja: bestimme ein π^* mit
$k^*(T) := k(\pi^*) = \min \{k(\pi) \mid \pi : T(\pi) = T\}$;

(2) Gibt es zu vorgegebenem „Budget" K einen Ablaufplan π mit $k(\pi) = K$? Falls ja: bestimme ein π^* mit $T(\pi^*) = \min \{T(\pi) \mid \pi : k(\pi) \leq K\}$.

Unterstellen wir wie für die indirekten Projektkosten auch für die einzelnen Tätigkeiten *lineare Kostenfunktionen*, etwa

$$k_r(t) := k_r - c(r) \cdot t \quad \text{für } t \in [a(r), b(r)] \text{ und jedes } r \in R\,,$$

und führen wir noch einen „künstlichen" Pfeil $r_0 = (E_{n+1}, E_0)$ mit $a(r_0) := -T$ (zu vorgegebenem T), $b(r_0) := 0$ und $c(r_0) := -c_1$ ein, so läßt sich Problem (1) als lineares Programm darstellen (mit $R' := R \cup \{r_0\}$):

(P): Maximiere $\sum_{r \in R'} c(r) \cdot \pi(r) + \text{const.}$ unter den Nebenbedingungen

$$\left.\begin{array}{ll} (1) & \pi(r) - \pi(\omega(r)) + \pi(\alpha(r)) \leq 0 \\ (2) & \pi(r) \leq b(r) \\ (3) & -\pi(r) \leq -a(r) \end{array}\right\} \text{ für jedes } r \in R'\,.$$

Führen wir wieder nichtnegative duale Variable $f(r)$ für (1), $\underline{\gamma}(r)$ für (2) sowie $\gamma(r)$ für (3) ein, so ergibt sich folgendes duales Programm:

(P_D): Minimiere $\sum_{r \in R'} (b(r)\,\underline{\gamma}(r) - a(r)\,\gamma(r))$ unter

(1′) $f(r) + \underline{\gamma}(r) - \gamma(r) = c(r)$ für jedes $r \in R'$,

(2′) $\sum_{r:\alpha(r)=v} f(r) - \sum_{r:\omega(r)=v} f(r) = 0$ für jedes $v \in V$,

(3′) $f(r),\ \underline{\gamma}(r),\ \gamma(r) \geq 0$ für jedes $r \in R'$.

Da $\underline{\gamma}(r)$ und $\gamma(r)$ in den Nebenbedingungen stets als Differenz auftreten, gilt für jede extremale Lösung des Nebenbedingungssystems:
a) ist $\underline{\gamma}(r) > 0$, so ist $\gamma(r) = 0$ und $0 \leq f(r) < c(r)$,
b) ist $\gamma(r) > 0$, so ist $\underline{\gamma}(r) = 0$ und $f(r) > c(r)$.
Setzen wir daher $f(r) = f_1(r) + f_2(r)$ mit $0 \leq f_1(r) \leq c(r)$ und $0 \leq f_2(r)$ (für jedes $r \in R'$), so löst jede extremale Lösung von (P_D) wegen $\underline{\gamma}(r) = c(r) - f_1(r)$ und $\gamma(r) = f_2(r)$ das folgende Problem

Minimiere $\sum_{r \in R'} ((-b(r))\,f_1(r) + (-a(r))\,f_2(r)) + \text{const.}$ unter

(P'): $\sum_{r:\alpha(r)=v} f_i(r) - \sum_{r:\omega(r)=v} f_i(r) = 0$ für jedes $v \in V$ und $i = 1, 2$,

$0 \leq f_1(r) \leq c(r),\ 0 \leq f_2(r)$ für jedes $r \in R'$.

(P') stellt offenbar die analytische Fassung eines kostenminimalen Strömungsproblems in einem Graphen G' dar, der aus G durch „Duplizierung" aller Pfeile hervorgeht, und kann mittels der in Kapitel 8.3. geschilderten Algorithmen gelöst werden (vgl. [11.8, III. 10]). Aus den Optimalitätsbedingungen (Satz vom komplementären Schlupf) erhalten wir noch:
(1) $f(r) > 0 \rightarrow \pi(r) - \pi(\omega(r)) + \pi(\alpha(r)) = 0$, d. h. r ist kritisch,
(2) $\underline{\gamma}(r) > 0 \rightarrow \pi(r) = b(r)$ und $\gamma(r) = f_2(r) = 0$,
(3) $\gamma(r) > 0 \rightarrow \pi(r) = a(r)$ und $\underline{\gamma}(r) = 0, f_1(r) = c(r)$.

f kann als „Kostenströmung" interpretiert werden, die höchstens auf den kritischen Tätigkeiten positiv ist, wobei noch $-a(r_0) = T$ ist. Von **Kelley** [11.17] stammt ein **Verfahren,** das diesen Sachverhalt ausnutzt und (P) bzw. (P') mit parametrisierter Gesamtdauer T löst. Betrachtet man nämlich zu vorgegebenem T_0 einen kostenminimalen Ablaufplan π_0 und will man daraus einen kostenminimalen Ablaufplan π' zur Gesamtdauer $T_0 - \varepsilon$ (ε hinreichend kleine positive Konstante) gewinnen, so müssen die t-Längen aller kritischen Wege bezüglich π_0 um ε „verkürzt" werden, alle übrigen Wege dürfen aber nicht länger als $T_0 - \varepsilon$ sein.

Sei deshalb $G_k := (V_k, R_k)$ der durch die kritischen Elemente (bezüglich π_0) induzierte partielle Subgraph von G („kritischer Graph"). Ist π' ein optimaler Ablaufplan mit $T(\pi') = T_0 - \varepsilon$ und $S_1^* := \{r \in R \mid \pi_0(r) > \pi'(r)\}$, $S_2^* := \{r \in R \mid \pi_0(r) < < \pi'(r)\}$, so existiert kein Weg von E_0 nach E_{n+1} in $(V_k, R_k - S_1^*)$ und daher stellen S_1^* und S_2^* Vorwärts- bzw. Rückwärtsteile eines Schnittes in G_k dar, der E_0 und E_{n+1} trennt.

Bewerten wir daher mit Blick auf die Optimalitätsbedingungen den kritischen Graphen G_k mit unteren und oberen Kapazitätsschranken $\underline{\gamma}_k$, γ_k gemäß

$$\underline{\gamma}_k(r) := \begin{cases} 0 & \\ & , \text{ falls} \\ c(r) & \end{cases} \begin{matrix} \pi(r) = b(r) \\ \\ \pi(r) < b(r), \end{matrix} \qquad \gamma_k(r) := \begin{cases} c(r) & \\ & , \text{ falls} \\ \infty & \end{cases} \begin{matrix} \pi(r) > a(r) \\ \\ \pi(r) = a(r) \end{matrix}$$

sowie $\underline{\gamma}_k(r_0) = 0$, $\gamma_k(r_0) = \infty$ und bestimmen ferner eine (bezüglich $\underline{\gamma}_k$ und γ_k zulässige) in r_0 maximale Strömung in G_k sowie einen zugehörigen minimalen Schnitt $\sigma_k(Q)$ in G_k, so stellt $\sigma_k^+(Q)$ eine optimale „*Verkürzungsmenge*" von Tätigkeiten dar und π' mit

$$\pi'(r) := \begin{cases} \pi(r) - \varepsilon & +r \in \sigma_k^+(Q) \\ \pi(r) + \varepsilon, \text{ falls} & -r \in \sigma_k^-(Q) \\ \pi(r) & \text{sonst} \end{cases}$$

definiert einen optimalen Ablaufplan zur Gesamtdauer $T_0 - \varepsilon$, falls der Strömungswert $f^*(r_0) < \infty$ ist.

Existiert dagegen ein Kreis z, der E_0 und E_{n+1} berührt, und ist $\gamma_k(r) = \infty$ für jedes $r \in z$ – d. h. es existiert ein kritischer Weg in G, dessen Tätigkeiten r sämtlich ihren Mindestwert $a(r)$ angenommen haben – so ist die Gesamtdauer des Projektes nicht weiter verkürzbar.

Die „maximale Schrittweite" ε_0 errechnet man leicht aus den folgenden Nichtnegativitätsbedingungen:

$$\pi'(\omega(r)) - \pi'(\alpha(r)) - \pi'(r) \geq 0, \; \pi'(r) - a(r) \geq 0 \text{ und } b(r) - \pi'(r) \geq 0$$
$$\text{für jedes } r \in R'.$$

Verfahrenstechnisch besonders günstig ist die Tatsache, daß eine maximale Strömung f^* in G_k zur Gesamtdauer $T_0 - \varepsilon_0$ zugleich eine zulässige Ausgangsströmung für den neuen bewerteten kritischen Graphen darstellt, so daß wir mit der auf Seite 124 geschilderten Modifikation des Maximalströmungsalgorithmus auskommen.

Das folgende *Beispiel* verdeutlicht das Vorgehen an einem CPM-Netzplan:

Netzplan $B=(G, (a, b, c), \mathbb{R}_+^3)$:

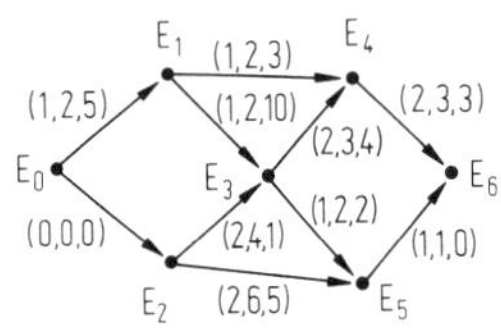

Wir bestimmen zunächst für $t(r) := b(r)$ einen optimalen Ablaufplan $\pi^{(0)}$; die Ereignisdaten bezüglich $\pi^{(0)}$ sind

j	0	1	2	3	4	5	6
$\pi_j^{(0)}$	0	2	0	4	7	6	10
$s_j^{(0)}$	0	0	0	0	0	3	0

insbesondere $T(\pi^{(0)})=10$; $c_0 := k(\pi^{(0)})$.

(1) Kritischer Graph mit Bewertung $(\underline{\gamma}_k, \gamma_k)$:

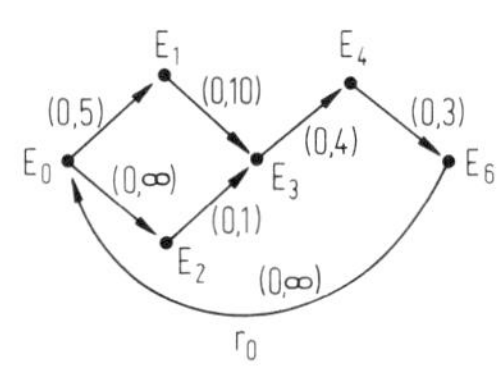

Maximale Strömung f^* in G_k (bezüglich r_0):

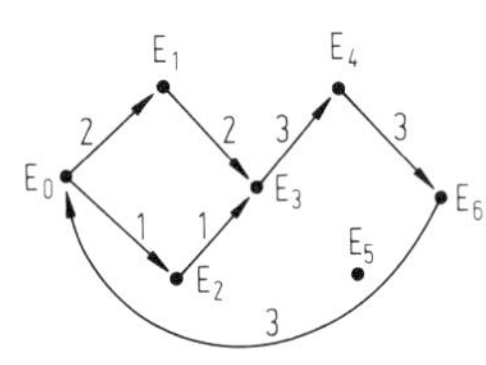

Ein minimaler Schnitt ist $\sigma_k(Q) := \{+(E_4, E_6), -(E_6, E_0)\}$, die maximale Schrittweite $\varepsilon_0=1$. Daher erfolgt bei $\pi^{(1)} := \pi'$ eine Verkürzung von (E_4, E_6) um eine Zeiteinheit und Verlängerung von (E_6, E_0) um eine Einheit (von -10 auf -9 *ZE*). Es ist $k(\pi^{(1)}) = c_0 + 3 - c_1$ und $T(\pi^{(1)}) = 9$.
Die neuen Ereignistermine bezüglich $\pi^{(1)}$ sind

j	0	1	2	3	4	5	6
$\pi_j^{(1)}$	0	2	0	4	7	6	9
$s_j^{(1)}$	0	0	0	0	0	2	0

(2) Kritischer Graph mit Bewertung $(\underline{\gamma}_k, f^*, \gamma_k)$:

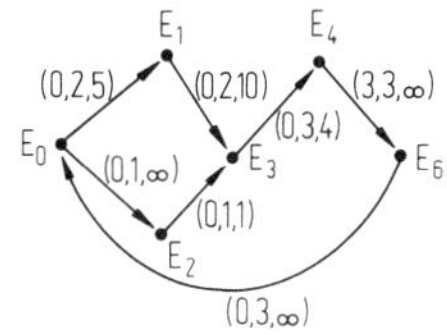

Maximale Strömung f^*:

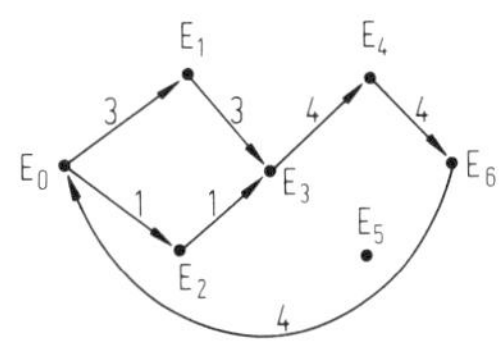

Minimaler Schnitt $\sigma_k(Q) := \{+(E_3, E_4), -(E_6, E_0)\}$, die maximale Schrittweite $\varepsilon_0 = 1$; es ist $k(\pi^{(2)}) = c_0 + 7 - 2c_1$ und $T(\pi^{(2)}) = 8$.
Die neuen Ereignistermine bezüglich $\pi^{(2)}$ sind

j	0	1	2	3	4	5	6
$\pi_j^{(2)}$	0	2	0	4	6	6	8
$s_j^{(2)}$	0	0	0	0	0	1	0

(3) Kritischer Graph mit Bewertung $(\underline{\gamma}_k, f^*, \gamma_k)$:

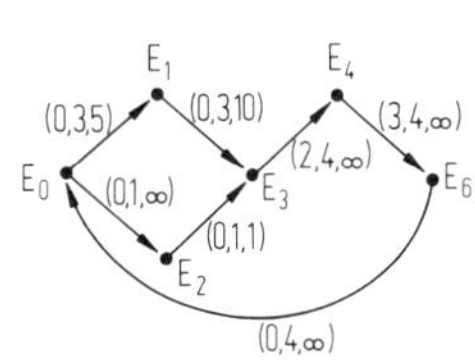

Maximale Strömung f^*:

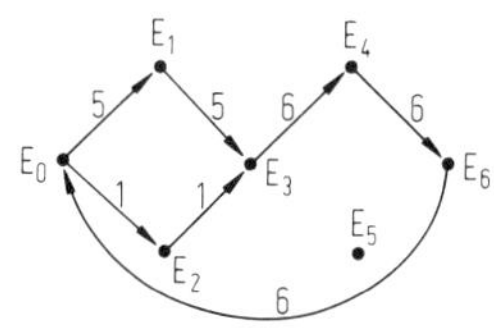

Minimaler Schnitt $\sigma_k(Q) := \{+(E_0, E_1), +(E_2, E_3), -(E_6, E_0)\}$, $\varepsilon_0 = 1$; $k(\pi^{(3)}) = c_0 + 13 - 3c_1$; $T(\pi^{(3)}) = 7$.

Ereignisdaten bezüglich $\pi^{(3)}$:

j	0	1	2	3	4	5	6
$\pi_j^{(3)}$	0	1	0	3	5	5	7
$s_j^{(3)}$	0	0	0	0	0	1	0

(4) Kritischer Graph mit Bewertung $(\underline{\gamma}_k, f^*, \gamma_k)$:

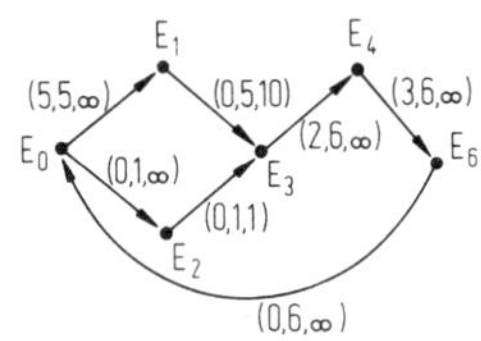

Maximale Strömung f^*:

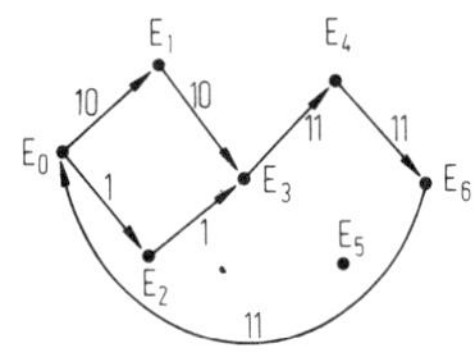

Minimaler Schnitt $\sigma_k(Q) := \{+(E_1, E_3), +(E_2, E_3), -(E_6, E_0)\}$, $\varepsilon_0 = 1$; $k(\pi^{(4)}) = c_0 + 24 - 4c_1$; $T(\pi^{(4)}) = 6$.

Ereignisdaten:

j	0	1	2	3	4	5	6
$\pi_j^{(4)}$	0	1	0	2	4	4	6
$s_j^{(4)}$	0	0	0	0	0	1	0

(5) Kritischer Graph mit Bewertung $(\underline{\gamma}_k, f^*, \gamma_k)$:

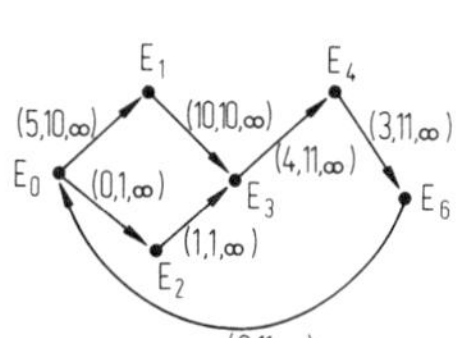

Figur 11-9

Man erkennt: $z = [E_0, E_1, E_3, E_4, E_6, E_0]$ ist eine strömungsvergrößernde Kette ohne kapazitive Beschränkung, also ein kritischer Weg in G, dessen Tätigkeiten nicht weiter verkürzt werden können.

Als Projektkosten $k^*(t)$ ergibt sich eine stückweise lineare Funktion, die als „*Projektkostenkurve*“ in der folgenden Figur veranschaulicht ist (ohne Einschränkung $c_1 = 1$):

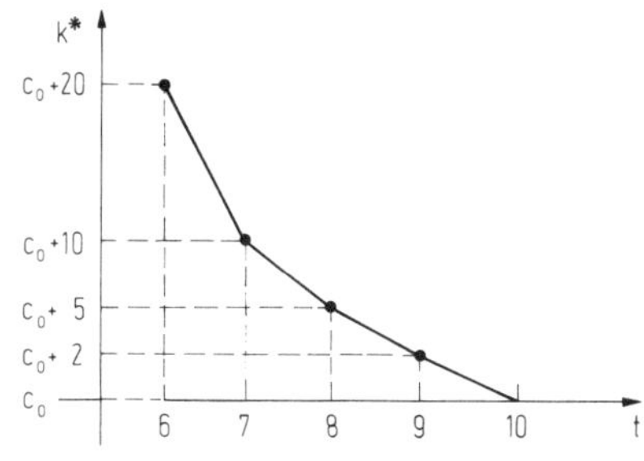

Figur 11-10

Damit aber sind unsere Ausgangsprobleme gelöst; suchen wir zu vorgegebener Gesamtdauer T einen kostenminimalen Ablaufplan π, so entwickeln wir mit dem geschilderten Verfahren die Projektkostenkurve mit fallender Gesamtdauer solange, bis ein Ablaufplan $\pi^{(j)}$ mit $T(\pi^{(j)}) \leq T$ erreicht ist – oder festgestellt wird, daß eine Projektrealisierung in T Zeiteinheiten nicht möglich ist. Im ersten Fall wählen wir statt der maximalen Schrittweite ε_0 die Schrittweite

$$\varepsilon := \varepsilon_0 - T + T(\pi^{(j)}) .$$

Ist andererseits eine obere Schranke K für die Projektkosten gegeben, so gehen wir in gleicher Weise vor und wählen als Schrittweite

$$\varepsilon := \varepsilon_0 \cdot \frac{K - k(\pi^{(j-1)})}{k(\pi^{(j)}) - k(\pi^{(j-1)})} .$$

Sind allgemeiner $k_r(t)$ *konvexe, monoton fallende* Funktionen auf $[a(r), b(r)]$ für jedes $r \in R'$ (wobei $-k_{r_0}(t)$ die indirekten Projektkosten in Abhängigkeit von der Gesamtdauer t darstellt), so kann man $k_r(t)$ durch eine geeignete stückweise lineare konvexe Funktion ersetzen und das Verfahren von Kelley analog anwenden. Man erhält dabei eine konvexe Funktion der Projektkosten (vgl. [11.39, Kap. 3.4.2.], [11.1]).

Verzeichnis der Algorithmen

Verzeichnis der Symbole

Mengensymbole

$\{\ \}$	Mengenklammern
$\mid$	Mengendefinitionssymbol
$\in$	Element von
$\notin$	nicht Element von
$\emptyset$	leere Menge
$\subset$	enthalten in
$\cup$	Mengenvereinigung
$\cap$	Mengendurchschnitt
$\lvert M \rvert$	Mächtigkeit der Menge M

Spezielle Mengen

$\mathbb{R}$	Menge der reellen Zahlen
$\mathbb{R}_+$	Menge der nichtnegativen reellen Zahlen
$\mathbb{R}^n$	Menge der n-Tupel reeller Zahlen
$\mathbb{Z}$	Menge der ganzen Zahlen
$\mathbb{Z}_+$	Menge der nichtnegativen ganzen Zahlen
$\mathbb{N}$	Menge der natürlichen Zahlen

Abbildungen

$f\colon D \to W$	Abbildung von D (Definitionsbereich) in W (Wertebereich)
$f\vert_H$	Einschränkung der Abbildung auf den Definitionsbereich $H \subset D$
$f^{-1}(M)$	Urbildmenge von M bezüglich f
$f \circ g$	Hintereinanderausführung der Abbildungen g und h
$T \circ G$	Anwendung eines Operators T auf einen Graphen G

Sonstige Zeichen

$\exists$	es existiert (mindestens) ein
$:=$	definitionsgemäß gleich; innerhalb von Algorithmen: erhält den Wert
$<K>$	Inhalt des obersten Elements („top“) eines Kellers K oder vordersten Elements („head“) einer Schlange K
$[S]$	Inhalt des letzten Elements („tail“) einer Schlange S.

Algorithmische Komplexität

$O(q_1, \ldots, q_n)$	ist $f\colon D \to \mathbb{R}$ eine Abbildung mit $D \subset \mathbb{Z}_+^n$ und sind $q_1, \ldots, q_n$ reellwertige Funktionen auf D, so heißt f (höchstens) *von der Größenordnung* $O(q_1, \ldots, q_n)$ *berechenbar*, wenn es eine Konstante $c \in \mathbb{R}_+$ gibt, so daß zur Berechnung von $f(x) = f(x_1, \ldots, x_n)$ höchstens $c\,(q_1(x_1) + q_2(x_2) + \ldots + q_n(x_n))$ „elementare Rechenschritte“ notwendig sind für jedes $x \in D$.

Literaturverzeichnis

A. Umfassende Darstellungen, Übersichten, Einführungen, Lehrbücher

[A 1] Berge, C.: Graphs and Hypergraphs. North-Holland, Amsterdam 1973.
[A 2] Berge, C.: The Theory of Graphs and its Applications. Methuen, London 1962.
[A 3] Berge, C., und A. Ghoulia-Houri: Programming, Games and Transportation Networks. Methuen, London 1965.
[A 4] Busacker, R. G., und T. L. Saaty: Endliche Graphen und Netzwerke. Oldenbourg, München–Wien 1968.
[A 5] Chen, W. K.: Applied Graph Theory. North-Holland, Amsterdam–London 1971.
[A 6] Dörfler, W., und J. Mühlbacher: Graphentheorie für Informatiker. Sammlung Göschen Bd. 6016. De Gruyter, Berlin–New York 1973.
[A 7] Ford, L. R., und D. R. Fulkerson: Flows in Networks. Princeton University Press, Princeton, New Jersey 1962.
[A 8] Frank, H., und I. T. Frisch: Communication, Transmission and Transportation Networks. Addison-Wesley, Reading, Mass. 1971.
[A 9] Hall, M.: Combinatorial Theory. Blaisdell, Waltham, Mass.–Toronto–London 1967.
[A 10] Harary, F.: Graphentheorie (übersetzt von W. Mader). Oldenbourg, München–Wien 1974.
[A 11] Harary, F., R. Z. Norman, und D. Cartwright: Structural Models. John Wiley, New York 1965.
[A 12] Harary, F. (ed.): A Seminar on Graph Theory. Holt, Rinehart and Winston, New York 1967.
[A 13] Harary, F. (ed.): Proof Techniques in Graph Theory. Academic Press, New York 1969.
[A 14] Harris, B. (ed.): Graph Theory and its Applications. Academic Press, New York–London 1970.
[A 15] Hu, T. C.: Integer Programming and Network Flows. Addison-Wesley, Reading, Mass. 1970.
[A 16] Kaufmann, A.: Einführung in die Graphentheorie. Oldenbourg, München–Wien 1971.
[A 17] Kim, W. H., und R. T. W. Chien: Topological Analysis and Synthesis of Communication Networks. Columbia University Press, New York 1962.
[A 18] Knödel, W.: Graphentheoretische Methoden und ihre Anwendungen. Springer-Verlag, Berlin–Heidelberg–New York 1969.
[A 19] König, Dénes: Theorie der endlichen und unendlichen Graphen. Leipzig 1936. Nachdruck: Chelsea Publishing Co., New York 1950.
[A 20] Liu, C. L.: Introduction to Combinatorial Mathematics. McGraw-Hill, New York 1968.
[A 21] Marshall, C. W.: Applied Graph Theory. John Wiley, New York 1971.
[A 22] Ore, O.: Theory of Graphs. In: American Math. Soc. Coll. Publications 38, Providence, Rhode Island 1962.
[A 23] Ore, O.: Graphs and their Uses. L. W. Singer Co., New York–Toronto 1962.
[A 24] Price, W. L.: Graphs and Networks. Butterworth, London 1973.
[A 25] Riordan, J.: An Introduction to Combinatorial Analysis. John Wiley, New York 1958.
[A 26] Roy, B.: Algèbre moderne et théorie des graphes. Bd. 1, 2. Dunod, Paris 1969, 1970.
[A 27] Sachs, Horst: Einführung in die Theorie der endlichen Graphen. Hanser, München 1971.
[A 28] Sachs, Horst: Einführung in die Theorie der endlichen Graphen. Teil II. Teubner, Leipzig 1972.
[A 29] Sammelwerk: Graph Theory and Applications. Lecture Notes in Mathematics 303. Springer-Verlag, Berlin–Heidelberg–New York 1972.
[A 30] Sammelwerk: Recent Trends in Graph Theory. Lecture Notes in Mathematics 186. Springer-Verlag, Berlin–Heidelberg–New York 1971.
[A 31] Sammelwerk: The Many Facets of Graph Theory. Lecture Notes in Mathematics 110. Springer-Verlag, Berlin–Heidelberg–New York 1969.

[A 32] Sammelwerk: Combinatorial structures and their applications. Gordon and Breach, New York 1970.
[A 33] Sammelwerk: Theory of Graphs. International Symposium Rom 1966. Gordon and Breach, New York 1967.
[A 34] Sedlacek, J.: Einführung in die Graphentheorie. Verlag Teubner, Leipzig 1972.
[A 35] Srivastava, J. N. (ed.): A survey of combinatorial theory. North-Holland, Amsterdam 1973.
[A 36] Tutte, W. T.: Introduction to the Theory of Matroids. American Elsevier Publ. Co., New York 1971.
[A 37] Wagner, Klaus: Graphentheorie. BI-Hochschultaschenbücher 248/248 a*, Mannheim 1970.

B. Zu den einzelnen Kapiteln

Kap. 1

[1.1] Berztiss, A. T.: A Backtrack Procedure for Isomorphism of Directed Graphs. In: Journal of the ACM, 20, 3, 1973, S. 365.
[1.2] Chung, K. L.: Markov chains. 2. Auflage. Springer-Verlag, Berlin–Heidelberg–New York 1967.
[1.3] Ehresmann, Ch.: Categories et structure. Verlag Dunod, Paris 1965.
[1.4] Ehrig, H., und M. Pfender: Kategorien und Automaten. De Gruyter, Berlin–New York 1972.
[1.5] Ginsburg, S.: An Introduction to Mathematical Machine Theory. Addison-Wesley, Reading, Mass. 1962.
[1.6] Hasse, M., und L. Michler: Theorie der Kategorien. Deutscher Verlag der Wissenschaften, Berlin 1966.
[1.7] Heawood, P. J.: Map colour theorems. In: Quart. Journ. Math. 24, 1890, S. 332.
[1.8] Hopcroft, J. E.: Complexity of Computer Computation. In: Information Processing 74 (IFIP 74 – Stockholm). North-Holland, Amsterdam 1974.
[1.9] Hopcroft, J. E., und J. D. Ullman: Formal Languages and their Relation to Automata. Addison-Wesley, Reading, Mass. 1969.
[1.10] Hu, T. C. [A 15].
[1.11] Jaeger, A., und K. Wenke: Lineare Wirtschaftsalgebra. Teubner, Stuttgart 1969.
[1.12] Kemeney, J. G., und J. L. Snell: Finite Markov Chains. van Norstrand Co., Princeton, New Jersey 1960.
[1.13] Knödel, W.: Ein Verfahren zur Feststellung der Isomorphie von endlichen, zusammenhängenden Graphen. In: Computing 8, 1971, S. 329.
[1.14] Kompendium der Volkswirtschaftslehre Bd. 1. Scheele, E.: Theorie der Einkommensverteilung, 2. Aufl., S. 329. Vandenhoek u. Ruprecht, Göttingen 1969.
[1.15] König, D. [A 19].
[1.16] Kuratowski, K.: Sur le problème des courbes gauches en topologie. Fund. Math. 15, 1930, S. 271.
[1.17] Maurer, H.: Theoretische Grundlagen der Programmiersprachen. BI-Hochschultaschenbücher Bd. 404, Mannheim 1969.
[1.18] Noltemeier, H.: Datenstrukturen und höhere Programmiertechniken. Sammlung Göschen Bd. 5012. De Gruyter, Berlin–New York 1972.
[1.19] Pólya, G.: Kombinatorische Anzahlbestimmungen für Gruppen, Graphen und chemische Verbindungen. In: Acta Mathematica 68, 1937, S. 145–254.
[1.20] Ringel, G.: Färbungsprobleme auf Flächen und Graphen. Deutscher Verlag der Wissenschaften, Berlin 1962.
[1.21] Ringel, G., und J. W. T. Youngs: Solution of the Heawood map-coloring problem. In: Proc. Nat. Acad. Sci., USA, 60, 1968, S. 438.

[1.22] Saaty, T. L.: Thirteen Colorful Variations on Guthrie's Four-Color Conjecture. In: Amer. Math. Monthly 79, 1972.

[1.23] Tarjan, R.: Depth-first search and Linear Graph Algorithms. In: SIAM Journal of Comput., vol. 1 (2), 1972, S. 146.

Kap. 2

[2.1] Berge, C. [A 2].

[2.2] Berztiss, A. T.: Data Structures. Verlag Academic Press, New York 1971.

[2.3] Heller, J., und C. B. Tompkins: An extension of a theorem of Dantzig. In: Linear Inequalities and Related Systems Ann. Math. Studies, Princeton, 38, 1956.

[2.4] Merten, H.: Datenbankorganisation. Verlag R. Müller, Köln 1972.

[2.5] Noltemeier, H.: Datenstrukturen und höhere Programmiertechniken. Sammlung Göschen Bd. 5012. De Gruyter, Berlin–New York 1972.

[2.6] Vazsonyi, A.: The Use of Mathematics in Production and Inventory Control. In: Manag. Sci. 1, 1954/55, S. 70 und S. 207.

Kap. 3

[3.1] Bamberg, G., und O. Emrich: Prüfung endlicher homogener Markoffketten auf Ergodizität. In: Unternehmensforschung, 14, 1970, S. 241.

[3.2] Brucker, P.: Die Erstellung von CMP-Netzplänen. In: Proceedings in Operations Research, 3, S. 122. Physica-Verlag, Würzburg–Wien 1974.

[3.3] Chung, K. L.: Markov chains. 2. Auflage. Springer-Verlag, Berlin–Heidelberg–New York 1967.

[3.4] Fischer, M. J., und A. R. Meyer: Boolean matrix multiplication and transitive closure. In: Conf. Record IEEE 12. Annual Symposium on Switching and Automata Theory, 1971, S. 129.

[3.5] Girault, M.: Stochastic Processes. Springer-Verlag, Berlin–Heidelberg–New York 1966.

[3.6] Hopcroft, J. E.: Complexity of Computer Computations. In: Information Processing 74 (IFIP 74 – Stockholm). North-Holland, Amsterdam 1974.

[3.7] Hsu, H. T.: An Algorithm for Finding a Minimal Equivalent Graph of a Digraph. In: Journal of the ACM, 22, 1, 1975, S. 11.

[3.8] Kemeney, J. G., und J. L. Snell: Finite Markov Chains. van Norstrand Co., Princeton, New Jersey 1960.

[3.9] Munro, I.: Efficient determination of the transitive closure of a directed graph. Information Processing Letters, vol. 1, 2, 1971, S. 56.

[3.10] Noltemeier, H.: Reduktion von Präzedenzstrukturen. Discussion Paper 7406. Lehrstuhl für Math. Verfahrensforschung und DV, Göttingen 1974.

Kap. 4

[4.1] Bott, R., und J. P. Mayberry: Matrices and Trees. In: Economic Activity Analysis, S. 391. John Wiley, New York 1954.

[4.2] Caley, A.: A theorem on trees. In: Quart. Math. 23, 1889, S. 376.

[4.3] Domschke, W.: Modelle und Verfahren zur Bestimmung betrieblicher und innerbetrieblicher Standorte – Ein Überblick. Discussion Paper Nr. 24. Institut für Wirtschaftstheorie und Operations Research, Universität Karlsruhe 1973.

[4.4] Hopcroft, J. E.: Complexity of Computer Computations. In: Information Processing 74 (IFIP 74 – Stockholm). North-Holland, Amsterdam 1974.

[4.5] Katz, I. N.: Local convergence in Fermat's problem. In: Mathematical Programming, 6, 1, 1974, S. 89.

[4.6] Kruskal, J. B.: On the shortest spanning subtree of a graph. In: Proc. Amer. Math. Soc. 7, 1956, S. 48.
[4.7] Kuhn, H. W.: A note on Fermat's problem. In: Mathematical Programming 4, 1973, S. 98.
[4.8] Moon, J. W.: Enumerating Labelled Trees. In: Graph Theory and Theoretical Physics. Ed. by F. Harary. Academic Press, London–New York 1967, S. 261.
[4.9] Noltemeier, H.: Datenstrukturen und höhere Programmiertechniken. Sammlung Göschen Bd. 5012. De Gruyter, Berlin–New York 1972.
[4.10] Noltemeier, H.: Zur Berechnung der Verteilung graphentheoretischer Zufallsvariablen. In: Unternehmensforschung, Bd. 12, 4, 1968.
[4.11] O'Neil, P. V.: The Number ob Trees in a Certain Network. In: Notices Amer. Math. Soc., 10, 1963, S. 569.
[4.12] Sollin, M.: Le tracé de canalisation (unveröffentlicht).
[4.13] Tarjan, R.: Depth-first Search and Linear Graph Algorithms. In: SIAM J. Computing, vol. 1, 2, 1972, S. 146.
[4.14] Temperley, H. N. V.: On the Mutual Cancellation of Cluster Integrals. In: Proc. Phys. Soc., 83, 1964, S. 3.
[4.15] Tutte, W. T.: The Dissection of Equilateral Triangles into Equilateral Triangles. In: Proc. Cambridge Phil. Soc., 44, 1948, S. 203.
[4.16] van Aardenne-Ehrenfest, T., und N. G. de Bruijn: Circuits and trees in oriented linear graphs. In: Simon Stevin, 28, 1951, S. 203.
[4.17] Weinberg, L.: Number of Trees in a Graph. In: Proc. IRE, 46, 1958, S. 1954.

Kap. 5

[5.1] Barron, D. W.: Rekursive Techniken in der Programmierung. Computer Monographien Bd. 5. Hanser, München 1971.
[5.2] Edmonds, J.: Matroids and the Greedy Algorithm. In: Mathematical Programming 1, 1971, S. 127.
[5.3] Genrich, H. J., und K. Lautenbach: Synchronisationsgraphen. In: Acta Informatica 2, 1973, S. 143.
[5.4] Hopcroft, J.: Complexity of Computer Computations. In: Information Processing 74 (IFIP 74 – Stockholm). North-Holland, Amsterdam 1974, S. 620.
[5.5] Hopcroft, J., und R. Tarjan: Efficient Algorithms for Graph Manipulation. In: Communications of the ACM, 16, 6, 1973, S. 372.
[5.6] Kohler, W. H., und K. Steiglitz: Characterization and Theoretical Comparison of Branch-and-Bound Algorithms for Permutation Problems. In: Journal of the ACM, 21, 1, 1974, S. 140.
[5.7] Korte, B., W. Krelle und W. Oberhofer: Ein lexikographischer Suchalgorithmus zur Lösung allgemeiner ganzzahliger Programmierungsaufgaben. In: Unternehmensforschung, 13, 1969, S. 73 u. S. 171.
[5.8] Noltemeier, H.: Ein Branch-and-Bound-Verfahren-Generator. In: Computing, 8, Wien 1972, S. 99.
[5.9] Petri, C. A.: Concurrency. Proceedings Summerschool „Systemorganisation" der GMD, Bonn 1972.
[5.10] Tarjan, R.: Depth-first Search and Linear Graph Algorithms. In: SIAM Journ. Comput. 1, 2, 1972, S. 146.
[5.11] Tarry, G.: Le problème des labyrinthes. In: Nouvelles Annales de Math., 14, 1895, S. 187.
[5.12] von Randow, R.: Matroide – Ihre Definition und grundlegenden Eigenschaften. Report No. 7311 OR. Institut für Ökonometrie und Operations Research, Universität Bonn 1973.

Kap. 6

[6.1] Berge, C. [A 2].
[6.2] Hässig, K.: Die Bestimmung einer fundamentalen Basis von Schleifen in stark zusammenhängenden Graphen. In: Zeitschrift für Operations Research 18, 1, 1974.
[6.3] Holt, R. C., und E. M. Reingold: On the Time Required to Detect Cycles and Connectivity in Graphs. In: Math. System Theory, 6. 1972, S. 103.
[6.4] Knuth, D. E.: The Art of Computer Programming. Vol. 1, Addison-Wesley, Reading, Mass. 1969.
[6.5] Murchland, J. D.: Construction of a basis of elementary circuits and cocircuits in a directed graph. In: Combinatorial Structures and Their Applications, S. 285. Vgl. [A 32].
[6.6] Noltemeier, H.: An algorithm for the determination of longest distances in a graph. Mathematical Programming, vol. 9 (1975), North-Holland, Amsterdam.
[6.7] Price, W. L. [A 24].
[6.8] Tutte, W. T. [A 36].

Kap. 7

[7.1] Bellman, R.: On a routing problem. In: Quarterly of Appl. Math., 16, 1958, S. 87.
[7.2] Bellman, R., und R. Kalaba: On k-th best policies. In: Journal of SIAM, 8, 4, 1960, S. 582.
[7.3] Bourgoin, M. H., und E. M. J. Heurgon: Study and comparison of algorithms of the shortest path through planned experiments. In: Project planning by network analysis. North-Holland, Amsterdam 1969.
[7.4] Braess, D.: Die Bestimmung kürzester Pfade in Graphen und passende Datenstrukturen. In: Computing, 8, 1971, S. 171.
[7.5] Brucker, P.: Theory of Matrix Algorithms. Mathematical Systems in Economics Bd. 13. Hain-Verlag, Meisenheim 1974.
[7.6] Brucker, P.: R-Netzwerke und Matrixalgorithmen. In: Computing, 10, 1972, S. 271.
[7.7] Brucker, P.: Diskrete parametrische Optimierungsprobleme und wesentlich effiziente Punkte. In: Zeitschrift für OR, 16, 1972, S. 189.
[7.8] Brucker, P.: A decomposition algorithm for shortest paths in a network with many strongly connected components. In: Zeitschrift für OR, 18, 1974, S. 177.
[7.9] Burkard, R. E.: Kombinatorische Optimierung in Halbgruppen. Report 75-2. Mathematisches Institut, Universität Köln 1975.
[7.10] Dantzig, G. B.: All shortest routes in a graph. In: Theory of Graphs. Vgl. [A 33].
[7.11] Dantzig, G. B., W. O. Blattner und M. R. Rao: All shortest routes from a fixed origin in a graph. In: Theory of Graphs. Vgl. [A 33].
[7.12] Dijkstra, E. W.: A note on two problems in connexion with graphs. In: Numerische Mathematik, 1, 1959, S. 269.
[7.13] Domschke, W.: Kürzeste Wege in Graphen: Algorithmen, Verfahrensvergleiche. Mathematical Systems in Economics. Bd. 2. Hain-Verlag, Meisenheim 1972.
[7.14] Dreyfus, S. E.: An appraisal of some shortest path algorithms. In: Operations Research, 17, 1969, S. 395.
[7.15] Floyd, R.: Algorithm 97: shortest path. In: Communications of the ACM, 5, 1962, S. 345.
[7.16] Ford, L. R. [A 7].
[7.17] Hasse, M.: Über die Behandlung graphentheoretischer Probleme unter der Verwendung der Matrixrechnung. In: Wissenschaftliche Zeitschrift der TU Dresden, 10, 1961, S. 1313.
[7.18] Hoffman, W., und R. Pavley: A Method for the Solution of the N-th Best Path Problem. In: Journal of the ACM, 6, 1959, S. 506.

[7.19] Hu, T. C.: Revised Matrix Algorithms for Shortest Paths. In: SIAM J. on Appl. Math., 15, 1967, S. 207.

[7.20] Hu, T. C.: A Decomposition Algorithm for Shortest Paths in a Network. In: Operations Research, 16, 1968, S. 91.

[7.21] Hu, T. C., und W. T. Torres: Shortcut in the Decomposition Algorithms for Shortest Paths in a Network. In: IBM J. of Res. and Development, 13, 1969, S. 387.

[7.22] Johnson, D. B.: A Note on Dijkstra's Shortest Path Algorithm. In: Journal of the ACM, 20, 3, 1973, S. 385.

[7.23] Kerr, L. R.: The effect of algebraic structure on the computational complexity. Ph. D. Thesis. Cornell Univ., Ithaca, N. Y. 1970.

[7.24] Land, A. H., und S. W. Stairs: The extension of the Cascade algorithm to large graphs. In: Manag. Sci., 14, 1967, S. 29.

[7.25] Lawler, E. L.: A procedure for computing the k best solutions to discrete optimization problems and its application to the shortest path problem. In: Manag. Sci., 18, 7, 1972, S. 401.

[7.26] Moore, E. F.: The shortest path through a maze. In: Proceedings of an international symposium on the theory of switching, II. Harvard University Press, Cambridge, Mass. 1959.

[7.27] Murchland, J. D.: A new method for finding all elementary paths in a complete directed graph. LSE-TNT-22, London 1965.

[7.28] Murchland, J. D.: Shortest distances by a fixed matrix method. LBS-TNT-64, London 1968.

[7.29] Murchland, J. D.: Bibliography of the shortest route problem. LBS-TNT-62, London 1969.

[7.30] Noltemeier, H.: Zur Berechnung der Verteilung graphentheoretischer Zufallsvariablen. In: Unternehmensforschung, 12, 4, 1968, S. 242.

[7.31] Noltemeier, H.: Sensitivitätsanalyse bei diskreten linearen Optimierungsproblemen. Lecture Notes in Operations Research and Math. Systems, Bd. 30. Springer-Verlag, Berlin–Heidelberg–New York 1970.

[7.32] Noltemeier, H.: An algorithm for the determination of longest distances in a graph. Discussion Paper 7407. Lehrstuhl für Math. Verfahrensforschung und DV, Göttingen 1974.

[7.33] Pape, U.: Netzwerk-Veränderungen und Korrektur kürzester Weglängen von einer Wurzelmenge zu allen anderen Knoten. In: Computing, 12, 1974, S. 357.

[7.34] Pape, U.: Implementation and efficiency of Moore-algorithms für the shortest route problem. In: Math. Programming 7, 1974, S. 212.

[7.35] Pollack, M.: Solutions on the k-th Best Route through a Network – A Review. In: Journal Math. Ann. and Appl., 3, 1961, S. 547.

[7.36] Pollack, M., und W. Wiebenson: Solutions of the shortest route problem – a review. In: Operations Research, 8, 1960, S. 224.

[7.37] Pollatschek, M. A., und B. Avi-Itzhak: An efficient shortest route algorithm. In: Angewandte Informatik, 11, 1974, S. 477.

[7.38] Rosenthal, A.: On finding shortest paths in nonnegative networks. In: Discrete Math., 10, 1974, S. 159.

[7.39] Roy, B.: Ablaufplanung. Oldenbourg, München–Wien 1968.

[7.40] Roy, B.: chemins et circuits: énumération et optimisation. Metra, Rapport de Recherche 76, 1974.

[7.41] Tabourier, Y.: All shortest distances in a graph. An improvement to Dantzig's inductive algorithm. In: Discrete Math., 4, 1, 1973.

[7.42] Warshall, S.: A theorem on Boolean matrices. In: Journal of the ACM, 9, 1962, S. 11.

[7.43] Yen, J. Y.: Finding the K-Shortest Loopless Paths in a Network. In: Manag. Sci., 17, 11, 1971.

[7.44] Yen, J. Y.: On Hu's decomposition algorithm for shortest paths in a network. In: Operations Research, 19, 1971, S. 983.

[7.45] Yen, J. Y.: An algorithm for finding shortest routes from all source nodes to a given destination in general networks. In: Quarterly of Applied Math., 27, 1970, S. 526.

Kap. 8

[8.1] Barr, R. S., F. Glover und D. Klingman: An improved version of the out-of-kilter method and a comparative study of computer codes. In: Mathematical Programming, 7, 1974, S. 60.
[8.2] Bennington, G. E.: An efficient minimal cost flow algorithm. In: Manag, Sci., 19, 9, 1973, S. 1042.
[8.3] Berge, C. [A 2].
[8.4] Busacker, R. G., und T. L. Saaty [A 4].
[8.5] Cahn, A. S.: The Warehouse Problem. In: Bulletin Amer. Math. Soc., 54, 1948, S. 1073.
[8.6] Clasen, R. J.: The numerical solution of network problems using the out-of-kilter-algorithm. RAND-Corp. Mem. RM-5456-PR. Santa Monica 1968.
[8.7] Edmonds, J., und R. M. Karp: Theoretical improvements in algorithmic efficiency for network flow problems. In: Journal of the ACM, 19, 2, 1972, S. 248.
[8.8] Egervary, E.: Über kombinatorische Eigenschaften von Matrizen. In: Math. es Fiz. Lapok, 38, 1931, S. 16 (ungarisch).
[8.9] Ford, L. R., und D. R. Fulkerson [A 7].
[8.10] Fulkerson, D. R.: An out-of-kilter method for minimal cost flow problems. In: Journal Soc. Indust. Appl. Math., 9, 1961, S. 18.
[8.11] Hall, Ph.: On representatives of subsets. In: Journal London Math. Soc., 10, 1935, S. 26.
[8.12] Hässig, K.: Ein Markierungsalgorithmus zur Lösung von allgemeinen Transportproblemen mit einem Bündel. In: Zeitschrift für OR, 18, 1974, S. 105.
[8.13] Hoffman, A. J.: Some Recent Applications of the Theory of Linear Inequalities to Extremal Combinatorial Analysis. In: Proc. Symposia on Applied Math., 10, 1960.
[8.14] Hoffman, A. J.: A generalization of max flow – min cut. In: Math. Programming, 6, 3, 1974, S. 352.
[8.15] Jacobs, K.: Der Heiratssatz. In: Selecta Mathematica I. Springer-Verlag, Berlin–Heidelberg–New York 1969.
[8.16] Klein, M.: A primal method for minimal cost flows with applications to the assignment and transportation problems. In: Manag. Science, 14, 3, 1967, S. 205.
[8.17] König, D. [A 19].
[8.18] Menger, K.: Botenproblem. Ergebnisse eines math. Koll., 9. Koll., 2, Wien 1932.
[8.19] Piehler, J.: Einführung in die lineare Optimierung. Teubner, Leipzig 1970.
[8.20] Price, W. L. [A 24].
[8.21] Simmonard, B.: Linear Programming. Prentice-Hall, Englewood Cliffs, N. J. 1966.
[8.22] Steckhahn, H.: Güterströme in Netzen. Lecture Notes in Economics and Math. Systems, Bd. 88. Springer-Verlag, Berlin–Heidelberg–New York 1973.
[8.23] Weinberger, D. B.: Network flows, minimum coverings, and the four-color conjecture. Orsa-Tims-Meeting, Puerto Rico 1974.
[8.24] Wollmer, R. D.: Maximizing flow through a network with node and arc capacities. In: Transportation Science, 2, 1968, S. 213.

Kap. 9

[9.1] Ahrens, J. H., und W. Bitterlich: Computational Methods for a Special Covering Problem (AIDA). In: Operations Research-Verfahren, VI, Meisenheim 1969.
[9.2] Balas, E., und M. W. Padberg: On the set covering problem II: An algorithm. In: Man. Sci. Res. Report No. 295 (1972), Carnegie-Mellon Univ., Pittsburgh.

[9.3] Balas, E., und M. W. Padberg: On the Set Covering Problem. In: Operations Research, 20, 1972, S. 1151.
[9.4] Bellmore, M., und H. D. Ratliff: Set covering and involutory bases. In: Management Science, 18, 3, 1971, S. 194.
[9.5] Berge, C. [A 2].
[9.6] Berge, C.: Two theorems in graph theory. In: Proc. Nat. Acad. Sci., USA, 43 (1957), S. 842.
[9.7] Berge, C.: Sur le couplage maximum d'un graphe. In: Compt. Rend. Acad. Sci., Paris, 247 (1958), S. 258.
[9.8] de Werra, D.: Some results in chromatic scheduling. In: Zeitschrift für OR, 18, 5, 1974, S. 167.
[9.9] Dirac, G. A.: A property of 4-chromatic graphs and some remarks on critical graphs. In: Journal London Math. Soc., 27, 1952, S. 85.
[9.10] Edmonds, J.: Matroids and the Greedy Algorithm. In: Mathematical Programming 1, 1971, S. 127.
[9.11] Edmonds, J.: Covers and Packings in a Family of Sets. In: Bulletin Amer. Mathem. Soc,, 68. 1962, S. 494.
[9.12] Edmonds, J.: Paths, Trees and Flowers. In: Canadian Journal Math., 17, 1965, S. 449.
[9.13] Edmonds, J., und E. L. Johnson: Matching, Euler Tours and the Chinese Postman. In: Mathematical Programming, 5, 1973, S. 88.
[9.14] Garfinkel, R. S. und G. L. Nemhauser: Optimal Set Covering: A Survey. In: Perspectives of Optimization. Ed by Geoffrion. Addison-Wesley, Reading, Mass. 1972.
[9.15] Garfinkel, R. S., und G. L. Nemhauser: Integer Programming. John Wiley, New York 1972.
[9.16] Greene, C., und D. J. Kleitman: Methods of Extremal Finite Set Theory. MIT-Lecture Notes.
[9.17] Fulkerson, D. R.: Blocking and antiblocking pairs of polyhedra. In: Mathematical Programming, 1, 1971, S. 168.
[9.18] Hadwiger, H.: Über eine Klassifikation der Streckenkomplexe. In: Vierteljahresschr. naturforsch. Ges. Zürich 88, 1943, S. 133.
[9.19] Hall, M. [A 9].
[9.20] Hall, Ph.: On representatives of subsets. In: Journal London Math. Soc., 10, 1935, S. 26.
[9.21] Harper, L. H., und G. C. Rota: Matching Theory, an Introduction. Rockefeller University, New York 1967.
[9.22] Heller, J., und C. B. Tompkins: An extension of a theorem of Dantzig. In: Linear Inequalities and Related Systems, Ann. Math. Studies, Princeton, 38, 1956.
[9.23] Karp, R. M.: Reducibility Among Combinatorial Problems. In: Proceedings of IBM Symposium on Complexity of Computer Computations. Plenum Press, New York 1972.
[9.24] Knödel, W. [A 18].
[9.25] König, D. [A 19].
[9.26] Kuhn, H. W.: The Hungarian-Method for the Assignment Problem. In: Naval Res. Log. Quart., 2, 1955, S. 83.
[9.27] McCarthy, P. J.: Matchings in Graphs II. In: Discrete Mathematics 11 (1975).
[9.28] Murty, K.: On the Set Representation and the Set Covering Problem. In: Symposium on the Theory of Scheduling and Its Applications, Lecture Notes in Economics and Mathematical Systems 86. Springer-Verlag, Berlin–Heidelberg–New York 1973.
[9.29] Nemhauser, G. L., und L. E. Trotter: Properties of vertex packing and independence system polyhedra. In: Mathematical Programming, 6, 1, 1974, S. 48.
[9.30] Noltemeier, H.: Auswahlprobleme. In: Operations Research-Verfahren, IX, Meisenheim 1971.
[9.31] Noltemeier, H., und M. Ost: Zum Auswahlproblem. In: Numerische Mathematik, 12, 5, 1968.

[9.32] Norman, R. Z., und M. Rabin: Algorithm for a minimal cover of a graph. In: Proc. Amer. Math. Soc. 10 (1959), S. 315.

[9.33] Padberg, M. W.: Perfect zero-one matrices. In: Mathematical Programming, 6, 2, 1974, S. 180.

[9.34] Padberg, M. W.: On the facial structure of set packing polyhedra. In: Mathematical Programming, 5, 1973, S. 199.

[9.35] Percus, J. K.: Combinatorial Methods. Applied Mathematical Sciences, Bd. 4. Springer-Verlag, New York–Heidelberg–Berlin 1971.

[9.36] Perl, J.: Graphenalgorithmen und Überdeckungsprobleme. In: Computing 13, 1974, S. 107, Wien.

[9.37] Roy, B. (ed.): Combinatorial Programming: Methods and Applications. D. Reidel Publishing Co., Dordrecht, Holland 1975.

[9.38] Salazar, A., und R. V. Oakford: A Graph Formulation of a School Scheduling Algorithm. In: Communication of the ACM, vol. 17, 12, 1974, S. 697.

[9.39] Schmidt, H. J.: Eine geometrische Deutung der Ungarischen Methode. In: Math. Zeitschrift, Bd. 138, 3, 1974.

[9.40] Tutte, W. T.: The Factorization of Linear Graphs. In: Journal London Math. Soc., 22, 1947, S. 107.

[9.41] Weinberger, D. B.: Network flows, minimum coverings and the four-colour conjecture. Orsa-Tims-Meeting, Puerto Rico 1974.

[9.42] Witzgall, C., und C. T. Zahn: Modification of Edmond's Maximum Matching Algorithm. In: Journal of Res. Nat. Bur. Sci., 69 B, 1965, S. 91.

Kap. 10

[10.1] Ashour, S., und R. G. Parker: An Out-of-kilter Approach for Machine Sequencing Problems. In: [10.12].

[10.2] Bellmore, M., und J. C. Malone: Pathology of traveling salesman subtour-elimination algorithms. In: Operations Research, 19, 1971, S. 278.

[10.3] Bellmore, M., und G. Nemhauser: The Traveling Salesman Problem: A survey. In: Operations Research, 16, 1968, S. 538.

[10.4] Berge, C. [A 1].

[10.5] Brown, G. W.: Some notes on computing of games solutions. RAND-Report P-78, 1949. Rand Corporation, Santa Monica.

[10.6] Bruno, J., E. G. Coffman und R. Sethi: Algorithms for Minimizing Mean Flow Time. In: Information Processing 74 (IFIP – Stockholm 1974), S. 504. North-Holland, Amsterdam 1974.

[10.7] Bussmann, K. F., und P. Mertens: Operations Research und Datenverarbeitung bei der Produktionsplanung. C. E. Poeschel Verlag, Stuttgart 1967.

[10.8] Camion, P.: Chemin et circuits hamiltoniens des graphes complets. In: Compt. Rend. Acad. Sci., Paris, 249, 1959, S. 2151.

[10.9] Conway, R. W., W. L. Maxwell und L. W. Miller: Theory of Scheduling. Addison-Wesley, Reading, Mass. 1967.

[10.10] Eastman, W. L.: A Solution to the Traveling Salesman Problem. American Summer Meeting of the Econometric Society. Cambridge, Mass., August 1958. Vgl. [10.27].

[10.11] Edmonds, J., und E. L. Johnson: Matching, Euler Tours and the Chinese Postman. In: Mathematical Programming 5 (1973), S. 88–124.

[10.12] Elmaghraby, Salah E. (ed.): Symposium on the Theory of Scheduling and Its Applications. Lecture Notes in Economics and Math. Systems, Bd. 86. Springer-Verlag, Berlin–Heidelberg–New York 1973.

[10.13] Genrich, H. J., und K. Lautenbach: Synchronisationsgraphen. In: Acta Informatica 2, 1973, S. 143.

[10.14] Gilmore, P. C., und R. E. Gomory: Sequencing a one state-variable machine: a solvable case of the traveling salesman problem. In: Operations Research, 1964, S. 655.

[10.15] Ghoulia-Houri, A.: Une condition suffisante d'existence d'un circuit hamiltonien. In: Compt. Rend. Acad. Sci., Paris, 251, 1960, S. 494.

[10.16] Grötschel, M., und M. W. Padberg: Lineare Charakterisierungen von Traveling Salesman Problemen. Report No. 7416 OR. Institut für Ökonometrie und Operations Research, Bonn. 1974.

[10.17] Grötschel, M., und M. W. Padberg: Linear Characterization of the Asymmetric Traveling Salesman Polytope. Report No. 7417 OR. Institut für Ökonometrie und Operations Research, Bonn 1974.

[10.18] Hansen, K. H., und J. Krarup: Improvements of the Held-Karp algorithm for the symmetric traveling salesman problem. In: Mathematical Programming 7, 1974, S. 87.

[10.19] Held, M., und R. M. Karp: The traveling salesman problem and minimum spanning trees. In: Operations Research 18, 1970, S. 1138.

[10.20] Held, M., und R. M. Karp: The traveling salesman problem and minimum spanning trees: part II. In: Mathematical Programming 1, 1971, S. 6.

[10.21] Johnson, S. M.: Optimal two- and three-stage production schedules with setup times included. In: Naval Research Logistic Quarterly 1, 1954, S. 61.

[10.22] Kohler, W. H., und K. Steiglitz: Characterization and Theoretical Comparison of Branch-and-Bound Algorithms for Permutation Problems. In: Journal of the ACM, 21, 1, 1974, S. 140.

[10.23] Korte, B.: Ganzzahlige Programmierung – Ein Überblick. In: Unternehmensforschung Heute, Lecture Notes in Operations Research and Math. Systems, Bd. 50. Springer-Verlag, Berlin–Heidelberg–New York 1971.

[10.24] Krog, E. H.: Parallelverarbeitung mit Präzedenzbedingungen. Diplomarbeit, Göttingen 1975.

[10.25] Krolak, P., und W. Felts: A Man-Machine Approach Toward Solving the Traveling Salesman Problem. In: Communications of the ACM, vol. 14, 1971, S. 327.

[10.26] Lawler, E. L.: A solvable case of the traveling salesman problem. In: Mathematical Programming 1, 1971, S. 267.

[10.27] Lawler, E. L., und D. E. Wood: Branch-and-Bound methods: A survey. In: Operations Research, 14, 4, 1966, S. 699.

[10.28] Liebling, T. M.: Graphentheorie in Planungs- und Tourenproblemen. Lecture Notes in Operations Research and Math. Systems, Bd. 21. Springer-Verlag, Berlin–Heidelberg–New York 1970.

[10.29] Little, J. D. C., K. G. Murty, D. W. Sweeney und C. Karel: An algorithm for the traveling salesman problem. In: Operations Research 11, 1963, S. 972.

[10.30] Lomnicki, Z. A.: A „branch-and-bound" algorithm for the exact solution of the three-machine scheduling problem. In: Operational Research Quarterly 16, 1, 1965, S. 89.

[10.31] Mitten, L. G.: Branch-and-Bound Methods: General Formulation and Properties. In: Operations Research 18, 1970, S. 24.

[10.32] Müller-Merbach, H.: Optimale Reihenfolgen. Springer-Verlag, Berlin–Heidelberg–New York 1970.

[10.33] Nash-Williams, C. St. J. A.: Hamilton Circuits in Graphs and Digraphs. In: The Many Facets of Graph Theory, S. 237. Springer-Verlag, Berlin–Heidelberg–New York 1969. Vgl. [A 31].

[10.34] Neidhard, F.: Methoden der Fein- und Ablaufplanung. In: Industrielle Organisation 36, 1967, S. 134.

[10.35] Noltemeier, H.: Ein Branch-and-Bound-Verfahren-Generator. In: Computin 8, 1972, Wien.

[10.36] Noltemeier, H.: Produktionsablaufplanung – ausgewählte Probleme und Methoden. In: Informationssysteme im Produktionsbereich. Oldenbourg, München–Wien 1975.

[10.37] Padberg, M. W., und M. R. Rao: The traveling salesman problem and a class of polyhedra of diameter two. In: Mathematical Programming 7, 1974, S. 32.

[10.38] Panwalker, S. S., R. A. Dudek und M. L. Smith: Sequencing Research and the Industrial Scheduling Problem. In: [10.12].

[10.39] Petri, C. A.: Concurrency. Proceedings Summerschool „Systemorganisation" der GMD, Bonn 1972.

[10.40] Pfluger, Ria: Diskussion der Modellwahl am Beispiel des Traveling Salesman-Problems. In: Einführung in die Methode Branch and Bound. Lecture Notes in Operations Research and Math. Economics, Bd. 4. Springer-Verlag, Berlin–Heidelberg–New York 1968.

[10.41] Piehler, J.: Ein Beitrag zum Reihenfolgeproblem. In: Unternehmensforschung 1, 1960.

[10.42] Pósa, L.: A theorem concerning hamilton lines. In: Magyar Tud. Akad. Mat. Kutató Int. Közl. 7, 1962, S. 225–226.

[10.43] Robinson, Julia: An Iterative Method of Solving a Game. In: Annals of Mathematics, 54 (2), 1951, S. 296.

[10.44] Roy, B.: Ablaufplanung. Oldenbourg, München–Wien 1968.

[10.45] Roy, B.: Les problemes d'ordonnancement. Monographie de recherche operationelle Dunod, Paris 1964.

[10.46] Roy, B., und B. Simmonard: Nouvelle méthode permettand d'explorer un ensemble de possibilités et de déterminer un optimum. In: Revue Française de Rech. Operat., 18, 1961.

[10.47] Schlageter, G.: Arbeitslastverteilung in Computernetzwerken. Dissertation, Karlsruhe 1973.

[10.48] Swarc, W.: Mathematical aspects of the $3 \times n$ Job-Shop-Sequencing Problem. In: Nav. Res. Log. Quarterly 21, 1974, S. 145.

[10.49] Van Aardenne-Ehrenfest, T., und N. G. de Bruijn: Circuits and Trees in Oriented Linear Graphs. In: Simon Stevin 28, 1951, S. 203–217.

Kap. 11

[11.1] Buttler, G.: Netzwerkplanung. Physica-Verlag, Würzburg–Wien 1968.

[11.2] Daenzer, F. (ed.): Netzplantechnik. 3. Auflage. Verlag Industrielle Organisation, Zürich 1967.

[11.3] Eisner, H.: A generalized network approach to the planning and scheduling of a research project. In: The Journal of Industrial Engineering, vol. 17, 1966, S. 293–301.

[11.4] Elmaghraby, Salah E.: Some Network Models in Management Science. Lecture Notes in Operations Research and Math. Systems, Bd. 29. Springer-Verlag, Berlin–Heidelberg–New York 1970.

[11.5] Elmaghraby, Salah E. (ed.): Symposium on the Theory of Scheduling and Its Applications. Lecture Notes in Economics and Math. Systems, Bd. 86. Springer-Verlag, Berlin–Heidelberg–New York 1973.

[11.6] Elmaghraby, Salah E.: On Generalized Activity Networks. In: Journal of Industrial Engineering, vol. 17, No. 11. 1966.

[11.7] Fehler, D. W.: Die Variationen-Enumeration. In: Elektronische Datenverarbeitung 10, 1969, S. 479–483.

[11.8] Ford, L. R., und D. R. Fulkerson [A 7].

[11.9] Gewald, K., K. Kasper und H. Schelle: Netzplantechnik. Bd. 2: Kapazitätsoptimierung. Oldenbourg, München–Wien 1972.

[11.10] Golenko, D. I.: Statistische Methoden der Netzplantechnik. Teubner, Stuttgart 1972.

[11.11] Gutjahr, A. G., und G. L. Nemhauser: An algorithm for the line balancing problem. In: Management Science 11, 2, 1964.

[11.12] Hahn, R., L. Lutz und K. H. Roschmann: Die Bandabgleichung – ein Problem der Fließfertigung. In: Industrielle Organisation 1968.

[11.13] Held, M., R. M. Karp und R. Shareshian: Assembly line balancing – Dynamic programming with precedence constraints. In: Operations Research 11, 3. 1963.

[11.14] Henn, R., und H. P. Künzi: Einführung in die Unternehmensforschung II. Heidelberger Taschenbücher Bd. 39. Springer-Verlag, Berlin–Heidelberg–New York 1968.

[11.15] Lüttgen, H.: Untersuchungen zur Reduktion und Dekomposition von Planungsnetzen. In: [11.35].

[11.16] Kaerkes, R.: Netzplantheorie. In: Proceedings in Operations Research 3 (DGOR 1973). Physica-Verlag, Würzburg–Wien 1974.

[11.17] Kelley, J. E.: Critical-Path Planning and Scheduling: Mathematical Basis. In: Operations Research 9, 1961, S. 296–320.

[11.18] Kim, W. H., und R. T.-W. Chien [A 17].

[11.19] Klein, M.: On assembly line balancing. In: Operations Research 11, 2, 1963.

[11.20] Martin, J. J.: Distribution of the time through a directed acyclic network. In: Operations Research 13, 1, 1965.

[11.21] Mason, S. J.: Feedback Theory: Some Properties of Signal Flow Graphs. In: Proceedings of the Institute of Radio Engineers, vol. 41, 1953.

[11.22] Möhring, R.: Graphentheoretische Repräsentation endlicher Ordnungen. In: Proceedings in Operations Research 3 (DGOR 1973). Physica-Verlag, Würzburg–Wien 1974.

[11.23] Müller-Merbach, H.: Optimale Reihenfolgen. Springer-Verlag, Berlin–Heidelberg–New York 1970.

[11.24] Neumann, K.: Entscheidungsnetzpläne. In: Operations Research-Verfahren, Bd. XIII. Hain-Verlag, Meisenheim 1972.

[11.25] Neumann, K.: Ein neues Verfahren zur Auswertung von Entscheidungsnetzplänen. In: Proceedings of Operations Research 3 (DGOR 1973). Physica-Verlag, Würzburg–Wien 1974.

[11.26] Noltemeier, H.: Netzplantechnik. In: Management-Lexikon. Gabler-Verlag, Wiesbaden 1972.

[11.27] Noltemeier, H.: Produktionsablaufplanung – ausgewählte Probleme und Methoden. In: Informationssysteme im Produktionsbereich. Oldenbourg, München–Wien 1975.

[11.28] Noltemeier, H.: Zur Verteilung der Länge maximaler Wege in einem Graphen. In: [11.35].

[11.29] Opitz, O.: Operations Research Verfahren und Marketingprobleme. Mathematical Systems in Economics. Hain-Verlag, Meisenheim 1975.

[11.30] Pritsker, A. A. B.: GERT: Graphical Evaluation and Review Technique. RAND Memorandum RM-4973-NASA. RAND Corporation, Santa Monica 1966.

[11.31] Pritsker, A. A. B.: The status of GERT. In: [11.36].

[11.32] Radermacher, F. J.: Reduktion von Netzplänen. In: Proceedings in Operations Research 3 (DGOR 1973). Physica-Verlag, Würzburg–Wien 1974.

[11.33] Roy, B. (ed.): Ablaufplanung. Oldenbourg, München–Wien 1968.

[11.34] Sabel, H.: Modelle zur Produktpolitik. In: Computergestützte Planungsmethoden. Verlag Moderne Industrie, München 1974.

[11.35] Sammelwerk: Méthodes à chemin critique (INTERNET I, Wien 1967). Dunod, Paris 1969.

[11.36] Sammelwerk: Project Planning by Network Analysis (INTERNET II, Amsterdam 1969). North-Holland, Amsterdam 1969.

[11.37] Spelde, H. G., und F. J. Radermacher: Reduktion von Flußnetzplänen. In: Proceedings in Operations Research 3 (DGOR 1973). Physica-Verlag, Würzburg–Wien 1974.

[11.38] Störmer, H.: Semi-Markoff-Prozesse mit endlich vielen Zuständen. Lecture Notes in Operations Research and Math. Systems, Bd. 34. Springer-Verlag, Berlin–Heidelberg–New York 1970.

[11.39] Suchowitzki, S. I., und I. A. Radtschik: Mathematische Methoden der Netzplantechnik. 2. Auflage. Teubner, Leipzig 1969.

[11.40] Sussmann, B.: Un algorithme de décomposition pour une classe de problèmes d'ordonnancement de grande taille. In: [11.35].

[11.41] Thumb, N.: Grundlagen und Praxis der Netzplantechnik. 2. Auflage. Verlag Moderne Industrie, München 1968.

[11.42] Völzgen, H.: Stochastische Netzwerkverfahren. De Gruyter, Berlin–New York 1971.
[11.43] Wille, H., K. Gewald und H. D. Weber: Netzplantechnik. Bd. 1. Oldenbourg, München–Wien 1966.
[11.44] Zimmermann, H. J.: Netzplantechnik. Sammlung Göschen Bd. 4011. De Gruyter, Berlin–New York 1971.

Sachregister